普通高等教育"十四五"规划教材·氢能系列

中国石油和石化工程教材出版基金资助项目

氢能概论

Introduction to Hydrogen Energy

李汉勇　侯燕　张伟　徐超　等编

中国石化出版社

内 容 提 要

本书为氢能系列教材之一,根据新能源科学与工程专业人才培养方案以及氢能企业对高级应用型人才的要求编写而成。本书主要内容包括制氢、氢的储存、氢的输送与加注、氢燃烧及其利用、燃料电池及其利用、氢在能源化工领域的利用、氢在其他领域的利用和氢安全。

本书可以作为新能源及相关领域科研与管理工作者的参考书,也可以作为高等院校氢能概论教材,供教师、硕博士研究生、本科生及高职学生使用。

图书在版编目(CIP)数据

氢能概论/李汉勇等编.—北京:中国石化出版社,
2023.4
普通高等教育"十四五"规划教材.氢能系列
ISBN 978 - 7 - 5114 - 6973 - 1

Ⅰ.①氢…　Ⅱ.①李…　Ⅲ.①氢能 - 高等学校 -
教材　Ⅳ.①TK91

中国国家版本馆 CIP 数据核字(2023)第 029570 号

中国石化出版社出版发行

地址:北京市东城区安定门外大街 58 号
邮编:100011　电话:(010)57512500
发行部电话:(010)57512575
http://www.sinopec-press.com
E-mail:press@sinopec.com
北京柏力行彩印有限公司印刷
全国各地新华书店经销

*

787 × 1092 毫米 16 开本 13.25 印张 279 千字
2023 年 6 月第 1 版　2023 年 6 月第 1 次印刷
定价:38.00 元

序

2020 年，在第 75 届联合国大会一般性辩论上我国明确提出"双碳"战略目标："中国将力争 2030 年前实现碳达峰、2060 年前实现碳中和。"2021 年，"碳达峰"和"碳中和"被写入全国两会政府工作报告，发展清洁低碳能源已成为我国能源战略的主体。在众多新型能源中，氢能来源广泛、清洁无碳的特点为"双碳"战略目标的实现提供了有力保障。2022 年 5 月，国家发展改革委、国家能源局按照《氢能产业发展中长期规划（2021—2035 年)》部署，研究推动氢能多元化应用，为重点领域深度脱碳提供支撑，从国家层面加快出台相关鼓励氢能产业链发展的顶层设计，明确了氢能是未来国家能源体系重要组成部分，是用能终端实现绿色低碳的重要载体。

面对氢能人才的迫切需求，2022 年 5 月，教育部印发了《加强碳达峰碳中和高等教育人才培养体系建设工作方案》，将加快储能和氢能相关学科专业建设放在"双碳"领域三大紧缺人才的首位，并提出要以大规模可再生能源消纳为目标，推动高校加快储能和氢能领域人才培养，服务大容量、长周期储能需求，实现全链条覆盖。

北京石油化工学院坐落于北京市大兴区，办学宗旨是立足北京、面向全国，全力打造新时代首善之区工程师摇篮，努力建成具有特色鲜明的高水平应用型大学。2019 年获批新能源科学与工程专业以来，学校审时度势、周密论证，于 2021 年以大兴区建设世界一流的"大兴国际氢能示范区"为契机，最终确定了"以氢能为特色，其他新能源为补充"的专业办学思路，出台了以氢能为特色的人才培养方案。图书市场现有氢能相关书籍多以氢能科普和专著为主，无法满足高等学校氢能全产业链的人才培养需求，我校联合西安交通大学、华北电力大学、中国石油大学（华东）、天津大学、湖南理工学院等高校，中科院理化所、中国航天科技集团公司一院十五所等研究所，以及深圳市燃气集团股份有限公司、中石化巴陵石油化工有限公司、北京天海低温设备有限公司、北京久安通氢能科技有限公司、京辉氢能集团有限责任公司、北京中科致远科技有限公司等企业提出了国内首套《氢能技术与应用系列教材》的编写计划。

该套教材共 8 本，即《氢能概论》《制氢工艺与技术》《储氢工艺及设备设计》《纯氢及掺氢天然气输送技术与管理》《加氢站设计与管理》《氢燃料电池》《氢安全技术及其应用》及《新能源专业英语》。经过一年的准备工作，2022 年 5 月成立了由来自6所高校、2家研究所和多家领军企业共43位专家组成的氢能系列教材编委会。随后，按照"顶层规划、教授挂帅、企业合作、内练师资"的原则，迅速有序地展开了各部教材的编写工作。

该套教材在内容规划、编写原则、受众定位等方面都进行了充分论证，总体而言具有以下主要特点：

（1）定位明确，特色鲜明

本套教材定位于培养氢能领域高级应用型工程技术人员，既可为新能源科学与工程、氢能科学与工程、储能科学与工程、智慧能源工程等本科专业提供人才培养基本支撑，又可为从事氢能研究的技术人员提供参考。整套教材知识体系上前后递进、序贯相接，强调基础理论知识的工程应用，体例统一，具有鲜明的特色。

（2）内容系统，与时俱进

涵盖"制氢—储氢—输氢—用氢—安全"的氢能全产业链，根据学科支撑规律有效衔接各门课程之间关系，与氢能企业技术创新紧密结合，整套系列教材形成一套完整、系统、反映氢能领域科技新成果的知识结构体系。

（3）注重实践，应用性强

面向氢能企业对高级应用型人才的迫切需求，着眼于增强教学内容的联系实际和灵活运用，以大量章节习题训练为落脚点，理论与实践相结合，培养具有大工程观的高级应用型人才。

（4）思想引领，价值启迪

正面客观展现我国在氢能领域的科技实力，引导学生致力于科技创新，为国家科技进步、建设绿色家园奋斗；与时代所遇的问题紧密结合，育心育德，价值引领，培养具有爱国情怀的新世纪人才。

最后，感谢参加本系列教材编写和审稿的各位老师及企业专家付出的大量卓有成效的辛勤劳动。由于编写时间仓促，难免存在一些不足和错漏。我们相信，在各位读者的关心和帮助下，本系列教材一定能不断地改进和完善，对助力氢能人才培养，推进氢能学科建设，促进氢能产业发展，推动"双碳"战略目标的实现有一定的促进作用。

编委会

2023 年 3 月

前　言

　　本教材是北京石油化工学院组织编写的国内首套氢能系列教材之一，根据新能源科学与工程专业人才培养方案及氢能企业对高级应用型人才的要求进行编写，目的是让读者能够从"制氢—储氢—输氢—用氢—安全"的氢能全产业链上，结合最新的研究及应用现状，从整体上了解氢能产业的主要内容及发展重要性。在编写过程中，注重氢能产业链各环节典型应用场景及应用案例的采编，内容全面新颖。对相关工作原理的阐述密切结合热力学、传热学、流体力学等基础知识和能源装备、过程装备领域专业知识，知识面广，语言通俗易懂。每章节附有习题，加强实践与理论相结合的思维能力及思维习惯的培养。本教材可作为高等院校氢能概论教材，供教师、硕博士研究生、本科及高职学生使用，也可作为新能源及相关领域科研与管理工作者的参考书。

　　本教材共分为9章，即绪论、制氢、氢的储存、氢的输送与加注、氢燃烧及其利用、燃料电池及其利用、氢在能源化工领域的利用、氢在其他领域的利用和氢安全。第1章由张伟和徐超联合编写，第2章由易玉峰编写，第3章由李建立编写，第4章由李敬法和雷俊勇联合编写，第5章和第8章由侯燕编写，第6章由徐超和李汉勇联合编写，第7章由李汉勇编写，第9章由赵杰编写。全书由李汉勇统稿。

　　在本教材编写和出版过程中，得到了北京石油化工学院宇波教授、机械工程学院及学校教务处领导、成都科特瑞兴科技有限公司的李卓谦高工、北京天海低温设备有限公司的李兆亭高工、深圳市燃气集团股份有限公司的杨光高工、京辉氢能集团有限公司的闫东雷副总、北京中科致远科技有限责任公司闫循华董事长等专家的大力支持和帮助，他们在本教材编写过程中提出了宝贵的意见，在此一并表示感谢！

　　此外，本书还得到科技部和教育部的支持，感谢国家重点研发计划"氢能技术"重点专项（2021YFB4001602）和2021年教育部产学合作协同育人项目（202102126001）的资助。

　　由于本教材内容涉及领域广，加之编者水平有限，时间紧迫，教材中难免有不足之处，敬请读者批评指正。

编者

2023 年 3 月

目　录

第1章 绪 论

当前，以化石能源为主体的传统能源生产和消费方式已无法满足人类社会可持续发展要求，必须积极寻求能源供给与消费方式转型。这是由于：一方面，煤、石油、天然气等化石能源的燃烧利用造成了如 CO_2、NO_x、CH_4 及 O_3 等大量温室气体的排放，导致全球气候变暖，对人类赖以生存的地球生态环境构成严重威胁；另一方面，随着人类经济社会发展，能源消耗量持续增长与传统的化石能源储量有限之间矛盾凸显，能源短缺问题日趋严峻。为实现人类经济和社会可持续发展，保障全球能源安全和保护人类赖以生存的地球生态环境，大力开发可再生能源，积极发展低碳、清洁、高效的能源利用技术已成为破解能源以及环境问题的主要途径。

随着世界各国对可再生能源利用的重视，各种不同形式的可再生能源如太阳能、风能、海洋能、核能等在过去几十年间取得了高速发展，其开发利用成本持续降低，如太阳能光伏发电成本目前已接近传统的化石能源发电。然而，如太阳能、风能及海洋能等可再生能源都具有典型的空间地域分布或时间波动性，并非可以随时随地稳定获取。为解决可再生能源波动带来的供能不稳定等问题，储能近年来已成为能源利用的重要研究领域和产业方向之一。氢既是一种重要的清洁能源，又是一种重要的能量储存介质，大力发展氢能已成为全球气候变暖和能源转型背景下现代能源技术革命的重要方向，被国际上多国列入国家能源发展规划，美国、日本、德国等发达国家更是将氢能规划上升到国家能源战略高度。

1.1 氢与氢能的特点

1.1.1 氢的性质

氢，化学符号 H，是地球上最简单的元素，也是宇宙中存在最丰富的元素，据统计，氢元素占整个宇宙质量的 75%。1 个氢原子包含 1 个质子和 1 个电子，氢气（H_2）是氢能的主要载体，是一种双原子分子，每个分子都由 2 个氢原子组成（见图 1-1）。

氢的主要物理性质见表 1-1，氢气的熔点和沸点分别为 -259.13℃ 和 -252.89℃。氢气在常规状态下为无色、无味，密度为 0.0899kg/m³，是已知气体中最轻的气体。氢气具有最高的质量

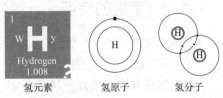

氢元素　　　氢原子　　　氢分子

图 1-1 氢元素、氢原子与氢分子

能量密度和最低的体积能量密度，其单位质量的能量密度是石油和天然气的 3~4 倍，煤炭的 7~8 倍。

表 1-1　氢的主要性质

名称	参数
熔点	14.03K（-259.13℃）
沸点	20.27K（-252.89℃）
三相点	13.80K（-259℃），7.042kPa
临界点	32.97K（-240℃），1.293MPa
摩尔体积	22.4L/mol
汽化热	0.44936kJ/mol
燃烧热值	143MJ/kg
比热容	14000J/（kg·K）
密度、硬度	0.0899kg/m³（273K）、NA
导热系数	180.5W/（m·K）
常温常压下在空气中可燃极限（体积分数）	4%~75%
常温常压下在空气中爆轰极限（体积分数）	18.3%~59%

常温下，氢气的性质很稳定，不容易与其他物质发生化学反应。但是，当条件发生变化时，如加热、点燃、使用催化剂等，氢气就会发生燃烧、爆炸或者化合反应。当空气中所含氢气的体积占混合体积的 18.3%~59% 时，点燃都会产生爆轰，这个体积分数范围叫作爆轰极限。氢气和氟、氯、氧及空气混合均有爆炸的危险，其中，氢与氟混合物在低温和黑暗环境就能发生自发性爆炸，与氯的混合比为 1:1 时，在光照下也可爆炸。氢由于无色无味，燃烧时火焰是透明的，因此其存在不易被感官发现。氢具有可燃性，作为一种可直接燃烧的燃料，用于氢锅炉、氢内燃机和燃气轮机等；氢气具有较强的还原性，在高温下用氢将金属氧化物还原，可以用于冶炼某些金属材料，广泛用于钨、钼、钴、铁等金属粉末和锗、硅的生产；氢作为能源化工领域的基本原料之一，广泛应用于石油炼制、合成氨等能源化工领域；氢气作为一种高效清洁二次能源，通过氢燃料电池将化学能转化为电能，广泛应用于氢燃料电池车等交通工具，也可直接用氢燃料电池电堆来发电。此外，基于氢分子医学和氢分子选择性抗氧化作用，氢在生命健康和医学领域也引起了工业界和学术界的广泛关注。

1.1.2　氢能的特点

氢能是指氢发生物理或化学变化时与外界交换的能量。氢能既是一种清洁能源，又可作为一种能源载体，与电能类似，属于二次能源。氢能具有以下典型特点：

（1）氢能具有资源丰富、清洁低碳、灵活高效、燃烧热值高、能量密度大、应用广泛及可储可输等独特优势。

（2）氢能来源广泛，在工业生产中存在大量的工业副产氢，氢能还可通过大规模可再生能源发电进行电解水制取，为促进太阳能、风能等可再生能源的规模化应用、消纳可再生能源波动提供稳定可靠的储能介质。

（3）氢气的储运较为方便，可通过气态、液态及固态化合物等形式储运。

（4）在氢能利用过程中，既可通过氢的直接燃烧产生热能，又可通过燃料电池将化学能转化为电能，无论是通过氢的直接燃烧还是燃料电池，生成的产物均为水，氢能利用过程属于清洁、零碳的能源利用过程。

1.2 氢能全产业链简介

尽管氢是宇宙中最丰富的元素，但它在地球上并不自然地以元素的形式存在。纯氢必须从其他含氢化合物中制取。氢制取和来源的多样性是其成为极具前景的能源载体的一个重要原因。氢来源广泛，可通过煤炭、天然气、生物质能和其他可再生能源制取，根据氢的来源不同，可将氢分为蓝氢、灰氢和绿氢，通过化石能源包括煤炭或者天然气等裂解得到的氢气，俗称"蓝氢"；工业副产制氢则是对焦炭、纯碱等行业的副产物进行提纯获取氢气，俗称"灰氢"；通过光催化、可再生能源电解水制取的纯净氢气，被称为"绿氢"。

如图 1-2 所示，除氢的制取外，氢能涉及的全产业链技术还包括氢能储存、输运、加氢站及氢燃料电池技术等。在氢能储存方面，根据氢的形态及储氢原理不同，主要储氢方式可分为气态储氢、低温液化储氢、液态有机化合物储氢及固态储氢等。在氢能的输运技术方面，主要包括纯氢或掺氢天然气管道长距离输运、长管拖车高压气态输运、低温液氢罐车输运以及常温罐车氢的有机液体输运等。加氢站是氢能供应的重要保障，加氢站对于燃料电池汽车，犹如加油站对于传统燃油汽车、充电站对于纯电动汽车，是支撑燃料电池汽车产业发展必不可少的基石。按照氢气来源不同，加氢站可分为自制氢加氢站和外供氢加氢站；按照氢气加注工艺方式不同，加氢站可分为气氢加氢站和液氢加氢站。在氢能利用方面，氢能主要有直接燃烧利用和电化学转化 2 种利用模式，典型的氢燃烧利用领域包括氢内燃机、纯氢及掺氢锅炉、氢火箭发动机等；氢燃料电池是将氢和氧的化学能直接转化为电能的发电装置，是当前氢能利用的主要终端技术之一，氢燃料电池在分布式发电系统、客车、重卡等交通领域具有广阔的应用前景。

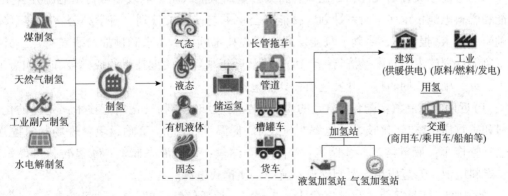

图 1-2 氢能全产业链

1.3　氢安全

氢气属于危险化学品,氢安全包括氢泄漏扩散、氢脆、可燃、爆炸等安全性问题。氢是自然界最轻的元素,相对分子质量最小,因此比其他气体或液体更容易发生泄漏,甚至渗漏。氢气是一种无色无味气体,其微量泄漏不易被发觉,氢气可燃范围宽、燃烧热值高、爆炸能量大。氢气的燃烧爆炸会产生较高的温度场或压力场,对周围的人员财产产生巨大危害;氢气泄漏燃烧时,由于氢的高扩散性,极易形成喷射火焰。此外,氢对金属材料产生的氢脆效应会对材料产生劣化作用,加速材料的失效断裂,也是氢利用系统中重点关注的问题之一。

国际氢事故报告数据库资料显示,在 285 次氢安全相关的事故记录中,30% 基本无损失,40% 为财产损失,人身伤害占比仅 5.26%;在 339 次氢事故中,设备故障、人为失误、设计缺陷、维护不足 4 大原因合计占比过半。因此,在实际工作中要加强对相关从业人员的氢安全宣传和教育工作,这是保障人员安全的重要举措,也是促进氢能技术和相关产业健康、可持续发展的重要保障。

1.4　氢能发展前景

发展氢能是现代能源技术革命的重要方向。氢能发展前景广阔,根据国际能源署(IEA)发布的最新版《世界能源投资报告》,自 2019 年底以来,聚焦氢能的筹资持续增加,IEA 估计到 2030 年,全球累计氢领域投资将达到 6000 亿美元。国际氢能委员会预计到 2050 年,氢能将承担全球 18% 的能源终端需求,可能创造超过 2.5 万亿美元的市场价值,减少 60 亿 t CO_2 排放,燃料电池汽车将占据全球车辆的 20% ~25%,届时将成为与汽油、柴油并列的终端能源体系消费主体。

美国在其能源部(DOE)发布的《氢能计划发展规划》中提出了未来 10 年及更长时期氢能研究、开发和示范的总体战略框架。该方案更新了 DOE 早在 2002 年发布的《国家氢能路线图》以及 2004 年启动的"氢能计划"提出的战略规划,综合考虑了 DOE 多个办公室先后发布的氢能相关计划文件,如化石燃料办公室的氢能战略、能效和可再生能源办公室的氢能和燃料电池技术多年研发计划、核能办公室的氢能相关计划、科学办公室的《氢经济基础研究需求》报告等,明确了氢能发展的核心技术领域、需求和挑战及研发重点,并提出了氢能计划的主要技术经济指标。DOE 基于近年来氢能关键技术的成熟度和预期需求,提出了近、中、长期的技术开发选项,具体包括:

(1)近期。①制氢:配备 CCUS 的煤炭、生物质和废弃物气化制氢技术;先进的化石燃料和生物质重整/转化技术;电解制氢技术(低温、高温)。②输运氢:现场制氢配送;气氢长管拖车;液氢槽车。③储氢:高压气态储氢;低温液态储氢。④氢转化:燃气轮机;燃料电池。⑤氢应用:氢制燃料;航空;便携式电源。

(2)中期。①输运氢:化学氢载体。②储氢:地质储氢(如洞穴、枯竭油气藏)。③氢转化:先进燃烧;下一代燃料电池。④氢应用:注入天然气管道;分布式固定电源;交通运输；分布式燃料电池热电联产；工业和化学过程；国防、安全和后勤应用。

（3）长期。①制氢：先进生物/微生物制氢；先进热/光电化学水解制氢。②输运氢：大规模管道运输和配送。③储氢：基于材料的储氢技术。④氢转化：燃料电池与燃烧混合系统；可逆燃料电池。⑤氢应用：公用事业系统；综合能源系统。

欧洲燃料电池和氢能联合组织于2019年主导发布了《欧洲氢能路线图：欧洲能源转型的可持续发展路径》报告，提出大规模发展氢能是欧盟实现脱碳目标的必由之路。该报告描述了一个雄心勃勃的计划：在欧盟部署氢能以实现控制2℃温升的目标，到2050年欧洲能够产生约2250TW·h的氢气，相当于欧盟总能源需求的1/4。2020年，欧盟委员会正式发布了《气候中性的欧洲氢能战略》政策文件，宣布建立欧盟清洁氢能联盟。该战略制定了欧盟发展氢能的路线图，分3个阶段推进氢能发展：第1阶段（2020—2024年），安装至少6GW的可再生氢电解槽，产量达到100万t/a；第2阶段（2025—2030年），安装至少40GW的可再生氢电解槽，产量达到1000万t/a，成为欧洲能源系统的固有组成部分；第3阶段（2031—2050年），可再生氢技术应达到成熟并大规模部署，以覆盖所有难以脱碳的行业。

日本于2014年发布了《氢能/燃料电池战略发展路线图》，并于2016年和2019年进行了更新，从《氢能/燃料电池战略发展路线图》可知，日本拟构建"氢能社会"依托于3个阶段的战略路线规划。第1阶段为推广燃料电池应用场景，促进氢能应用，在这一阶段主要利用副产氢气，或石油、天然气等化石能源制氢；第2阶段为使用未利用能源制氢、运输、储存与发电；第3阶段旨在依托可再生能源，未利用能源结合碳回收与捕集技术，实现全生命周期零排放供氢系统。计划到2025年建设320个加氢站。韩国、加拿大、澳大利亚等国家也先后制定了促进氢能发展的国家级能源战略。

1.5 氢能对实现我国"双碳"发展战略的重要意义

氢能将深刻影响我国的能源体系变革。我国氢能与燃料电池研究始于20世纪50年代，但早期国内氢能源的政策属于推广阶段，到"十三五"期间，氢能源相关政策增多，并且2019年首次在政府报告中提及，"十四五"规划中也提出氢能源发展。《中共中央 国务院关于完整准确全面贯彻新发展理念做好碳达峰碳中和工作的意见》要求，统筹推进氢能"制储输用"全链条发展，推动加氢站建设，推进可再生能源制氢等低碳前沿技术攻关，加强氢能生产、储存、应用关键技术研发、示范和规模化应用。《国务院关于印发2030年前碳达峰行动方案的通知》（国发〔2021〕23号）明确，加快氢能技术研发和示范应用，探索在工业、交通运输、建筑等领域规模化应用。"十四五"规划纲要提出，在氢能与储能等前沿科技和产业变革领域，组织实施未来产业孵化与加速计划，谋划布局一批未来产业。为促进氢能产业规范有序高质量发展，经国务院同意，国家发展改革委、国家能源局联合印发《氢能产业发展中长期规划（2021—2035年）》，提出了氢能产业发展各阶段目标：到2025年，基本掌握核心技术和制造工艺，燃料电池车辆保有量约5万辆，部署建设一批加氢站，可再生能源制氢量达到10万~20万t/a，实现CO_2减排100万~200万t/a。到2030

年，形成较为完备的氢能产业技术创新体系、清洁能源制氢及供应体系，有力支撑碳达峰目标实现。到 2035 年，形成氢能多元应用生态，可再生能源制氢在终端能源消费中的比例明显提升。

2019 年，中国氢能联盟发布了《中国氢能源及燃料电池产业白皮书》，到 2025 年，我国氢能产业产值将达到 1 万亿元；到 2030 年，我国氢气需求量将达到 3500 万 t，氢能在我国终端能源体系中占比至少达到 5%；到 2050 年，氢气需求量将接近 6000 万 t，实现 CO_2 减排约 7 亿 t，氢能在我国终端能源体系中占比超过 10%，产业链年产值达到 12 万亿元，成为引领经济发展的新增长极。

"绿氢"可再生能源制氢将是未来的主要氢气来源，到 2050 年，可再生能源制氢超过 80%。加快发展氢能产业，是应对全球气候变化、保障国家能源供应安全和实现可持续发展的战略选择，是贯彻落实党的十九大精神、构建"清洁低碳、安全高效"能源体系、推动能源供给侧结构性改革的重要举措，是实现我国碳达峰和碳中和"双碳"发展战略的重要保障。

习题

1. 能源生产和消费方式必须积极寻求转型的原因包含哪两个方面？
2. 为什么说氢能属于二次能源？氢能有哪些特点？
3. 什么是蓝氢、灰氢和绿氢？
4. 氢能的全产业链技术包含哪些方面？
5. 氢的储存包含哪几种方式？
6. 氢的输运方式包含哪几类？
7. 氢安全主要涉及哪些类型的安全性问题？

第 2 章　制　氢

我国氢气来源以煤为主，产能约 2388 万 t/a，占比 58.9%；其次是焦化煤气中的氢，产能约 811 万 t/a，占比 20.0%；再次是天然气制氢和炼厂干气制氢，产能约 662.5 万 t/a，占比16.3%；其余是氯碱电解副产氢、轻质烷烃制烯烃副产尾气含氢、氨分解制氢、甲醇制氢、水电解制氢等，产能约 195.5 万 t/a，占比 4.8%。氢制取的最终目标是利用可再生能源来进行，但真正实现需要漫长的努力。本章从煤气化制氢、天然气制氢、水电解制氢、甲醇制氢、太阳能制氢、工业副产氢气等方面，分别对上述制氢技术进行扼要阐述。

2.1　煤气化制氢

专门用煤气化制氢的装置较少，只有少数炼厂用来弥补氢气的不足，大部分都制合成气用来生产化工产品。煤气化制氢(或者合成气)是以煤为能源来源的化工系统中最关键的核心技术。煤气化已有超过 200 年的历史，但仍是能源和化工领域的高新技术。截至 2021 年底，中国合成氨产能 6488 万 t/a，其中采用先进煤气化技术的产能为 3284 万 t/a，占总产能的 50.6%。中国尿素产能合计 6540 万 t/a，其中先进煤气化技术的尿素产能为 3263 万 t/a，占总产能的 49.9%。中国甲醇总产能为 9929 万 t/a，其中煤制甲醇产能为 8049 万 t/a，占总产能的 81.1%。中国煤制油产能 931 万 t/a，煤(甲醇)制烯烃产能 1672 万 t/a，煤制天然气产能 61.25 亿 m³/a，煤(合成气)制乙二醇产能 675 万 t/a。煤化工对促进国民经济发展、保障能源安全起到重要作用。图 2-1 所示为煤气化制氢及合成气的主要应用领域。

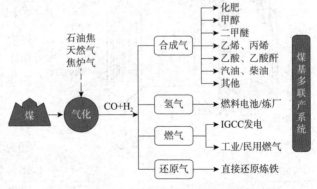

图 2-1　煤气化制氢及合成气的主要应用领域

煤气化是一种先对煤炭进行特殊处理(如磨碎、烘干、制浆)，之后将煤炭送入反应器中，在一定高温和压力条件下与气化剂作用，以一定的流动方式让固体的煤炭转化为粗制水煤气。

按照煤与气化剂在气化炉内运动状态可分为固定床(移动床)、流化床和气流床 3 类。图 2-2 所示为煤气化工艺分类及国内外代表性技术。

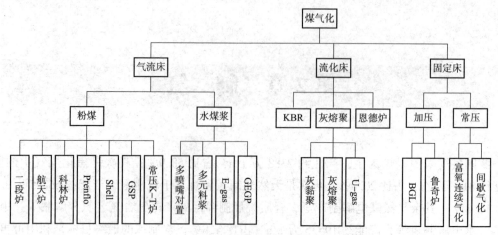

图2-2 煤气化工艺分类及国内外代表性技术

2.1.1 固定床煤气化制氢

固定床气化也称为移动床气化。固定床以煤焦或块煤(10~50mm)为原料。块煤从气化炉顶部加入,气化剂由炉底加入。控制流动气体的气速不致使固体颗粒的相对位置发生变化,即固体颗粒处于相对固定状态,床层高度基本上维持不变,因而称为固定床气化。

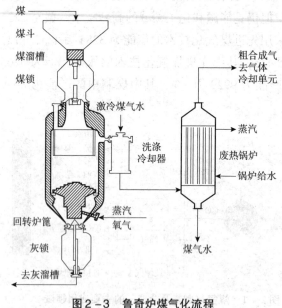

图2-3 鲁奇炉煤气化流程

另外,从宏观角度来看,气化过程中煤粒在气化炉内缓慢往下移动,因而又称为移动床气化。

固定床气化是最早开发和实现工业化生产的气化技术。固定床工艺有 UGI 炉(以美国 United Gas Improvement Company 命名)、鲁奇(Lurgi)炉、赛鼎炉、BGL 炉(British Gas Lurgi),其中 UGI 炉基本被淘汰。

鲁奇炉碎煤加压气化技术是以碎煤为原料的固定床气化工艺,以蒸汽和氧气为气化剂,在较低温度(1100℃)下气化,煤气中的 CH_4 及有机物含量较高,煤气的热值高。鲁奇炉煤气化流程见图2-3。

赛鼎炉气化温度一般在 1200~1400℃,固态排渣。赛鼎炉独特的逆流床气化,热效率高,气化过程中生产高含量的甲烷,副产焦油、轻油、酚、氨等副产品。

2.1.2 流化床煤气化制氢

流化床煤气化又称沸腾床煤气化。煤以小颗粒(小于10mm)进入反应器,与自下而上的气化剂接触。控制气化剂的流速，使煤粒持续保持无秩序悬浮和沸腾运动状态，迅速与气化剂进行混合和热交换，以使整个床层温度和物料组成均一。气、固两相呈流化状态，煤与气化剂在一定温度和压力条件下完成反应生成煤气。

流化床煤气化工艺有 U – gas(Utility – gas)气化技术、恩德炉、灰熔聚气化技术、灰黏聚气化技术、高温温克勒气化技术、KBR(Kellogg, Brown and Root)输运床气化炉等。流化床气化压力低、单炉生产能力小、气化效率低、煤气中粉尘含量高、渣中残碳高、碳转化率低，不适合大型化装置。

U – gas 在灰熔点的温度下操作，使灰黏聚成球，可以选择性脱去灰块。气化温度在 1000 ~ 1100℃。属流化床加压气化。

灰熔聚流化床粉煤气化工艺流程见图 2 – 4。适用煤种从高活性褐煤、次烟煤，再到烟煤、无烟煤均可。床层温度在 950 ~ 1100℃下进行煤气化。灰熔聚流化床粉煤气化技术为"三高"劣质

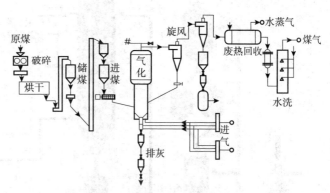

图 2 – 4　灰熔聚流化床粉煤气化工艺流程

煤[高硫含量(2.0% ~ 4.5%)，高灰分含量(22% ~ 40%)，高灰熔点(大于 1500℃)]的洁净化利用提供了一条切实可行的道路。

2.1.3　气流床煤气化制氢

气流床气化过程将一定压力的粉煤(或者水煤浆)与气化剂通过烧嘴高速喷射入气化炉中，原料快速完成升温、裂解、燃烧及转化等过程，生成以 CO 和 H_2 为主的合成气。通常，原料在气流床中的停留时间很短。为保证高气化转化率，要求原料煤的粒度尽可能小(90μm 以下大于 90%)，确保气化剂与煤充分接触和快速反应。因此原料煤可磨性要好，反应活性要高。同时，大部分气流床气化技术采用"以渣抗渣"的原理，要求原料煤具有一定的灰含量，具有较好的黏温特性，且灰熔点适中。

气流床煤气化根据进料状态的不同，分为粉煤气流床气化和水煤浆气流床气化 2 类。

K – T 炉(Koppers – Totzek 气流床气化炉)是第 1 个实现工业化的流化床气化技术。K – T 炉进行高温气流床熔融排渣。采用气 – 固相并流接触，粉煤和气化剂在炉内停留仅几秒。操作压力是常压，温度大于 1300℃。

(1)粉煤加压气化

国外粉煤气化有代表性的工艺有 Shell 干粉煤气化、GSP(Gaskombinat Schwarze Pumpe)干粉煤气化、Prenflo 气化技术(Pressurized Entrained – Flow Gasification)等。Shell 气化炉操作压力为 2.0 ~ 4.2MPa，气化温度为 1300 ~ 1700℃。4 个喷嘴均匀布置于炉子下部同一水平面上，借助撞击流强化传热传质过程，确保炉内横截面气速相对均一。

国内的粉煤气化技术有 HT – LZ(航天炉)干粉煤气化技术、五环炉、二段加压气化技

术、SE‑东方炉粉煤加压气化技术、科林炉、神宁炉、四喷嘴粉煤气化技术。其中四喷嘴粉煤气化技术适用煤种范围宽：石油焦、焦炭、烟煤、无烟煤等均可作气化原料，气化温度为1500℃。设有原料煤输送、粉煤制备、气化、除尘和余热回收等工序。气化炉结构采用对置式水冷壁，无耐火砖衬里。其工艺流程见图2‑5。

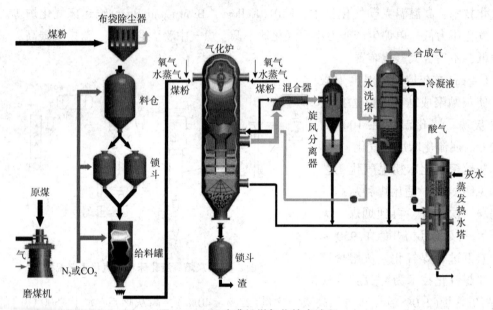

图2‑5　四喷嘴粉煤气化技术流程

（2）水煤浆加压气化

水煤浆加压气化代表性的工艺有Texaco水煤浆加压气化工艺、华东理工大学的多喷嘴对置技术、多元料浆加压气化技术、四喷嘴水煤浆加压气化、晋华炉、清华炉水冷壁水煤浆加压气化和E‑gas（Entrained Flow Gasification）水煤浆气化等。

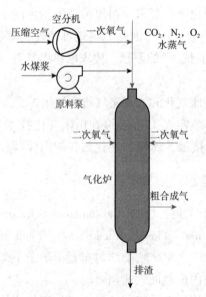

图2‑6　清华炉工艺流程

Texaco水煤浆加压气化工艺［2004年Texaco被General Electric Company收购，故又称GE水煤浆加压气化技术，又称GEGP工艺（GE gasification process）］是美国Texaco石油公司在重油气化的基础上发展起来的。Texaco气化炉有直接激冷式和废锅‑激冷式2种设计形式。气化炉是由耐火砖砌成的高温空间，水煤浆和纯度为95%的O_2从炉顶燃烧喷嘴喷入，在其中发生连续非催化喷流式部分氧化反应，反应温度在1500℃以下。

清华炉工艺流程见图2‑6。清华炉气化温度为1300~1700℃。清华炉改善了煤种适应性，提高了气化系统的可靠性和稳定性，使气化岛的能耗降低，形成了以清华炉为技术核心的气流床气化技术体系。

未增加CCUS（Carbon Capture, Utilization and

Storage)的煤制氢(合成气)属于灰氢范畴。首先,煤制氢不可避免会产生废渣,2019年中国产生煤气化废渣超过3300万t。其次,煤气化行业最大的特点是耗水量和废水量巨大,废水水质组成复杂,携带的污染物浓度高,净化处理难度大。最后,煤制氢生产1kg H_2 排放20kg CO_2。尽管存在诸多不足和缺陷,由于国情与资源禀赋的关系,煤制氢在我国仍然占据着制氢的半壁江山。随着技术的进步,废渣可用于建筑材料、土壤水体改良剂、高价值固体材料等多个方面;废水方面开发出种类繁多的处理技术,可以进行处理使之达到环保标准;高 CO_2 排放可以结合CCUS技术使之撕下"灰氢"的标签,迈向"蓝氢"。

2.2 天然气制氢

天然气是用量大、用途广的优质燃料和化工原料。天然气化工是化学工业分支之一,是以天然气为原料生产化工产品的工业。天然气通过净化分离和裂解、蒸汽转化、氧化、氯化、硫化、硝化、脱氢等反应可制成合成氨、甲醇及其加工产品(甲醛、醋酸等)、乙烯、乙炔、二氯甲烷、四氯化碳、二硫化碳、硝基甲烷等。全球每年有约7000万t氢气产量,约48%来自天然气制氢,大多数欧美国家以天然气制氢为主。国内由于天然气进口量巨大,使用天然气制氢的比例低于煤制氢。天然气制氢技术路线包含天然气水蒸气重整制氢、甲烷部分氧化法制氢、天然气催化裂解制氢及 CH_4/CO_2 干重整制氢等。

2.2.1 天然气蒸汽重整制氢

甲烷是天然气的主要成分。甲烷化学结构稳定,在高温下才具有反应活性。天然气蒸汽重整 (Steam Methane Reforming, SMR)是指在催化剂的作用下,高温水蒸气与甲烷进行反应生成 H_2、CO_2、CO。蒸汽重整工艺是目前工业上应用最广泛、最成熟的天然气制氢工艺。发生的主要反应如下:

蒸汽重整反应:$CH_4 + H_2O \Longleftrightarrow CO + 3H_2 (\Delta H = +206.3 kJ/mol)$ (2-1)

变换反应:$CO + H_2O \Longleftrightarrow CO_2 + H_2 (\Delta H = -41.2 kJ/mol)$ (2-2)

重整反应为强吸热反应,所需热量由燃料天然气及变压吸附解吸气燃烧反应提供。对甲烷含量高的天然气蒸汽转化过程,当水碳比太小时,可能会导致积炭,反应式如下:

$$2CO \Longrightarrow C + CO_2 (\Delta H = -172 kJ/mol)$$ (2-3)

$$CH_4 \Longrightarrow C + 2H_2 (\Delta H = +74.9 kJ/mol)$$ (2-4)

$$CO + H_2 \Longrightarrow C + H_2O (\Delta H = -175 kJ/mol)$$ (2-5)

大规模的工业化装置中,为节约装置成本,主要采用高温高压反应模式;国内制氢装置普遍采用的重整压力为 $0.6 \sim 3.5 MPa$,反应温度为 $600 \sim 850℃$。天然气蒸汽重整制氢工艺包括天然气预处理脱硫、蒸汽重整反应、CO变换反应、氢气提纯等,其工艺流程见图2-7。

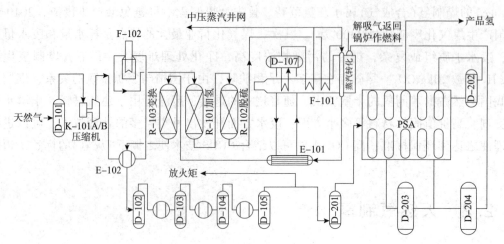

图2-7　天然气蒸汽重整制氢工艺流程

此工艺流程为某炼油厂 $4 \times 10^4 m^3/h$ 天然气制氢装置。界区外输入的天然气进入储罐 D-101，经过压缩机 K-101A/B 增压后进入加热炉 F-102 换热升温，之后进入加氢反应器 R-101，在加氢脱硫催化剂上将有机硫化物变为硫化氢，同时烯烃被加氢饱和。预处理脱硫后的天然气进入氧化锌反应器 R-102 中脱除硫化氢。脱硫后的原料天然气与蒸汽混合后，混合气进入转化炉 F-101 进行蒸汽重整反应，生成 H_2、CO、CO_2。高温转化气经废热锅炉 E-101 换热到 320～380℃后进入中温变换反应器 R-103 中进行 CO 与蒸汽的变换反应。中变气经换热、汽-水分离后进入 PSA 变压吸附单元进行净化。从 PSA 得到 99.9% 的 H_2。副产品解吸气送入转化反应炉 F-101 燃烧，给甲烷蒸汽重整转化反应提供热量。

由于天然气形成过程中的地质作用，原料天然气中一般含有硫化氢、硫醇、噻吩等含硫化合物。管输天然气中硫含量一般为 20×10^{-6} 左右，达不到转化催化剂所需求的低硫含量(总硫含量 $\leqslant 1 \times 10^{-6}$)。因此，在天然气制氢工艺中，都会设置脱硫工序。根据原料天然气含硫量、下游氢气使用工况的不同，常设置钴钼加氢脱硫→氧化锌脱硫→氧化铜精脱硫工序。

工业上使用的商品蒸汽转化催化剂是负载在陶瓷材料($X - Al_2O_3$、MgO、$MgMAlO_x$、尖晶石、Zr_2O_3)上的 NiO 型催化剂，NiO 负载量为 7%～79%(质量分数)。

天然气蒸汽转化制氢工艺中传统的高温变换催化剂为 Fe-Cr 催化剂，变换反应温度为 330～480℃。铁铬系变换催化剂活性相为 $\gamma - Fe_3O_4$，晶型为尖晶石结构的 Cr_2O_3 均匀地分散于 Fe_3O_4 晶粒之间，防止抑制 Fe_3O_4 晶粒长大，$Fe_3O_4 - Cr_2O_3$ 组合称为尖晶石型固溶体。典型的铁基高温变换催化剂中 Fe_2O_3 为 74.2%，Cr_2O_3 为 10%，其余为挥发分。铜基变换催化剂具有良好的选择性、较好的低温活性、蒸汽/转化气摩尔比下反应无费托副反应发生，起到一定的节能降耗作用，且消除了 Cr^{3+} 的污染问题。但该催化剂最大的缺点是耐温性差、活性组分易发生烧结失活。因此，通过添加有效助剂，提高铜基高温变换催化剂的抗烧结能力。研究发现，添加一定量的 K_2O、MgO、MnO_2、Al_2O_3、SiO_2 等，以及稀土氧化物等助剂，其抗烧能力得到提高。与铁铬系催化剂相比，该类催化剂的性能有较大的提高。能在较宽的蒸汽/转化气摩尔比条件下无任何烃类产物生成，适合低蒸汽/转化气摩尔比的节能工艺。

2.2.2 天然气部分氧化制氢

目前工业上主流是采用天然气蒸汽重整法制备氢气。但蒸汽重整属于强吸热反应，能耗高、设备投资大，且产物中 $V_{H_2}:V_{CO} \geqslant 3:1$，不适合甲醇合成和费托合成。而部分氧化法制氢具有能耗低、效率高、选择性好和转化率高等优点。且合成气中 $V_{H_2}:V_{CO}$ 接近 $2:1$，可直接作为甲醇和费托合成的原料。天然气部分氧化制氢工艺备受关注，国内外进行了广泛研究，为走向大规模商业化奠定了坚实的基础。

与蒸汽重整方法比，天然气部分氧化制氢能耗低，可大空速操作。天然气催化部分氧化可极大降低一段炉热负荷，同时减小一段炉设备的体积，进而降低装置运行成本。

部分氧化是在催化剂的作用下，天然气氧化生成 H_2 和 CO。整体反应为放热反应，反应温度为 $750 \sim 950℃$，反应速率比重整反应快 $1 \sim 2$ 个数量级。使用传统 Ni 基催化剂易积炭，由于强放热反应的存在，使得催化剂床层容易产生热点，从而造成催化剂烧结失活。

反应机理有 2 种，两者都有可能存在。

一种机理认为天然气直接氧化，认为 H_2 和 CO 是 CH_4 和 O_2 直接反应的产物，反应式如下：

$$2CH_4 + O_2 \longrightarrow 2CO + 4H_2 (\Delta H = -36kJ/mol) \qquad (2-6)$$

另一种机理是燃烧重整过程，部分 CH_4 先与 O_2 发生燃烧放热反应，生成 CO_2 和 H_2O，CO_2 和 H_2O 再与未反应的 CH_4 发生吸热重整反应，反应式如下：

$$CH_4 + 2O_2 \longrightarrow CO_2 + 2H_2O (\Delta H = -803kJ/mol) \qquad (2-7)$$

$$CH_4 + CO_2 \longrightarrow 2CO + 2H_2 (\Delta H = +247kJ/mol) \qquad (2-8)$$

$$CH_4 + H_2O \longrightarrow CO + 3H_2 (\Delta H = +206kJ/mol) \qquad (2-9)$$

2.2.3 天然气二氧化碳重整制氢

天然气二氧化碳重整（Carbon Dioxide Reforming of Methane，CRM）是 CH_4 和 CO_2 在催化剂作用下生成 H_2 和 CO 的反应。天然气二氧化碳重整给 CO_2 的利用提供了新的途径。

$$CH_4 + CO_2 \longrightarrow 2CO + 2H_2 (\Delta H = +247.0kJ/mol) \qquad (2-10)$$

$$CO + H_2O \longrightarrow CO_2 + H_2 (\Delta H = -41.2kJ/mol) \qquad (2-11)$$

天然气二氧化碳重整为强吸热反应，其反应焓变 $\Delta H = +247.0kJ/mol$，大于蒸汽重整的 $\Delta H = +206.3kJ/mol$。在反应温度 $>640℃$ 时才能进行。温度升高，可使平衡反应向正向移动，使 CH_4 和 CO_2 转化率提高。研究发现，常压下 $850℃$ 进行天然气二氧化碳重整反应，CH_4 转化率 $>94\%$，CO_2 转化率 $>97\%$，反应产物 H_2/CO 接近 1。积炭失活是催化剂存在的主要问题。CH_4 高温裂解和 CO 的歧化反应都会产生积炭。

2.2.4 天然气催化裂解制氢

CH_4 在催化剂上裂解，产生 H_2 和碳纤维或者碳纳米管等碳素材料。天然气经脱硫、脱水、预热后从移动床反应器底部进入，与从反应器顶部下行的镍基催化剂逆流接触。天然气在催化剂表面发生催化裂解反应生成 H_2 和 C。其反应如下：

$$CH_4 \rightleftharpoons C + 2H_2 (\Delta H = 74.8kJ/mol) \qquad (2-12)$$

从移动床反应器顶部出来的氢气和甲烷混合气在旋风分离器中分离出炭和催化剂粉尘后，进入废热锅炉回收热量，之后通过 PSA 分离提纯得到产品氢气。未反应的甲烷、乙烷等作为燃料或者循环使用。反应得到的炭附着在催化剂上从反应器底部流出，热交换降温后进入气固分离器，之后在机械振动筛上将催化剂和炭分离，催化剂进行再生后循环使用。分离出的炭可作为制备碳纳米纤维等高附加值产品的原料。

该方法的优点是制备的氢气纯度高，且能耗相较蒸汽重整法低。碳纤维或者碳纳米管等碳素材料附加价值高。缺点是裂解反应中生成的积炭聚集附着在催化剂表面，易造成催化剂失活。此外，在连续操作工艺过程中，需要通过物理或化学方法剥离催化剂的积炭。物理方法除炭后，可一定程度延长催化剂使用寿命，但催化剂终究还是会失活，需进行再生或更换新的催化剂。增加了生产成本，且也不适合长周期运行。化学方法除炭是通入空气或纯氧燃烧掉催化剂上的积炭而使催化剂得到再生。该过程会引入 CO_2。因此，天然气催化裂解制氢的研究重点是：①开发容炭能力强且更加高效的催化剂，以达到减少再生次数的目的；②找到更有效更彻底地从催化剂上移除积炭的方法。

天然气制氢生产 $1m^3$ 氢气需消耗天然气 $0.42 \sim 0.48m^3$，锅炉给水 1.7kg，电 $0.2kW \cdot h$。$50000m^3/h$ 及以下氢气产量时，天然气具有成本优势。大于 $50000m^3/h$ 时，则以煤为原料制氢更具有成本优势。天然气水蒸气重整制氢技术的生命周期温室气体释放量为 11893g CO_2/kgH_2，能耗为 $165.66MJ/kgH_2$。天然气热解制氢系统生命周期的温室气体释放当量为 $3900 \sim 9500gCO_2/kgH_2$，能耗为 $298.34 \sim 358.01MJ/kgH_2$。

2.3 水电解制氢

使用天然气和煤生产的 H_2 有 CO_2 产生，属于"灰氢"。环保要求的发展方向是"绿氢"，即 H_2 生产过程中不产生 CO_2。当下"绿氢"的主要生产方式是水电解。

水电解法制氢以水为原料，因此，原料价格便宜，其制氢成本主要消耗电能。理论计算表明，电压达到 1.229V 就可以进行水电解；实际上，由于氧和氢的生成反应中存在过电压和电解液电阻及其他电阻，进行水电解需要更高的电压。由法拉第定律计算得到，制取 $1Nm^3$ 氢气需用电 $2.94kW \cdot h$，实际用电量是理论值的 2 倍。水电解法不可避免地存在能量损失。水电解的耗电量一般不低于 $5kW \cdot h/Nm^3$，此问题不能通过提高水电解设备的效率就可以完全解决。以当前电价核算，制氢成本高于化石能源制氢。

电解水包含阴极析氢(Hydrogen Evolution Reaction，HER)和阳极析氧(Oxygen Evolution Reaction，OER)两个半反应。电解水在酸性环境和碱性环境中均可进行，由于所处的环境不同，发生的电极反应存在差异。

在酸性环境中，阴阳两极的反应如下：

阴极析氢：$2H^+ + 2e^- \rightleftharpoons H_2 + 2OH^-$

阳极析氧：$2H_2O \rightleftharpoons 2H^+ + O_2 + 2e^-$

在碱性环境中，阴阳两极的具体反应如下：

阴极析氢：$\qquad 2H_2O + 2e^- === H_2 + 2OH^-$

阳极析氧：$\qquad 2OH^- === \frac{1}{2}O_2 + 2e^-$

在实际生产中，由于酸性介质对设备的腐蚀性强，电解水制氢通常在碱性环境下进行。

2.3.1　碱性电解水制氢

碱性电解水制氢(Alkaline Water Electrolytic，AWE)装置由电源、电解槽体、电解液、阴极、阳极和隔膜组成。电解液通常为氢氧化钾(KOH)溶液，隔膜主要由石棉组成，用作气体分离器。阴极与阳极主要由金属合金组成，如 Ni – Mo 合金、Ni – Cr – Fe 合金等。电解池的工作温度为 70 ~ 100℃，压力为 100 ~ 3000kPa。碱性电解槽中通常电解液是 KOH 溶液，浓度为 20% ~ 30%(质量分数)。

目前广泛应用的 AWE 制氢电解槽基本结构有单极电解槽和双极电解槽 2 种。在单极电池中，电极是并联的，而在双极电池中，电极是串联的。双极电解槽结构紧凑，减少了电解液电阻造成的损耗，从而提高了电解槽效率。然而，由于双极电池结构紧凑，增加了设计的复杂性，导致制造成本高于单极电池。

隔膜是碱水制氢电解槽的核心组件，分隔阴极和阳极 2 个小室，实现隔气性和离子穿越的功能。因此，开发新型隔膜是降低单位制氢能耗的主要突破点之一。目前国内使用的主要为石棉隔膜，但由于石棉具有致癌作用，所以各国纷纷下令禁止使用石棉。因此开发新型的碱性水电解隔膜势在必行。亚洲国家尤其是我国普遍使用非石棉基的 PPS(Polyphenylene Sulfide Fibre，聚苯硫醚纤维)布，其具有价格低廉的优势，但缺点也比较明显，如隔气性差、能耗偏高。而欧美国家使用复合隔膜，这种隔膜在隔气性和离子电阻上具有明显优势，但价格相对来说更贵。

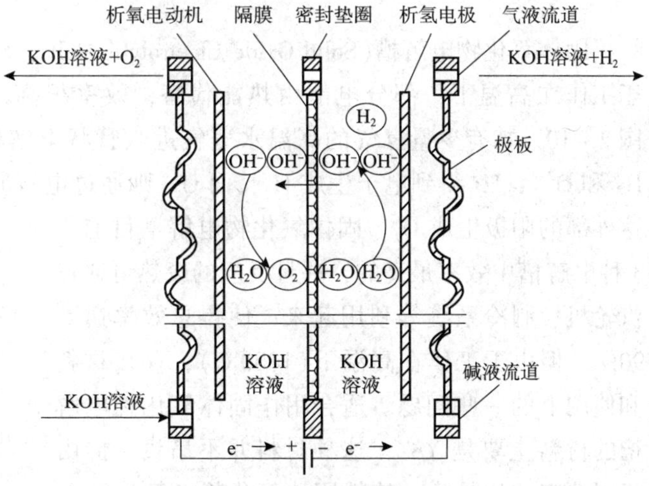

碱性电解槽是最古老、技术最成熟、经济最好的电解槽，并且易于操作，在目前广泛使用，其缺点是效率低。其工作原理见图 2 – 8。

图 2 – 8　碱性电解槽的工作原理

2.3.2　质子交换膜电解水制氢

碱性电解槽结构简单，操作方便，价格较便宜，比较适用于大规模制氢，但缺点是效率不高，为 70% ~ 80%。质子交换膜电解槽(Proton Exchange Membranes，PEM)是基于离子交换技术的高效电解槽，其工作原理见图 2 – 9。PEM 电解槽由两电极和聚合物薄膜组成，质子交换膜通常与电极催化剂呈一体化结构（Membranc Electrode Assembly，MEA）。在这种结构中，以多孔的铂材料作为催化剂结构的电极紧贴在交换膜表面。薄膜由 Nafion 组成，包含有 $-SO_3H$ 基团，水分子在阳极被分解为 O^{2-} 和 H^+，而 $-SO_3H$ 基团很容易分解成 SO_3^{2-} 和 H^+，H^+ 和水分子结合成 H_3O^+，在电场作用下穿过薄膜到达阴极，在阴极生成氢。PEM 电解槽不需电解液，只需纯水，比碱性电解槽安全、可靠。使用质子交换膜

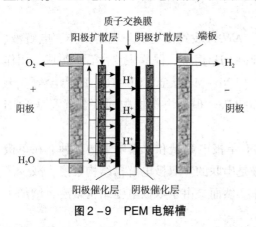

图 2-9　PEM 电解槽

作为电解质具有高化学稳定性、高质子传导性、良好的气体分离性等优点。由于较高的质子传导性，PEM 电解槽可以工作在较高的电流下，从而提高了电解效率。并且由于质子交换膜较薄，减小了电阻损耗，也提高了系统的效率。目前 PEM 电解槽的效率可达到 85% 以上。但由于电极中使用铂等贵重金属，Nafion 也是很昂贵的材料，成本太高。为进一步降低成本，目前的研究主要集中在如何降低电极中贵重金属的使用量以及寻找其他的质子交换膜材料。随着研究的进一步深入，未来将可能找到更合适的质子交换膜，并且随着电极贵金属占比的减小，PEM 电解槽成本将会大大降低，成为主要的制氢装置之一。

2.3.3　固体氧化物电解水制氢

固体氧化物电解槽（Solid Oxide Electrolytic Cells，SOEC）目前还处于研究开发阶段。由于工作在高温下，部分电能由热能代替，效率很高，并且成本也不高，其基本原理见图 2-10。掺有少量氢气的高温水蒸气进入管状电解槽后，在内部的负电极处被分解为 H^+ 和 O^{2-}，H^+ 得到电子生成 H_2，而 O^{2-} 则通过电解质 YSZ（Yttria - Stabilized Zirconia）到达外部的阳极生成 O_2。固体氧化物电解槽目前是3 种电解槽中效率最高的，并且反应的废热可通过汽轮机、制冷系统等利用起来，使得总效率达到90%。但由于工作在高温下（1000℃），存在材料和使用上的一些问题。适合用作固体氧化物电解槽的材料主要是 YSZ，这种材料并不昂贵。但由于制造工艺比较贵，使得固体氧化物电解槽的成本也高于碱性电解槽。目前比较便宜的制造技术如电化学气相沉淀法（Electrochemical Vapor Deposition，EVD）和喷射气相沉淀法（Jet Vapor Deposition，JVD）正处于研究开发中，有望成为以后固

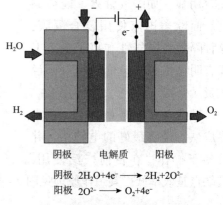

阴极　 $2H_2O+4e^- \longrightarrow 2H_2+2O^{2-}$
阳极　 $2O^{2-} \longrightarrow O_2+4e^-$

图 2-10　固体氧化物电解槽

体氧化物电解槽的主要制造技术。各国的研究重点除了发展制造技术外，同时也在研究中温（300~500℃）固体氧化物电解槽以降低温度对材料的限制。

3 种类型的水电解制氢的特征对比见表 2-1。

表2-1 3种类型的水电解制氢的特征对比

制氢技术	碱性电解水制氢	质子交换膜电解水制氢	固体氧化物电解水制氢
电解质	NaOH/KOH(液体)	质子交换膜(固体)	YSZ(固体)
操作温度/℃	70~100	50~80	500~1000
操作压力/MPa	<3	<7	<30.1
阳极催化剂	Ni	Pt、Ir、Ru	LSM、CaTiO₃
阴极催化剂	Ni合金	Pt、Pt/C	Ni/YSZ
电极面积/cm²	10000~30000	1500	200
单堆规模	1MW	1MW	5kW
电解槽直流电耗(氢气体积按0℃、标准大气压下计)/(kW·h/m³)	4.3~6	4.3~6	3.2~4.5
系统直流电耗(氢气体积按0℃、标准大气压下计)/(kW·h/m³)	4.5~7.1	4.5~7.5	3.6~4.5
电解槽寿命/h	60000	50000~80000	<20000
系统寿命/a	20~30	10~20	—
启动时间/min	>20	<10	<60
运行范围/%	15~100	5~120	30~125
优点	成本低、长期稳定性好、单堆规模大、非贵金属材料	设计简单、结构紧凑、体积小、快速反应、高电流密度	高能量效率、可构成可逆电解池、非贵金属材料
缺点	腐蚀性电解液、动态响应速度慢、低电流密度	贵金属材料、双极板成本高、耐久性差、酸性环境	电极材料不稳定、存在密封问题、设计复杂、陶瓷材料有脆性

2030年，我国风电、太阳能发电总装机容量达到12亿kW以上。随机性、无规律性的风电、光电对电网安全性带来挑战，导致电网平衡成本逐渐增大，造成大量弃风电、弃光电现象。2016年，全国弃水弃风弃光电量达到1100亿kW·h，折合氢气220亿m³。2018年，受国家光伏新政"急刹车"的影响，56%产能闲置，弃电1013亿kW·h。因此，若是电解水制氢与风电、光电相结合，既能消纳弃风弃光产生的电能，又能有效降低电解水的成本。存在的技术困难是风电、光电资源多位于"三北"偏远地区，氢气的储存和运输成本高。

2.4 甲醇制氢

甲醇由天然气或者煤为原料制取。甲醇常温下是液体，便于储存和运输。工业上大规模制氢的原料多使用煤或天然气。但用氢场景和用氢规模千差万别。对于用氢规模较小的场景，使用煤制氢投资太大。天然气管网的覆盖率及天然气的可及性毕竟有限，尤其在国内需大量进口天然气的情形下(2021年中国天然气进口量为12136万t)。如果小型用氢场景的天然气不可及，则使用甲醇制氢是比较经济的选择。甲醇具有较高的储氢量，适宜作为分布式小型制氢装置的制氢原料。

甲醇是大宗化工原料，2021年中国甲醇产量为8040.94万t，甲醇原料资源丰富。近几年甲醇制氢工艺得到迅速推广。

甲醇作为原料制氢气主要有3种方法：甲醇蒸汽重整制氢、甲醇裂解制氢、甲醇部分氧化制氢。

2.4.1 甲醇蒸汽重整制氢

甲醇蒸汽重整(Methanol Steam Reforming，MSR)发生如下反应：

$$CH_3OH + H_2O \rightleftharpoons CO_2 + 3H_2 (\Delta H = 49.7 kJ/mol) \qquad (2-13)$$

MSR制氢具有H_2产量高，储氢量可达到甲醇质量的18.8%，CO产量低、成本低、工艺操作简单等优点。最终产物是CO_2和H_2，成分比例1:3，但H_2中会掺杂微量的CO。

甲醇蒸汽重整制氢工艺流程主要分为3个工序(见图2-11)：①甲醇-水蒸气转化制气。这一过程包括原料汽化、转化反应和气体洗涤等步骤。②转化气分离提纯。常用的提纯工艺有变压吸附法和化学吸附法，前者适合于大规模制氢，后者适合于对H_2纯度要求不高的中小规模制氢。③热载体循环供热系统。甲醇-水蒸气转化制氢为强吸热反应，必须从外部供热，但直接加热易造成催化剂的超温失活，故多常用热载体循环供热。

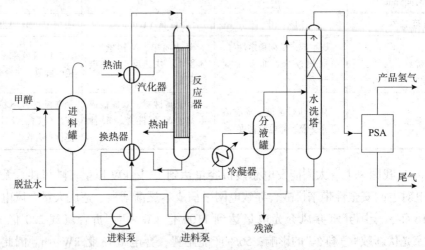

图2-11 甲醇蒸汽重整制氢工艺流程

甲醇蒸汽重整制氢催化剂中，应用最多的是铜系催化剂。铜系催化剂可分为二元铜系催化剂、三元铜系催化剂和四元铜系催化剂。二元铜系催化剂常见的有Cu/SiO_2、Cu/MnO_2、Cu/ZnO、Cu/ZrO_2、Cu/Cr_2O_3、Cu/NiO。三元铜系催化剂常用的是$Cu/ZnO/Al_2O_3$，对$Cu/ZnO/Al_2O_3$催化剂进行改性，添加Cr、Zr、V、La作为助剂制备四元铜系催化剂。这些铜系催化剂用于甲醇蒸汽重整制氢反应，选择性和活性高，稳定性好，甲醇最高转化率可达98%，产气中氢含量高达75%，CO含量小于1%，是比较理想的甲醇蒸汽重整制氢催化剂。

2.4.2　甲醇裂解制氢

化肥和石油化工工业大规模的(5000Nm³/h 以上)制氢方法，一般用天然气转化制氢、轻油转化制氢或水煤气转化制氢等技术，但由于上述制氢工艺须在800℃以上的高温下进行，转化炉等设备需要特殊材质，同时需要考虑能量的平衡和回收利用，所以投资较大、流程相对较长，故不适合小规模制氢。

在精细化工、医药、电子、冶金等行业的小规模制氢(200Nm³/h 以下)中也可采用电解水制氢工艺。该工艺技术成熟，但由于电耗较高(5~8kW·h/Nm³)而导致单位氢气成本较高，因而较适合于100Nm³ 以下的规模。

甲醇裂解制氢在石化、冶金、化工、医药、电子等行业的应用已经很广泛。浮法玻璃行业为了有效降低制氢成本和投资，多用氨分解制氢来替代水电解制氢，而甲醇裂解制氢工艺由于其所产氢气质量、制氢成本优势正逐渐被玻璃行业所认可。

甲醇分解制氢即甲醇在一定温度、压力和催化剂作用下发生裂解反应生成 H_2 和 CO。采用该工艺制氢，单位质量甲醇的理论 H_2 收率为12.5%(质量分数)，产物中 CO 含量较高，约占1/3，后续分离装置复杂，投资高。甲醇裂解制氢：该工艺过程是甲醇合成的逆过程，其工艺简单成熟、占地少、运行可靠、原料利用率高。生产 $1Nm^3$ 氢气需消耗：甲醇0.59~0.62kg，除盐水0.3~0.45kg，电0.1~0.15kW·h，燃料11710~17564kJ，其成本高于天然气制氢。

通过热力学理论计算得知，甲醇分解反应能够进行的最低温度为423K，水汽变换能够进行的最低温度为198K。因此，要使该反应能够顺利进行(假设按分解变换机理进行)，反应温度必须高于423K。

$$\text{主反应：} CH_3OH \Longrightarrow CO + 2H_2 \qquad -90.7kJ/mol \qquad (2-14)$$

$$CO + H_2O \Longrightarrow CO_2 + H_2 \qquad +41.2kJ/mol \qquad (2-15)$$

$$\text{总反应：} CH_3OH + H_2O \Longrightarrow CO_2 + 3H_2 \qquad -49.5kJ/mol \qquad (2-16)$$

$$\text{副反应：} 2CH_3OH \Longrightarrow CH_3OCH_3 + H_2O \qquad +24.9kJ/mol \qquad (2-17)$$

$$CO + 3H_2 \Longrightarrow CH_4 + H_2O \qquad +206.3kJ/mol \qquad (2-18)$$

甲醇裂解制氢工艺流程见图 2-12。甲醇和脱盐水进入系统经过汽化器和过热器后进

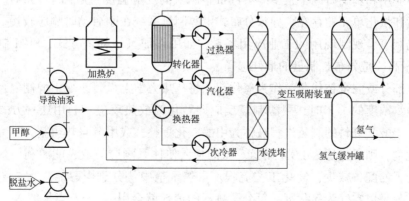

图 2-12　甲醇裂解制氢工艺流程

入转化反应器。在固体催化剂上进行催化裂解和转化反应，生成 H_2、CO_2 和少量 CO 的混合气。将甲醇裂解得到的混合气冷却冷凝后通过装有吸附剂的固定床，这时比氢气沸点高的杂质 CO、CO_2 等被选择性吸附，从而达到 H_2 和杂质气体组分的有效分离，得到纯度较高的 H_2。

2.4.3 甲醇部分氧化制氢

甲醇蒸汽重整制氢和甲醇裂解制氢均为吸热反应，而甲醇部分氧化为放热反应。甲醇裂解制氢由于尾气中 CO 浓度过高而不适于直接作为燃料电池的氢源。水蒸气重整法虽然可获得高含量的 H_2，但该反应为吸热反应，且水蒸气的产生也需消耗额外的能量，这对该反应的实际应用非常不利。甲醇部分氧化制氢反应（Partial Oxidation of Methane，POM）的优点如下：①反应为放热反应，在温度接近 227℃ 时，点燃后即可快速加热至所需的操作温度，整个反应的启动速率和反应速率很快；②采用氧气甚至空气代替水蒸气作氧化剂，减少了原料气气化所需的热量，使其具有更高的效率，同时简化了装置；③部分氧化气作为汽车燃料能降低污染物的排放和热量损失，在负载变化时的动态响应性能良好，在低负载时用甲醇分解气或部分氧化气，而在高负载或车辆加速，即电池组需要较多的氢流量以提高电力输出时，只需改变燃料流量而快速地改变氢的产量或采用甲醇和汽油的混合物作燃料。

甲醇部分氧化为放热反应，既提供了维持反应温度所需的热量，又产生了 H_2。由于不同氧醇比（空气/甲醇摩尔比）所放出的反应热不同，所以可通过控制氧醇比来控制反应温度。不同氧醇比时的反应热为：

$$CH_3OH + \frac{1}{2}O_2 = 2H_2 + CO_2 (\Delta H_{298} = -155kJ/mol) \tag{2-19}$$

$$CH_3OH + \frac{1}{4}O_2 = 2H_2 + \frac{1}{2}CO_2 + \frac{1}{2}CO(\Delta H_{298} = -13kJ/mol) \tag{2-20}$$

当氧醇比降为 0.23 时，反应热为 0。因此，可根据需要调整空气进料速度，在反应开始阶段需要升温时，可控制氧醇比为 0.5，升至反应温度后，控制氧醇比在 0.23～0.4，略微放热以维持反应温度。

甲醇蒸汽重整制氢是吸热反应（$\Delta H = 49.7kJ/mol$），热力学上高温有利于反应向右进行。在实际应用和基础研究中，甲醇蒸汽重整制氢的反应温度一般高于 250℃。相对较高的工作温度和汽化单元的存在，导致分布式甲醇制氢系统在刚启动时响应较慢。然而，对于连续现场制氢、现制现用的工业应用场景，如用作加氢站补氢方式，SRM 制氢技术成熟、H_2 含量高，是分布式制氢的最佳选择。

以氧气部分或完全替代蒸汽作为氧化剂，将从热力学上显著改变甲醇制氢反应。当氧含量超过蒸汽浓度的 1/8 时，甲醇制氢反应即转化为放热反应。利用这一方式开发的空气—蒸汽—甲醇共进料的制氢过程被称为甲醇氧化重整，或甲醇自热重整。如完全使用空气作为氧化剂，则反应称为 POM 制氢。氧的加入使体系响应较快，能源利用效率大幅提升，附加装置的配备减少，简化工艺流程。自热重整中每分子甲醇能产生 2～3 分子氢。由于氧化重整是以空气为氧化剂，每分子氧气的消耗就会引入 1.88 当量的 N_2，导致出口氢气浓度在 41%～70%。对于 POM 制氢来说，每分子甲醇仅能获得 2 分子氢，实际出口氢气浓度仅为41%。在甲醇制氢中引入氧化剂，虽然降低制氢能耗，但可能导致氢气选择性的降低，容易出现过度氧化产物；另外空气作为氧化剂，也可能导致环境污染物如氮氧化物等生成；同时，氧化属于强放热反应提高了对反应器换热的要求，若传热不好，容易导致催化剂在局部热点的位置烧结失活。

2.5　太阳能制氢

目前利用太阳能制氢的方法有太阳能热分解水制氢、太阳能光伏发电电解水制氢、太阳能光催化分解水制氢、太阳能光电化学分解水制氢、太阳能生物制氢等。利用太阳能制氢有重大的现实意义，但目前技术尚不成熟，有大量理论问题和工程技术问题待解决。然而世界各国都十分重视，投入大量的人力、物力、财力开展相关研究，并已取得了很多关键进展。

2.5.1　太阳能光催化分解水制氢

若能实现从太阳能到氢能的高效转化，这将促进能源行业发生巨大变革。利用粉末光催化剂催化太阳能光解水制氢，技术路线最简单。

水的分解反应为吸热反应，反应的焓变为237.13kJ/mol。如果想纯粹利用热来实现水的热分解，需要2000℃以上的高温。单纯依靠太阳光直接光分解水需要波长170nm的高能量光，可见光波长为400~760nm，紫外线波长为290~400nm，因此直接光分解水几乎不可能。

$$2H_2O \Longrightarrow 2H_2 + O_2 (\Delta H = 237.13kJ/mol) \tag{2-21}$$

利用半导体光催化分解水制氢在室温下就可以进行。原理为半导体吸收太阳光使电子从基态跃迁至激发态。若产生足够能量的导带电子和价带空穴，就可以满足水分解的热力学要求。

半导体是一类常温下导电性介于导体与绝缘体之间的材料。半导体有特殊的能带结构和良好的稳定性，是优选的光催化分解水制氢的材料。根据能带理论，半导体的价带（Valence Band，VB）顶与导带（Conduction Band，CB）底的能量差称为"带隙"（Band Gap）。当半导体吸收能量不小于其带隙的光子时，电子将从价带激发到导带。导带中生成电子（e^-），在价带中留下空穴（h^+）。由于半导体能带的不连续性，电子或空穴在内生电场或外加偏压作用下通过扩散的方式运动，彼此分离迁移到半导体表面，与吸附在表面的物质发生氧化还原反应。或者被体相或表面的缺陷捕获，电子、空穴直接复合、以光或热辐射的形式转化。光激发产生的电子-空穴对具有氧化还原能力，由其驱动的反应称为光催化反应（见图2-13）。

光催化剂分解水有产氢半反应和产氧半反应。为提高氢气产生效率，通常将空穴牺牲试剂或电子牺牲试剂引入体系中，快速消耗光激发产生的空穴和电子，避免因电荷累积而引起的复合。要符合产氢条件，电子受体的标准电极电位比质子还原的电位更正，而电子供体的标准电极电位比水氧化的电位更负。从热力学角度看，牺牲试剂的反应相较于质子还原与水氧化更容易进行。在产氢半反应中，常用的空穴牺牲试剂为甲醇、SO_3^{2-}/S^{2-}、

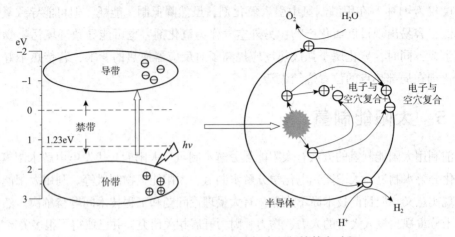

图 2-13 半导体基光催化分解水制氢的基本过程

三乙醇胺和乳酸等；而对于产氧半反应，常用 Ag^+、Fe^{3+} 和 IO_3^- 等作为电子牺牲试剂。

对于产氢和产氧半反应，相应的反应方程式如下：

光催化产氢半反应：$2H^+ + 2e^- \longrightarrow H_2$

$$Red + nh^+ \longrightarrow O_x \text{（Red 代表电子供体）}$$

光催化产氧半反应：$2H_2O + 4h^+ \longrightarrow 4H^+ + O_2$

$$O_x + ne^- \longrightarrow Red \text{（}O_x \text{ 代表电子受体）}$$

可用于光催化分解水制氢的材料很多，无机半导体光催化剂是最为广泛的材料类型。无机半导体最大的优势为稳定性好，经受长时间的光照射结构不会破坏。已开发的半导体光催化剂大约有 200 多种，可分为可见光响应和紫外光响应 2 类。

按照中心原子的电子结构差异，紫外光响应的光催化材料可分为含 d^0 和 d^{10} 电子态的金属氧化物。d^0 电子态金属氧化物以 Ti 基、Ta 基、W 基、Zr 基、Nb 基、Mo 基氧化物或含氧酸盐为主。TiO_2 和 $SrTiO_3$ 是最为典型的 Ti 基氧化物，其中 TiO_2 是研究最早也是目前研究最多的光催化模型材料。d^{10} 电子态为 Ga^{3+}、In^{3+}、Sn^{4+}、Sb^{5+} 的金属氧化物，也具有优异的光催化活性。

太阳光中，可见光能量占总能量的 50%。开发可见光响应，尤其是具有吸收长波长能力的催化剂，是有效提高太阳能吸收率的途径之一。可见光响应的材料有氧化物、阴离子掺杂氧化物、阳离子掺杂氧化物、硫氧化物、氮化物、卤氧化物、硒化物、硫化物、固熔体、等离子共振体等。

2.5.2 太阳能光电化学分解水制氢

光电化学（Photoelectrochemical，PEC）催化分解水制氢是环境友好、规模化和可持续性地转化与储存太阳能的途径之一。光电化学水分解电池，通过半导体电极吸收太阳光产生光生载流子，载流子在体相或外电路迁移后与水发生反应，生成 H_2 和 O_2。

太阳光电解水制氢通过由光阳极和阴极共同组成光化学电池实现。在电解质环境下，光阳极太阳光在半导体上产生电子，借助外路电流将电子传输到阴极上。H_2O 中的质子能从阴极接收电子产生 H_2。光电解水的效率受光激励下自由电子 – 空穴对数量、自由电子空穴对分离和寿命、逆反应抑制等因素的影响。受限于电极材料和催化剂，光电解水效率普遍不高，均在 10% 左右，性质优异的半导体材料如双界面 GaAs 电极也仅能达到 13% 左右。

光电化学水分解电池的器件结构有多种组成方式，如通过光伏电池与光电极串联，可以获得较高的太阳能转化效率，但结构成本也相对较高；而通过 p 型光阴极和 n 型光阳极组成的叠层结构，不仅拥有较高的理论转化效率（约 28%），同时成本相对较低，是理想的器件结构。p – n 叠层光电化学水分解电池结构见图 2 – 14。太阳光从 n 型光阳极侧照射，光阳极吸收短波长的光，长波长光穿透过光阳极被后侧的光阴极吸收。在光阳极上发生水的氧化反应，光阴极上发生水的还原反应。为了使此器件无偏压工作，需要光阳极和光阴极的光电流相互匹配。

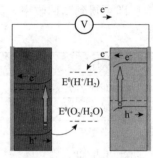

图 2 – 14　太阳能光电化学分解水制氢原理

为提高光电极的水分解性能，电极表面担载水分解电催化剂是有效的方法。电催化剂是高性能光电化学水分解不可或缺的部分。理想的电催化剂必须具有较高的催化活性和稳定性。CoP 产氧电催化剂活性高、具有自修复性能，一度成为最常见的光阳极助催化剂，替代了昂贵的 Ru、Ir 基催化剂。

虽然光电化学水分解电池是理想、高效、低成本利用太阳能制取氢气的方法，但是单一光电极性能过低会导致所组成的器件无法达到真正的无偏压工作或者效率过低。通过对光电极进行微观形貌调控、离子掺杂、表面偏析相的消除和表面钝化层修饰可提高光电极性能。

相较于光阴极材料，由于光阳极的产氧反应（Oxygen Evolution Reaction，OER）是 4 电子反应（$4OH^- - 4e^- =\!=\!= 2H_2O + O_2\uparrow$），其在反应动力学上更具挑战性，成为制约 PEC 分解水性能的主要因素。

光电极材料主要分为 n 型半导体的光阳极材料和 p 型半导体的光阴极材料。研究较多的光电催化制氢的阳极材料主要有 TiO_2、ZnO、Ta_3N_5、WO_3、$BiVO_4$、$\alpha - Fe_2O_3$ 等。其中 TiO_2、ZnO 属于带隙较窄的材料，只能吸收占比约 5% 的紫外光，导致其总的转化效率不高。WO_3、$BiVO_4$ 及 Ta_3N_5 的带隙分别为 2.6eV、2.4eV、2.1eV，能吸收可见光。但光生载流子的传输效率较低，使得这些材料的实际转化效率难以达到实用要求。

2.6　工业副产氢气

副产氢是企业生产的非主要产品，与主要产品使用相同原料同步生产，或利用废料进一步生产获得。强调副产氢的原因有 2 个：一是经济性高，二是环保性强。从经济角度看，氢气生产成本高，过程复杂。如果是生产其他产品的副产品，则可大大降低生产成本。从环保角度看，绿氢清洁低碳是未来发展要求，即使现在达不到绿氢标准，也要尽量减少生产过程中的能源消耗和污染物排放。与主要产品同一工艺流程产出的副产氢，显然符合以上2个要求。工业副产氢主要指氯碱、炼焦、炼油企业的副产氢气。

工业副产气制纯氢主要有3种方法：深冷分离、变压吸附(PSA)、膜分离。深冷分离是将气体液化后蒸馏，根据沸点不同，通过温度控制将其分离。所得产品纯度较高，适宜大规模制纯氢装置使用。变压吸附的原理是根据不同气体在吸附剂上的吸附能力不同，通过梯级降压，使其不断解吸，最终将混合气体分离提纯。膜分离法则是基于气体分子大小各异，透过高分子薄膜速率不同的原理对其实施分离提纯。每一种技术都有其特点和约束条件，将这几种 H_2 回收技术结合起来可得最佳的工艺方案；如将深冷法和变压吸附法相结合，即可得到高回收率、高纯度和高压的 H_2。3种氢气提纯方法的对比见表2-2。

表2-2　3种氢气提纯方法的对比

项目	PSA	膜分离	深冷分离
规模/(Nm³/h)	20~200000	100~10000	50000~200000
氢纯度/% mol	99~99.999	80~99	90~99
氢回收率/%	80~95	80~98	98
操作压力/MPa	1.0~6.0	2~15	1.0~8.0
原料中最小氢气/% mol	30	30	15
原料气的预处理	不预处理	预处理	预处理
操作弹性/%	30~110	20~100	小
装置的可扩展性	容易	容易	很难

2.6.1　氯碱副产氢气

氯碱工业用电解饱和氯化钠溶液的方法来制取氢氧化钠，副产氯气和氢气。在电解氯化钠溶液的过程中，氢离子比钠离子更容易获得电子。因此在电解池的阴极氢离子被还原为氢气。氯气在阳极析出，电解液变成氢氧化钠溶液，浓缩后得到烧碱产品。其电极反应如下：

阳极反应：$2Cl^- - 2e^- \Longrightarrow Cl_2 \uparrow$（氧化反应）

阴极反应：$2H^+ + 2e^- \Longrightarrow H_2 \uparrow$（还原反应）

电解饱和食盐水的总反应：$2NaCl + 2H_2O \Longrightarrow 2NaOH + Cl_2 \uparrow + H_2 \uparrow$　　　　(2-22)

氯碱行业生产的 H_2 纯度较高，H_2 纯度约为98.5%，不含有能使燃料电池催化剂中毒的碳、硫、氨等杂质，但含有部分氧气、氮气、水蒸气、氯气及氯化氢等杂质。氯碱厂副产氢气纯化工艺主要包括4个步骤：除氯、除氧、除氯化氢、除氮。氢气中的氯化氢主要采用水洗的方法除去。氢气中的氯气与硫化钠反应，生成可溶于水的氯化钠从氢气中除去。硫化钠与部分氧反应，降低了后续除氧的负担。剩余的氧气和氢气在钯催化剂作用下生成水。氢气中的氮气被分子筛吸附，并在吸附剂再生过程中被再生气带走而除去。我国氯碱厂大多采用PSA技术提氢，主要的反应如下。

$$Na_2S + Cl_2 \xrightarrow{\quad\quad} 2NaCl + S\downarrow \qquad (2-23)$$

$$2Na_2S + O_2 + 2H_2O \xrightarrow{\quad\quad} 4NaOH + 2S\downarrow \qquad (2-24)$$

$$O_2 + 2H_2 \xrightarrow{\quad\quad} 2H_2O + Q \qquad (2-25)$$

氯碱副产氢气大多已经进行配套综合利用，如生产氯乙烯、双氧水、盐酸等化学品，部分企业还配套了苯胺。另外，氯碱副产氢气不仅可作锅炉燃料供本企业使用，还可以销售给周边企业采用焰熔法生产人造红宝石、蓝宝石，或者充装后就近外售。环保管理不严格的地方，还有部分氯碱副产氢气会直接排空。2020年我国烧碱产量为3643.3万t，按1t烧碱副产氢气24.8kg计算，该行业副产氢90万t，扣除60%生产聚氯乙烯和盐酸等消耗的氢气，可对外供氢36万t/a。

2.6.2　焦炉煤气副产氢气

将煤隔绝空气加热到950~1050℃，经历干燥、热解、熔融、粘结、固化、收缩等过程最终制得焦炭，这一过程称为高温炼焦。炼焦除了可以得到焦炭外，还可以得到气体产品粗煤气(又称荒煤气，Raw Coke Oven Gas，RCOG)。

从焦炉炭化室排出的RCOG(700~900℃)，因含有焦油等杂质不能被直接使用。焦油含量为80~120g/m³，占总煤气质量的30%左右。焦油在500℃以下容易聚合、结焦、堵塞管道、腐蚀设备、严重污染环境。为确保生产安全、符合清洁生产标准以及提高RCOG的品质，在使用或进一步加工之前需要对RCOG进行净化提质处理。荒煤气经过电捕焦油器脱除焦油、湿法脱硫、酸洗脱氨、洗油脱苯后成为净焦炉煤气(Coke Oven Gas，COG)，其流程见图2-15，组成见表2-3。

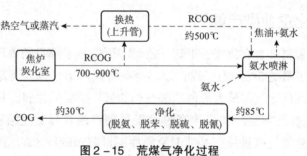

图2-15　荒煤气净化过程

表2-3　净化后的焦炉煤气组成

物料名称	H_2	CH_4	CO	N_2	CO_2	C_nH_m	O_2
体积分数/%	54~59	24~28	5.5~7	3~5	1~3	2~3	0.3~0.7

焦炉煤气中的氢气比例因熄焦方法不同而差异巨大。

湿法熄焦是采用向高温焦炭喷淋水的方式给焦炭降温。高温焦炭与水发生水煤气反应，释放大量H_2。湿法焦炉煤气组成为H_2(55%~60%)和CH_4(23%~27%)，还含有少量的CO(5%~8%)、N_2(3%~5%)、C_2以上不饱和烃(2%~4%)、CO_2(1.5%~3%)和O_2(0.3%~0.8%)，以及微量苯、焦油、萘、H_2S和有机硫等杂质。

干法熄焦是循环输入氮气给高温焦炭降温。由于没有大量的水与高温焦炭发生水煤气反应，因此干法熄焦方式产生的焦炉煤气中氢气比例较低。干法焦炉煤气中氮气比例最高，一般不低于66%，其次是 CO_2 8% ~ 12%，CO 6% ~ 8%，H_2 2% ~ 4%。

2020年我国生产焦炭产量4.71亿t。按1t焦炭副产含氢55%（体积分数，下同）的焦炉煤气 $427m^3$ 计算，全行业理论副产高纯氢980万t/a。焦炉煤气可以直接净化、分离、提纯得到氢气。也可以将焦炉气中的 CH_4 进行转化、变换再进行提氢，可以最大量地获得氢气产品。

由于近年来环保要求日益严格，目前大部分焦炭装置副产的焦炉气下游都配套了综合利用装置，如将焦炉气深加工制成合成氨、天然气等。但由于氢气储运困难，其下游市场局限性较大，目前焦炉气制氢在其下游应用中所占比例较小。

焦炉气直接提取氢气投资低，比使用天然气或者煤炭等方式制氢在成本上更具优势，是大规模、高效、低成本生产廉价氢气的有效途径。焦化产能广泛分布在山西、河北、内蒙古、陕西等省份，可以实现近距离点对点氢气供应。

采用焦炉气转化其中甲烷制氢的方式虽然增加了焦炉气净化过程，增加了能耗、碳排放和成本，但氢气产量大幅提升。且焦炉气的成本远低于天然气价格，相较于天然气制氢仍具有巨大成本优势。未来随着氢能产业迅速发展，氢气储存和运输环节成本下降，焦炉气制氢将具有更好的发展前景。

大规模的焦炉气制氢通常将深冷分离法和PSA法结合使用，先用深冷法分离出LNG，再经过变压吸附提取 H_2。通过PSA装置回收的氢含有微量的 O_2，经过脱氧、脱水处理后可得到99.999%的高纯 H_2。

2.6.3 石化企业副产氢气

炼油厂加氢装置副产含有氢气、甲烷、乙烷、丙烷、丁烷等的炼厂干气，炼厂干气的产量占整个装置加工量的5%左右。以往很多企业将炼厂干气排入瓦斯管网作为燃料，实际上同样没有利用炼厂干气的最大价值。氢气作为炼厂重要的原料，用量占原油加工量的0.8% ~ 1.4%。炼油厂生产装置中，连续重整装置副产的氢气是理想氢源。随着加工原油的日益劣质化，重整氢气产量只能提供占原油加工量需求的0.5%。因此，连续重整装置副产的氢气远不能满足炼油厂日益增加的氢气需求。多数炼油厂只能通过新建天然气或煤制氢来弥补氢气的不足。面对质量越来越差的原油和越来越高的产品质量要求，以及越来越严格的环保要求等多重压力，炼厂应当优先考虑充分利用本厂的氢气流股和优质轻烃原料生产氢气。

炼厂含氢气体主要有重整PSA解析气（氢纯度25% ~ 40%）、催化干气制乙烯装置甲烷氢（氢纯度30% ~ 45%）和焦化干气制乙烷装置甲烷氢（氢纯度25% ~ 40%）、加氢装置干气（氢纯度60% ~ 80%）和加氢装置低分气（氢纯度70% ~ 80%）、气柜火炬回收气（氢纯度45% ~ 70%）等。回收炼厂含氢气体通常采用的技术有PSA、膜分离和深冷分离等。

国内齐鲁石化公司建成了膜分离 - 轻烃回收 - PSA组合工艺回收含氢流股的氢气。该组合工艺技术有以下优点：

(1)将炼厂干气中 $C_1 \sim C_5$ "吃干榨尽"，解决炼厂"干气不干"的问题。甲烷氢经过膜分离氢气提浓后，膜尾气作为制氢装置原料。C_2 通过焦化干气回收乙烷装置进行回收，是乙烯装置的优质裂解原料。C_3、C_4 在轻烃回收装置中进行回收，液化气外送或者作为优质裂解原料；C_5 组分通过轻烃回收装置碳五分离塔进行正异构 C_5 分离，正构 C_5 及以上组分外送至罐区储存，异构 C_5 作为优质汽油调和组分，直接调和汽油。

(2)组合工艺将炼厂干气中氢气回收达到极致。①两次氢气提浓。加氢干气回收 C_3 以后，氢气第一次提浓；重整 PSA 解析气回收 C_2 后，在膜分离装置进行第二次提浓。②两次氢气提纯。加氢干气回收 C_3^+ 后，进入重整 PSA 进行第一次提纯。膜尾气中少量氢气(体积分数15%)进入制氢装置 PSA 进行第二次提纯。经历 2 次提浓和 2 次提纯后，炼厂干气中氢气基本上被回收。只有制氢装置 PSA 解析气作为燃料烧掉为转化炉提供热量。

该组合工艺投产后，缓解了厂内氢气不足的矛盾，也减少了制氢装置因原料不足导致的跑龙套造成的能耗损失。

我国工业副产氢种类多资源量大，在氢能产业发展起步阶段可以起到助推作用，但氢能行业的长期发展无法完全依赖副产氢。原因是：一方面，副产氢资源分布不均，如副产氢最丰富的焦炭行业与我国煤炭产地高度重合，基本分布在西北地区，而用氢大户则分布在沿海经济发达地区，因此副产氢无法覆盖用氢大户；另一方面，随着环保和节能要求的提高，以及企业精细化管理水平的提高，绝大多数副产氢都配套了回收装置，大部分已经内部消化。如焦化企业利用焦炉煤气生产合成氨、甲醇、LNG 或用于煤焦油加氢。氯碱行业使用副产氢气生产聚氯乙烯或盐酸等。所以，实际可外供的副产氢并没有预计的那么多。因此，副产氢只能作为氢能发展的临时性的局部性的补充，无法全面支撑未来氢能产业的发展。

2.7 其他制氢方法

本书中提及的制氢方法指生产规模和应用业绩较小的制氢方法，或者技术尚不成熟，难以归类到前面的类别中，但未来有望成为主流技术的制氢方法。

2.7.1 氨分解制氢

氢气是一种优质的保护气体，在冶金、半导体及其他需要保护气体的工业和科学研究中被广泛应用。氢气是轧钢生产特别是冷轧企业常用的保护气体。氨分解制氢投资少，效率高，是主要的分布式小规模制氢生产工艺之一。

氢气还原法是批量生产钼粉的主要方法。还原过程需要大量使用高纯度氢气做还原剂。氢气作为保护气体也大量使用在钼坯料的烧结、钼材料的热加工和热处理过程中。氨分解后变压吸附制氢原料采购运输较容易、投资成本低、氢气纯度高，在很多中小企业得到广泛应用。

浮法玻璃生产中使用锡槽，熔化了的锡液若接触到空气中的氧气极易氧化为氧化锡和氧化亚锡，若存在硫则还会生成硫化锡和硫化亚锡。这些锡的化合物，黏附在玻璃表面，既增加了锡耗，又污染了玻璃。所以锡槽需要密封，并通入高纯度氮气和氢气的混合气体，保护锡液不被氧化。氢气是还原性气体，可以迅速将锡的氧化物还原。氢气用量视浮法玻璃的生产规模和锡槽的大小而定，一般为 $60 \sim 140 Nm^3/h$。纯度上则要求氧含量 $\leqslant 3 \times 10^{-6}$，露点 $\leqslant -60℃$。水电解或氨分解 2 种方法制氢在浮法玻璃上都有应用。由于氨分解制氢工艺比较经济、安全，所以被许多浮法玻璃企业采用。

氨分解制氢是以液氨为原料，在 $800 \sim 900℃$ 下，以镍作催化剂分解氨得到氢气和氮气的混合气体，其中氢气占 75%、氮气占 25%。化学反应式为：

$$2NH_3 = 3H_2 + N_2 - Q \qquad (2-26)$$

氨分解为吸热反应，高反应温度利于氨完全分解。镍基催化剂分解反应温度约 800℃，反应产物经过分子筛吸附净化，可得到氢、氮混合气，其中残氨残余含量可降至 5mg/kg。

氨分解 - 变压吸附制氢工艺已经大量应用于钨钼冶金行业，变压吸附过程要排掉 10% ~ 25% 的氢气。干燥塔再生工艺过程也要消耗 8% 左右的纯氢气。此外，占总气量 25% 的氮气被排空而未得到利用。

2.7.2 生物质热化学制氢

地球上陆地和海洋中的生物通过光合作用每年所产生的生物质中包含约 $3 \times 10^{21} J$ 的能量，是目前全世界每年消耗的能量的 10 倍。只要生物质使用量小于它的再生速度，这种资源的应用就不会增加空气中 CO_2 含量。中国农村可供利用的农作物秸秆达到 5 亿 ~ 6 亿 t，其能量相当于 2 亿 t 标准煤（热值为 7000kcal/kg 的煤炭）。林产加工废料约 3000 万 t，此外还有 1000 万 t 左右的甘蔗渣。这些生物质资源中 16% ~ 38% 被作为垃圾处理掉。其余部分的利用也多处于低级水平，如随意焚烧造成环境污染、直接燃烧热效率仅 10%。若能利用生物质制氢将是解决人类面临的能源问题的一条很好的途径。

生物质热解制氢技术大致分为 2 步：

第一步，通过生物质热解得到气、液、固 3 种产物。

生物质 + 热能 = 生物油 + 生物炭 + 气体

第二步，将气体和液体产物经过蒸汽重整及水气变换反应转化为氢气。

生物质热解是指将生物质燃料在 0.1 ~ 0.5MPa 隔绝空气的情况下加热到 600 ~ 800K，将生物质转化为液体油、固体及气体（H_2、CO、CO_2、CH_4）。其中，生物质热裂解产生的液体油是蒸汽重整过程的主要原料。通常，生物油可以分为快速热裂解产生的生物油和通过常规热裂解及气化工艺产生的生物油。快速热裂解可提供高产量高品质的液体产物。为达到最大化液体产量目的，快速热裂解一般需要遵循 3 个基本原则：高升温速率、约为 500℃ 的中等反应温度、短气相停留时间。同时，催化剂的使用能加快生物质热解速率，降低焦炭产量，提高产物质量。催化剂通常选用镍基催化剂、$NaCO_3$、$CaCO_3$、沸石，以及一些金属氧化物如 SiO_2、Al_2O_3 等。

生物质快速热解技术已经接近商业应用要求，但生物油的蒸汽重整技术还处于实验室研究阶段。生物油蒸汽重整是在催化剂的作用下，生物油与水蒸气反应得到小分子气体从而制取更多的氢气。

生物油蒸汽重整：生物油 $+ H_2O \rightleftharpoons CO + H_2$

CH_4 和其他的一些烃类蒸汽重整：$CH_4 + H_2O \rightleftharpoons CO + 3H_2$ $(2-27)$

水气变换反应：$CO + H_2O \rightleftharpoons CO_2 + H_2$ $(2-28)$

生物质气化制氢技术是将生物质加热到 1000K 以上，得到气体、液体和固体产物。与生物质热解相比，生物质气化是在有氧环境下进行的，而得到的产物也是以气体产物为主，然后通过蒸汽重整及水气变换反应最终得到氢气。

生物质 + 热能 + 蒸汽(或空气、氧气) $\rightleftharpoons CO + H_2 + CO_2 + CH_4 +$ 烃类 + 生物炭

生物质气化过程中的气化剂包括空气、氧气、水蒸气及空气水蒸气的混合气。大量实验证明，在气化介质中添加适量的水蒸气可以提高氢气产量，气化过程中生物质燃料的湿度应低于 35%。

生物质气化制氢具有气化质量好、产氢率高等优点。国内外许多学者对气化制氢技术进行了研究和改进。在蒸汽重整过程中，三金属催化剂 La - Ni - Fe 比较有效，气化得到的氢气含量达到 60%(体积分数)。

利用生物质制氢具有很好的环保效应和广阔的发展前景。在众多的制氢技术中，热化学法是实现规模化生产的重点，生物质热解制氢技术和生物质气化制氢技术都已经日渐成熟，并且具有很好的经济性。同时，热化学制氢技术仍然需要完善，热解法的产气率还有待提高，生物质气化气的品质也需改善。结合热化学制氢方法基础理论和工艺两方面的研究成果，实施热化学制氢方法的示范，必将有力推动我国氢能研究的发展。从长远看，提升我国生物质热化学方法制氢的关键还在于深入掌握生物质热化学转化的机理，从更微观、更基本的层次上控制生物质热化学转化产物的生成途径，从而有效发展生物质热化学制氢技术。

2.7.3 微生物制氢

能够产氢的微生物主要有 2 类：光合生物和发酵细菌。在这些微生物体内存在特殊的氢代谢系统，其中固氮酶和氢酶发挥着重要作用。

固氮酶是一种多功能的氧化还原酶，主要成分是钼铁蛋白和铁蛋白，存在于能够发生固氮作用的原核生物(如固氮菌、光合细菌和藻类等)中，能够把空气中的 N_2 转化生成 NH_4^+ 或氨基酸，同时产生 H_2。O_2 对固氮酶活性有抑制作用。当 O_2 浓度 $> 0.25\%$ 时，固氮酶的活性急剧降低。当 O_2 浓度达到 20% 时，则完全失活。

另一种能够催化氢代谢的酶是氢酶。氢酶是一种多酶复合物，存在于原核和真核生物中。其主要成分是铁硫蛋白，分为放氢酶和吸氢酶 2 种，分别为催化反应 $2H^+ + 2e^- \rightleftharpoons H_2$ 的正反应和逆反应。有的微生物中同时含有这 2 种氢酶，如某些光合细菌；而有的微生物中则只含吸氢酶，如某些好气固氮菌。

在原核生物中，菌体产 H_2 主要由固氮酶催化进行，氢酶主要发挥吸氢酶的作用。利用氢酶缺陷型菌株进行发酵产氢，缺失氢酶后产生的 H_2 不再被分解。在真核生物(如藻类)中 H_2 代谢主要由氢酶起催化作用。同样，O_2 对氢酶的活性也有抑制作用。

能够产氢的光合生物包括光合细菌和藻类。目前研究较多的产氢光合细菌主要有深红

红螺菌、红假单胞菌、液胞外硫红螺菌、类球红细菌、夹膜红假单胞菌等。光合细菌属于原核生物，催化光合细菌产氢的酶主要是固氮酶。

许多藻类（如绿藻、红藻、褐藻等）能进行氢代谢。研究较多的主要是绿藻。这些藻类属真核生物，含光合系统 PS I 和 PS II，不含固氮酶。H_2 代谢全部由氢酶调节。

生物光解水产氢牵涉太阳能转化系统的利用，其原料水和太阳能来源十分丰富且价格低廉，是一种理想的制氢方法。但是，水分解产生的 O_2 会抑制氢酶的活性，并促进吸氢反应，这是生物光解水制氢中必须解决的问题。利用光合细菌和藻类相互协同作用发酵产氢可以简化对生物质的热处理过程，降低成本，增加氢气产量。

另一种能够进行光合产氢的微生物是蓝藻。蓝藻又称蓝细菌，与高等植物一样含有光合系统 PS I 和 PS II。但其细胞特征是原核型，属于原核植物。蓝藻中含氢酶，能够催化生物光解水产氢。另外，有些蓝藻也能进行由固氮酶催化的放氢。

能够发酵有机物产氢的细菌包括专性厌氧菌和兼性厌氧菌，如肠埃希式杆菌、丁酸梭状芽孢杆菌、褐球固氮菌、大产气肠杆菌、白色瘤胃球菌、根瘤菌等。与光合细菌一样，发酵型细菌也能利用多种底物在固氮酶或氢酶的作用下将底物分解制取氢气。这些底物包括甲酸、乳酸、丙酮酸及葡萄糖、各种短链脂肪酸、纤维素二糖、淀粉、硫化物等。一般认为发酵细菌的发酵类型是丁酸型和丙酸型，如葡萄糖经丙酮丁醇梭菌和丁酸梭菌进行的丁酸–丙酮发酵，可伴随生成 H_2。

产甲烷菌也可用来制氢。这类细菌在利用有机物产甲烷的过程中，首先生成中间物 H_2、CO_2 和乙酸，最终被产甲烷菌利用生成甲烷。有些产甲烷菌可利用这一反应的逆反应在氢酶的催化下生成 H_2。

降低生物制氢成本的有效方法是应用廉价的原料。常用的有富含有机物的有机废水、城市垃圾等。利用生物质制氢同样能够大大降低生产成本，而且能够改善自然界的物质循环，很好地保护生态环境。基因工程的发展和应用为生物制氢技术开辟了新途径。通过对产氢菌进行基因改造，提高其耐氧能力和底物转化率，可以提高产氢效率。就产氢的原料而言，从长远来看，利用生物质制氢将会是制氢工业最有前途的发展方向。

2.7.4　生物质衍生物制氢

中国在生物乙醇、生物柴油、生物发电、生物气化等生物质应用领域取得了显著进展，合理利用这些领域所产生的大量醇类、酚类、酸类等生物质衍生物作为原料制取 H_2 具有非常好的应用前景。相较于化石能源制氢，生物质衍生物重整制氢具有绿色清洁、变废为宝及易获取、可再生等优势。

生物醇类衍生物能通过生物质的热化学和生物转化等方式大量获取，由于来源广泛且含氢量高，能源损耗相对较低，又能实现可持续供应，是重整制氢的理想原料之一。目前，醇类重整制氢仍面临着诸多挑战，如副产物 CO 和 CO_2 选择性较高，这些碳氧化物会消耗 H_2 发生甲烷化副反应，导致 H_2 浓度和产量降低。因此，如何提高 H_2 选择性是重整制氢中最关键的问题，例如通过选择合适的催化剂、添加助剂改性催化剂、开发新型载体、改进重整制氢工艺。甲醇重整制氢在前面已有介绍，此处不再赘述。

（1）乙醇重整制氢

乙醇中的氢含量高，便于储存和运输，毒性低，能通过可再生的生物质进行生物发酵获取。虽然乙醇在转化和制氢的过程中会释放出 CO_2，但是生物质原料在生态循环再生过程中形成了碳循环，无净 CO_2 排放。生物乙醇无须蒸馏浓缩可直接重整制氢，但是反应需要用到贵金属作催化剂，成本较高。为此，当前大量的研究开始尝试使用非贵金属催化剂。Ni 具有较好的水蒸气重整制氢催化能力，在非酸性载体负载的 Ni 基催化剂上，乙醇先脱氢生成乙醛，乙醛继续分解或通过水蒸气重整生成甲烷，甲烷再发生水蒸气重整及水气变换反应，最终获得所需产物氢气，主要反应如下。

乙醇脱氢：$C_2H_5OH \Longrightarrow CH_3CHO + H_2$ (2-29)

乙醛分解：$CH_3CHO \Longrightarrow CH_4 + CO$ (2-30)

乙醛水蒸气重整：$CH_3CHO + H_2O \Longrightarrow H_2 + CO_2 + CH_4$ (2-31)

甲烷水蒸气重整：$CH_4 + 2H_2O \Longrightarrow CO_2 + 4H_2$ (2-32)

水气变换：$CO + H_2O \Longrightarrow CO_2 + H_2$ (2-33)

通过多金属的协同作用也能提高 Ni 基催化剂的综合催化效果。如 Ni-Co 双金属催化剂比单一金属负载型催化剂具有更好的催化性能，即利用镍金属的高活性与钴金属的高选择性。

（2）乙二醇重整制氢

乙二醇是木质素类生物质水解的主要衍生物之一，分子量较低，性质活泼，是结构最简单的多元醇。乙二醇重整制氢多采用水相重整法。该工艺反应温度和能耗低，无须气化，简化操作程序，涉及的主要反应如下：

乙二醇水相重整：$C_2H_6O_2 + 2H_2O \Longrightarrow 2CO_2 + 5H_2$ (2-34)

乙二醇 C—C 键断裂：$C_2H_6O_2 \Longrightarrow 2CO + 3H_2$ (2-35)

水气变换：$CO + H_2O \Longrightarrow CO_2 + H_2$ (2-36)

C—C 断键和水气变换为二元醇水相重整制氢的重要步骤。该反应发生在较低温度的液相环境中。与蒸汽重整反应比较，低温可促进水气变换反应，使 CO 含量极低。而且低温下副反应少，避免了催化剂高温烧结等问题。缺点是该方法制氢产率不高。若能有效提高乙二醇水相重整制氢率，实现乙二醇低温下高效制氢，就能在实际应用中降低制氢风险，且该方法对环境污染小，值得深入研究。

（3）丙三醇

近年来，随着生物质转化生物柴油研究的深入，以废弃油脂类生物质为原料制备生物柴油时会产生大量的粗甘油副产物，为提高生物质转化生物柴油的综合经济价值，最有效的方法是将生物柴油附带产品粗甘油进行回收提纯，获取丙三醇纯甘油，再将其进一步转变为其他增值产品，如氢气。因此，甘油水蒸气重整（Glycerol Steam Reforming, GSR）制氢也开始受到人们的重视；涉及的主要反应如下。

甘油水蒸气重整：$C_3H_8O_3 + 3H_2O \Longrightarrow 7H_2 + 3CO_2$ (2-37)

甘油分解：$C_3H_8O_3 \Longrightarrow 4H_2 + 3CO$ (2-38)

CO 的甲烷化：$CO + 3H_2 \longrightarrow CH_4 + H_2O$ (2-39)

CO_2 的甲烷化：$CO_2 + 4H_2 \longrightarrow CH_4 + 2H_2O$ （2-40）

水气变换：$CO + H_2O \longrightarrow CO_2 + H_2$ （2-41）

Ni 是 GSR 应用最多的催化剂，但是 Ni 容易因高温烧结导致催化性能不稳定。为此，研究人员在石墨烯内部嵌入 Ni 催化剂，并附着在 SiO_2 骨架上，发现这种多层石墨烯结构可防止内部 Ni 的氧化、烧结和酸腐蚀。

传统的甘油水蒸气重整制氢过程中空气会与甘油直接接触，极易生成积炭造成催化剂失活。研究者在 $NiAl_2O_4$ 尖晶石结构中嵌入 Ni 催化剂，以 $\gamma - Al_2O_3$ 为载体，研究发现该催化剂中的镍金属颗粒高度分散，能减少催化剂表面积炭，Ni 表面丝状炭的聚集速率和积炭量明显下降，铝酸盐相和氧化铝之间有很强的相互作用，能进一步提高催化剂的热稳定性。

（4）苯酚类

生物质衍生物苯酚作为生物质热裂解过程中所产生的生物油和焦油的模型化合物之一，同时也是木质素的典型模型化合物。木质素是生物质的重要分类，主要来源于造纸废液及生物质发酵废渣，储量大且可再生。木质素相对分子质量大、结构复杂，很难用一个通式完整地表示木质素结构，使得直接用木质素来研究热裂解较为困难，通常采用模型化合物苯酚进行研究。苯酚重整制氢最常见的方法是水蒸气重整，涉及的主要反应如下：

苯酚水蒸气重整：$C_6H_5OH + 5H_2O \Longrightarrow 6CO + 8H_2$ （2-42）

CO 的甲烷化：$CO + 3H_2 \Longrightarrow CH_4 + H_2O$ （2-43）

CO_2 的甲烷化：$CO_2 + 4H_2 \longrightarrow CH_4 + 2H_2O$ （2-44）

水气变换：$CO + H_2O \longrightarrow CO_2 + H_2$ （2-45）

苯酚水蒸气重整制氢存在制氢率和原料转化率不高的问题，副产物 CO 和 CO_2 容易甲烷化消耗 H_2。为此，研究尝试应用新型催化剂载体，如钙铝石 $Ca_{12}Al_{14}O_{33}$（$C_{12}A_7$）载体、TiO_2 纳米棒（NRs）、MCM-41 分子筛等都有不错的效果。苯酚水蒸气重整制氢不仅是一种很有应用前景的制氢技术，还能模拟分解去除在生物质热解过程中所产生的焦油。

（5）酸类

乙酸重整制氢是生物质酸类衍生物重整制氢研究较多的。乙酸是生物质热解油的主要成分，常常作为生物质热裂解油的模型化合物被研究。研究较多的乙酸重整制氢方式有水蒸气重整和自热重整，但是反应过程中极易出现乙酸丙酮化、乙酸脱水等副反应，导致在催化剂表面形成积炭。主要反应如下：

乙酸重整通式：$CH_3COOH + xO_2 + yH_2O \Longrightarrow aCO + bCO_2 + cH_2 + dH_2O$ （2-46）

当 $x = 0$、$y = 2$ 时，为水蒸气重整：$CH_3COOH + 2H_2O \Longrightarrow 2CO_2 + 4H_2$ （2-47）

当 $x = 1$、$y = 0$ 时，为部分氧化重整：$CH_3COOH + O_2 \Longrightarrow 2CO_2 + 2H_2$ （2-48）

当 $x = 0.28$、$y = 1.4$ 时，为自热重整：$CH_3COOH + 0.28O_2 + 1.4H_2O \Longrightarrow 2CO_2 + 3.4H_2$

                         （2-49）

乙酸丙酮化聚合积炭：$CH_3COOH \Longrightarrow CH_3COCH_3 \longrightarrow polymers \rightarrow coke$ （2-50）

乙酸脱水聚合积炭：$CH_3COOH \Longrightarrow CH_2CO \longrightarrow C_2H_4 \rightarrow polymers \rightarrow coke$ （2-51）

为改善乙酸重整催化剂的抗积炭能力，选择合适的助剂十分重要。合适的助剂可以调节催化剂的酸碱性，增强金属与载体间的相互作用。研究人员发现 Mg 可使催化剂减少 17.2% 的强碱性位点、提高 5% 的弱碱性位点，在一定程度上抑制了乙酸丙酮化积炭反应，降低了催化剂表面的积炭量。通过控制 O_2 加入量，调控氧水比，使乙酸部分氧化重整和水蒸气重整同时发生，放热的部分氧化重整为吸热的蒸汽重整提供热量时，实现了乙酸的自热重整。这种方法在提高能量效率和产氢量方面具有巨大的应用潜力，但一样会遇到催化剂氧化、结焦和活性组分烧结等问题。

习题

1. 试概述煤气化技术的地位和作用。

2. 简述固定床、流化床和气流床煤气化的优点和缺点。

3. 归纳总结描述 3 种典型国产煤气化技术(自选)的特点及适用场景。

4. 试归纳总结天然气蒸汽重整和部分氧化制氢的工艺条件及工艺特征。

5. 试概述太阳能制氢的关键技术。

6. 试概述微生物制氢的关键技术。

7. 某炼厂由于加工进口劣质原油比例增大，导致氢气难以满足需求。请你根据所学知识，提供合理建议，解决该炼厂氢气短缺的问题。

8. 浙江东海某岛距离大陆 52km。岛上年平均风速 6.8m/s，年有效风能时数达到 7000h，风能资源得天独厚。目前有风力发电装机 34 台，总装机容量约 27MW，平均每年可发电 6000 多万 kW·h。请你根据所学知识，提供消纳风电建议。

9. 山东某滨海化工园区拟新建 150000m³/h 制氢装置。请你根据所学知识，提供新建装置的原料路线和技术路线的建议。使该装置符合环保经济适用的要求。

10. 中部城市某精细化学品公司生产山梨醇。每生产 1t 山梨醇消耗的氢气为 100～130Nm³，请你根据所学知识，提供氢气生产的原料路线和技术路线的建议，使制氢装置符合环保经济适用的要求。

第3章 氢的储存

氢的储存是衔接制氢、输氢和用氢的关键环节。氢的储存技术发展的主要驱动力和方向是提高体积和(或)质量储氢密度、缩短充放氢时间、确保充放及储存过程安全。储氢设备是实现氢气充装、储存和转运的关键硬件。根据氢在储存设备中存在状态的不同,可将储氢技术分为高压气态储氢、低温液态储氢、固态储氢和有机液体储氢4大类,分别以压缩、液化、物理或化学结合的方式来储存氢气。本章从储氢原理、储氢设备、储氢应用3个方面,分别对4大类储氢技术进行扼要阐述。

3.1 氢的高压气态储存

3.1.1 高压气态储氢原理

H_2 在高温低压时可看作理想气体,满足式(3-1)所示的理想气体状态方程,通过该式计算不同温度和压力下气体的量。

$$pV = nRT \qquad (3-1)$$

理想状态时,H_2 的体积密度与压力成正比,然而,由于实际分子是有体积的,且分子间存在相互作用力,随着温度降低和压力升高,氢气逐渐偏离理想气体的性质,式(3-1)修正为:

$$p = \frac{nRT}{V - nb} - \frac{an^2}{V^2} \qquad (3-2)$$

式中 a——偶极相互作用力或称斥力常数;

b——氢气分子所占体积。

真实 H_2 的体积密度和压力的变化曲线见图3-1。真实气体与理想气体的偏差在热力学上可用压缩因子 Z 表示,定义为:

$$Z = \frac{pV}{nRT} \qquad (3-3)$$

压缩因子 Z 是理想气体状态方程用于实际气体时必须考虑的一个校正因子,是同样条件下真实气体摩尔体积与理想气体摩尔体积的比值,量纲为一,用以表示实际气体受到压缩后与理想气体受到同样的压力压缩后在体积上的偏差,反映真实气体压缩的难易程度。理想气体的 Z 值在任何条件下恒为1。若真实气体的 $Z < 1$,说明真实气体的摩尔体积比同样条件下理想气体的小,真实气体比理想气体更易压缩。若真实气体的 $Z > 1$,则表明真实气体比理想气体难压缩。H_2 的压缩因子随着压力的增大而增大，意味着随着 H_2 压力的提高，实现其进一步压缩的难度将不断增大，即通过不断提高 H_2 压力来提高储氢密度的技术路线，在一定压力范围内是有效的，当压力已经足够高（如 70MPa）时，这种方法的效果将变得非常有限。综合考虑压缩能耗、储罐安全、充装设备投资等因素，高压储氢的理想压力为35～70MPa。工程上，H_2 压缩需用到活塞压缩机、隔膜压缩机、离子液压缩机等气体增压设备。

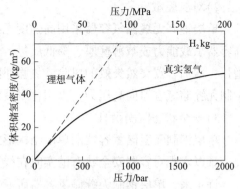

图3-1　压缩氢气的压力与体积储氢密度

3.1.2　高压气态储氢设备

高压气态储氢容器按其水容积大小和是否在使用期间变换位置可分为固定式储氢罐和移动式储氢瓶2大类，而从设计、制造、检验的角度，则可综合结构特征、材质和主要制造方法，对固定式储氢罐和移动式储氢瓶进行进一步划分。

高压气态储氢容器的主体部分呈圆柱形，结构上有单层和多层之分。钢制单层高压气态储氢容器即Ⅰ型容器，最早出现，技术成熟，现阶段仍广泛使用。多层高压气态储氢容器根据各层材质、设计理论、制造工艺、检验手段等的不同，又可分为钢制内胆钢带错绕的全多层金属储氢压力容器、钢制内胆纤维环向缠绕筒体的Ⅱ型复合材料容器、铝内胆纤维全缠绕Ⅲ型复合材料容器和塑料内胆纤维全缠绕Ⅳ型复合材料容器4类。其中全多层金属储氢压力容器主要用作大型固定式气态储氢容器，其他4类容器（包括Ⅰ型、Ⅱ型、Ⅲ型和Ⅳ型容器）既有固定使用的，又有移动式使用的。下面分别进行介绍。

（1）单层钢制无缝储氢容器

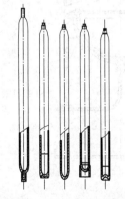

单层钢制无缝储氢容器包括单层钢制无缝储氢罐和单层钢制无缝储氢瓶，均为整体无焊缝结构。早期的储氢容器与其他压缩气体用储存容器无异，直径在 150～200mm，容积通常为40L，储氢压力为 15MPa。目前，这类容器的储氢压力已提高到 45MPa，能满足 35MPa 车载储氢容器快速充装的需要。单层钢制无缝储氢容器由对氢气有一定抗氢脆能力的金属构成（如奥氏体不锈钢），有5种典型结构，如图3-2所示。

图3-2　单层钢制无缝储氢容器的5种典型结构

单层钢制无缝储氢容器为整体无焊缝结构，避免焊接引起的裂纹、气孔、夹渣等缺陷，但存在以下不足：

1）单台设备容积小

常用15MPa 氢气瓶容积一般为40L，长管拖车上单个 20MPa 储氢瓶的容积不超过3000L。70MPa 时容器直径仅为 150～200mm，最大容积仅 300L 左右。为适应加氢站规模储氢的需要，需多台容器用钢板或工字钢制成的可拆卸的固定管架组合后并联使用，多个气瓶间连接管路的存在增加了氢气泄漏点。

2）对氢脆敏感

单层钢制无缝储氢容器采用高强度无缝钢管旋压收口而成。提高材料强度，有利于提高容器承载能力或减薄壁厚、降低质量，但材料强度的提高，会导致材料对氢脆的敏感性增强，增加容器突然失效的风险。氢脆还随着氢气压力的升高而加剧。这是当前制约单层钢制无缝储氢容器向高压力、大型化发展的重要因素。

3）安全状态监测困难

单层钢制无缝储氢容器的单层结构形式，决定了只能靠定期检验来确定容器的安全状况，难以实现对容器安全状态的实时在线监测，需加强日常巡查，警惕泄漏和爆炸风险。

近年来，单层钢制无缝储氢容器研究主要集中于金属的无缝加工、金属气瓶失效机制等领域，尤其是采用不同测试方法评估金属材料在气态氢中的断裂韧性特性。

（2）全多层金属储氢压力容器

为克服单层钢制无缝储氢容器的上述缺点，满足加氢站规模储氢和降压平衡快速充氢的需要，我国科研人员设计出大容积全多层高压储氢容器，主要由钢带错绕筒体、双层等厚度半球形封头、加强箍等结构组成，如图3-3和图3-4所示。

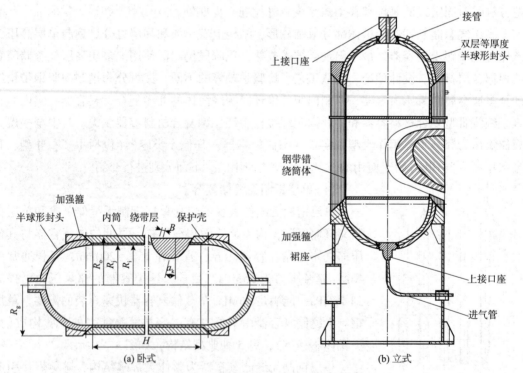

图3-3 大容积全多层高压储氢容器结构简图

钢带错绕筒体由内筒、钢带层和保护壳组成。内筒由奥氏体不锈钢中厚、薄钢板卷焊而成，厚度为筒体总厚度的1/8~1/6；为节约成本，允许内筒采用复层为奥氏体不锈钢的复合钢板。钢带层由多层多根宽40~160mm，厚度约8mm的扁平钢带，以相对于容器环向15°~30°的倾角逐层错绕而成，钢带始末两端采用通常的焊接方法与封头和加强箍的加工斜面焊接在一起。外保护壳通常由3~6mm厚的薄钢板包扎焊接在钢带层外面，既可防止钢带层受雨水等外部介质侵蚀，又构成介质泄漏后的密闭包围空间。

双层等厚度半球形封头，由厚度相等或相近的钢板冲压而成，封头的总厚度由强度要求确定。内层封头通常采用复层为奥氏体不锈钢的复合钢板。在工作压力下，若内层封头由于裂纹扩展等原因泄漏，外层封头仍能承受工作压力的作用，同时构成介质泄漏后的密闭空间。外层封头端部外

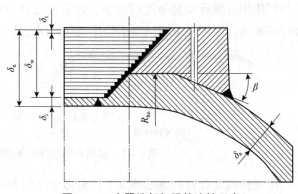

图3-4 容器端部加强箍连接示意

表面加工有与加强箍相配合的锥面和圆柱面。

加强箍为整锻件结构，也可采用厚钢板卷焊成短筒节、再加工成与外层封头相匹配的锥面和圆柱面。

总体而言，半球形封头的总厚度仅有筒体总厚度的一半，大大降低了冲压难度。加强箍结构实现了筒体和半球形封头的不等厚连接。由双层半球形封头与钢带错绕筒体构成的全多层结构，为实现氢气泄漏在线监控提供了条件。

大容积全多层高压储氢容器的离散型结构，决定了它具有以下特点：

1）适于制造高参数储氢容器

容器由薄或中厚钢板和扁平钢带组成，其长度和壁厚不受加工能力的限制。

2）具有抑爆抗爆功能

内筒采用与氢气相容性优良的奥氏体不锈钢，不会因氢脆导致材料性能的劣化。采用低强度的薄钢板和钢带，对裂纹的敏感性低，且钢带层间摩擦力具有止裂作用。这些特点决定了在工作压力下大容积全多层高压储氢容器失效方式为"只漏不爆"，不会发生整体脆性破坏。

3）缺陷分散

容器周身无深厚焊缝，焊接接头和无损检测质量易于保证，减小了初始缺陷存在的可能性。

4）健康状态可在线监测

容器的双层封头结构和带有保护壳的钢带错绕筒体结构为实现区域全覆盖的氢气泄漏远程在线监测提供了条件。

5）制造经济简便

内筒厚度仅为筒体总厚度的1/8～1/6，加工质量易于保证。筒体主体由钢带倾角缠绕而成，仅在钢带两端进行焊接，减少了焊接和无损检测工作量，且避免了深厚环焊缝和整体热处理。钢带成本低，且焊接质量可靠。容器制造过程中不需要大型和重型设备。与厚壁容器相比，大容积全多层高压储氢容器在原材料和加工制造成本及设备投入方面均具有显著优势。

（3）金属内胆环向纤维缠绕气瓶

金属内胆环向纤维缠绕气瓶的结构如图3-5所示。金属内胆材质为优质铬钼钢，内

胆外侧使用纤维坏向缠绕进行加固，封头上无纤维缠绕层，工作压力一般不超过 30MPa。环向纤维缠绕层可根据不同要求使用玻璃纤维、芳纶纤维或碳纤维。

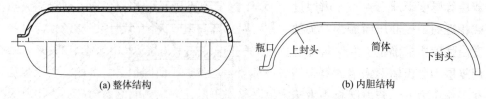

(a) 整体结构　　　　　　　　　　　　　　　　(b) 内胆结构

图 3 - 5　金属内胆环向纤维缠绕气瓶结构示意

　　用树脂基复合材料通过缠绕工艺包裹金属内胆的环向筒体部分，能利用圆筒型内压容器的环向应力是轴向应力两倍的特点，充分发挥金属球形封头的承压能力。相对于单层钢制无缝储氢容器（Ⅰ型容器）的结构形式，在相同容积和压力下，质量更轻，运输效率有一定提高；还在一定程度上避免了随着压力升高Ⅰ型容器壁厚过大带来的旋压收口和热处理困难等问题。

　　设计气瓶内胆壁厚时要考虑气瓶内胆水压试验压力、内胆公称直径、设计应力系数和瓶体材料热处理后的屈服应力保证值。对于环向缠绕气瓶纤维层的设计，一般考虑在筒体上由纤维层和内胆共同承担内压产生的应力，根据网格理论得到纤维的计算厚度，根据纤维的计算厚度和单层纤维厚度，得到环向缠绕层数，将得到的环向缠绕层数圆整后，得到纤维层设计厚度，再根据纤维体积分数得到缠绕层厚度。

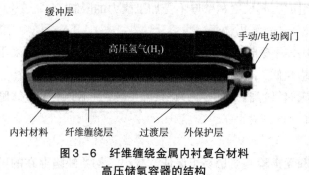

图 3 - 6　纤维缠绕金属内衬复合材料
高压储氢容器的结构

（4）纤维缠绕金属内衬复合材料高压储氢容器

　　纤维缠绕金属内衬复合材料高压储氢容器是一类由金属内衬及在金属内衬外缠绕多种纤维层共同构成的复合材料储氢容器（见图 3 - 6），通常也称为Ⅲ型储氢容器。在Ⅲ型储氢容器中，由纤维承受外载荷作用，内衬只起储存氢气的作用。纤维缠绕金属内衬复合材料高压储氢容器的容积多在 28 ~ 320L，使用温度在 - 40 ~ 85℃。

　　对内衬材料的基本要求是抗氢渗透能力强，且具备良好的抗疲劳性。一般金属的密度较大，考虑成本、降低容器自重和防止氢气渗透等原因，金属内衬多采用铝合金，典型牌号如 6061。铝内衬的优势有以下 5 个方面：

　　1）一般铝合金内衬采用旋压成型，整体结构无缝隙，故可防止渗透。

　　2）由于气体不能透过铝合金内衬，因此带该类内衬的复合材料气瓶可长期储存气体，无泄漏。

　　3）在铝合金内衬外采用复合材料缠绕层后，施加的纤维张力使内衬有很高的压缩应力，因此大大提高了气瓶的循环寿命。

　　4）铝合金内衬在很大的温度范围内都是稳定的。高压气体快速泄压时温降高达 35℃

以上，而铝合金内衬可不受此温度波动的影响。

5）对复合材料气瓶而言，采用铝合金内衬稳定性好，抗碰撞。一般来说，铝合金内衬复合材料气瓶比同类塑料内衬的抗损伤能力强得多。

铝内衬的不利因素主要有以下两点：

1）复合材料用铝内衬通常很贵，其价格取决于规格。

2）新规格内衬研究周期长。

高性能纤维是纤维复合材料缠绕气瓶的主要增强体。通过对高性能纤维的含量、张力、缠绕轨迹等进行设计和控制，可充分发挥高性能纤维的性能，确保复合材料增强压力容器性能均一、稳定，爆破压力离散度小。玻璃纤维、碳化硅纤维、氧化铝纤维、硼纤维、碳纤维、芳纶纤维等均被用于制造纤维复合材料缠绕气瓶，其中碳纤维以其出色的性能逐渐成为主流纤维原料。环氧树脂粘结性好、固化压力低、固化后具有良好的力学、耐化学腐蚀和电绝缘性能，且固化收缩率低（仅 1% ~ 3%），常被用作碳纤维的基体。表 3-1 列出了几种常见的纤维力学性能。

表 3-1 几种常见的纤维力学性能

高性能纤维	弹性模量/GPa	抗拉强度/MPa	伸长率/%
玻璃纤维	70 ~ 90	3300 ~ 4800	5
芳纶纤维	40 ~ 200	3500	1 ~ 9
碳纤维	230 ~ 600	3500 ~ 6500	0.7 ~ 2.2

在高压储氢容器运输、装卸过程中震动、冲击等现象难以避免，为保护容器的功能和形态，需做防震设计，制作一个防撞击保护层，即图 3-6 中的缓冲层。缓冲层分为全面缓冲保护层和部分缓冲保护层，图 3-6 中选择后者。缓冲层材料应满足以下要求：①耐冲击和震动性能好；②压缩蠕变和永久变形小；③材料性能的温度和湿度敏感性小；④不与容器的涂覆层、纤维等发生化学反应；⑤制造、加工及安装作业容易，价格低廉；⑥密度小；⑦不易燃。

纤维缠绕金属内衬复合材料高压储氢容器根据各部分材料的选择、储氢量和压力要求、厚度设计方案等，最后得到的储氢容器的储氢密度是不同的。以常温下 70MPa 的 25L 碳纤维增强铝内衬高压储氢容器为例，其质量储氢密度为 5.0%。

（5）塑料内胆纤维全缠绕复合材料容器

为进一步减轻高压储氢容器自重，提高系统储氢密度，同时降低成本，将金属内衬替换为塑料内衬（内衬材料一般为高密度聚乙烯，HDPE），其他结构和制造工艺与金属内衬复合材料储氢容器基本相同，发展出塑料内胆纤维全缠绕复合材料容器，即第Ⅳ代全复合塑料高压储氢容器。

HDPE 密度为 0.956g/cm³，长期静强度为 11.2MPa，延伸率高达 700%，冲击韧性和断裂韧性较好，使用温度范围较宽；如添加密封胶等添加剂，进行氟化或磺化等表面处理，或用其他材料通过共挤作用的结合，还可提高气密性。目前在国外，70MPa 全复合塑料储氢容器的设计和制造技术已有商业化应用业绩。图 3-7 所示为一种具有 3 层结构的

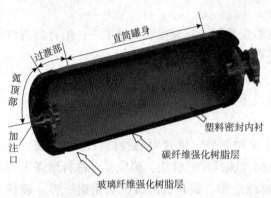

直筒罐身

过渡部

弧顶部

加注口

塑料密封内衬

碳纤维强化树脂层

玻璃纤维强化树脂层

图 3-7 一种具有三层结构的
70MPa 高压储氢罐示意

70MPa 高压储氢罐示意，其内层是密封氢气的塑料内衬，中层是确保耐压强度的碳纤维强化树脂层，表层是保护表面的玻璃纤维强化树脂层，质量储氢密度达到 5.7%，体积储氢密度约 40.8kg/m³。车载 2 个这样的储罐，一次充氢行驶里程为 482km。

塑料内衬的优势如下：

1）成本比金属内衬低。

2）高压循环寿命长。塑料内衬的复合材料气瓶压力从 0 到使用条件能工作 10 万余次。

3）防腐蚀。塑料内衬比金属内衬更耐腐蚀。

塑料内衬的不利因素有以下几点：

1）易通过接头发生氢气泄漏。塑料内衬与金属接头之间很难获得可靠的密封，高压气体分子易侵入塑料与金属接合处。当内部气体迅速释放时，会产生极大的膨胀力。因塑料与金属之间热胀系数的差异，随着使用时间延长，金属与塑料间的粘结力将削弱。在载荷不变的条件下，塑料也将趋于凸出或者凹陷，从而导致氢气泄漏。

2）抗外力性能低。由于塑料内衬对纤维缠绕层没有增强结构或提高刚度的作用，需增加外加强层厚度。为防止碰撞和损伤，可在气瓶封头处加上泡沫减震材料，然后在其外做复合材料加强保护层。因此，在质量上与同容积的铝内衬复合材料气瓶相当。

3）有气体渗透的可能性。

4）内衬与复合材料粘结不牢，易脱落。随着服役时间延长，由于工作压力快速泄压或者塑料老化收缩，可能引起内衬与复合材料加强层之间的分离。

5）塑料内衬对温度敏感。与金属内衬对温度不敏感相反，塑料内衬对温度敏感。当气瓶从高压快速泄压到 0 时，内表面温度下降高达 35℃，随着循环充放氢次数增加，温度较大幅度变化的累积效应可能引起塑料内衬失效。

6）塑料内衬刚度低。这使制造过程中容器的变形较大，会增加操作时的附加应力，降低容器的承压能力。

3.1.3 氢气高压储存的应用

高压气态储氢具有设备结构简单、压缩氢气制备能耗低、充装和排放速度快等优点，现阶段及未来较长时间内都将占据氢能储存技术的主导地位。

固定式储氢压力容器是加氢站、制氢站、氢储能系统、高压氢循环测试系统、发电站、加氢工艺装置等的主要核心设备。钢制高压氢气瓶主要用于氢燃料电池叉车；复合材料高压氢气瓶主要用于氢燃料电池汽车、氢燃料轨道交通、氢燃料无人机等领域。

（1）加氢站用高压储氢罐

加氢站用高压储氢罐是氢存储系统的主要组成部分。目前车载储氢容器压力规格一般为35MPa和70MPa，因此，加氢站用高压储氢容器最高压力多为40~85MPa。用于加氢站储氢的高压储氢容器有单层储氢压力容器(包括大容积无缝瓶式储氢容器、单层整体锻造式储氢压力容器等)和多层储氢压力容器(包括全多层储氢压力容器、层板包扎储氢压力容器等)。其中，大容积全多层高压储氢容器已在我国商业化运营加氢站安全运行多年(见图3-8)。

图3-8 位于北京某加氢站的大容积全多层高压储氢容器

(2)燃料电池车用高压储氢罐

世界各大知名汽车企业，均开展了燃料电池车的深度研发，其中一些车型已经进入量产阶段。燃料电池车用高压储氢瓶正向轻质、高压方向发展，主要研究热点是提高体积和质量储氢密度、增加容器的可靠性、降低成本、制定相应的标准、进行结构优化设计等。针对提高体积和质量储氢密度的问题，需要指出的是，不能单纯依靠提高容器承压能力来提高储氢密度。压力越高，对材质、结构的要求越高，成本会随之增加，发生事故造成的破坏力也将增大。

3.2 氢的液态储存

3.2.1 氢的液态储存原理

液氢密度为70.8kg/m³，体积能量密度为8.5MJ/L。即使将氢气压缩到35MPa和70MPa，其单位体积的储存量也小于液态储存。单从储能密度上看，低温液态储氢是一种十分理想的储氢方式。表3-2所示为液氢的一些物性数据，作为对比，还列出了液态甲烷和水的对应数据。液氢的制取和储存技术与其物性密不可分。

表3-2 液氢的部分物性数据

项目	液态氢气	液态甲烷	水
标准沸点/K	20.3	111.6	373
饱和液密度/(kg/m³)	70.8	422.5	958
饱和气体密度/(kg/m³)	1.34	1.82	0.598
潜热/(kJ/L)(kJ/kg)	31.4(443)	226(510)	2162(2257)
显热比(气体显热/潜热)	8.6	0.71	—
黏性系数/(μPa·s)	12.5	114.3	282
动黏度系数/(nm²/s)	0.177	0.258	0.294
表面张力/(mN/m)	1.98	13.4	58.9
普朗特数 Pr	1.0	1.7	1.8
空气中燃烧极限/%	4~75	5~15	—

低温液态储氢是将氢气压缩冷却后进入节流阀，经历焦耳－汤姆逊等焓膨胀的过程，生产出温度低于－253℃的液氢，分离后储存在高真空的绝热容器中。最简单的氢气液化流程是 Linde 流程，适合于小型氢液化装置。在该流程中，氢气首先被压缩到 10～15MPa，然后在热交换器中冷却到 50～70K，再进入节流阀进行等焓的焦耳－汤姆逊膨胀降温，得到液氢。中等规模液氢生产方法有氢气布雷顿法和克劳德法，详情可参阅有关专著。

生产液氢需要的能耗约为液氢本身所具有的燃烧热的 1/3。氢的液化温度与室温(取 25℃)之间有超过 275℃的温差，加之液态氢的蒸发潜热较小，所以不能忽略从容器外壁渗入的热量引起的液氢的汽化。液氢在储存过程中，罐内液氢的正－仲氢转化、热分层、晃动，以及闪蒸等因素均会导致部分液氢不可避免地汽化，使液氢储罐内胆顶部的压力升高。液氢储罐中汽化后的氢气应及时从储罐中释放出来，否则内部压力的显著增大会增加储罐的安全风险。可见，液氢的汽化会导致 2 种不同的损失：低温冷量的损失和为避免压力积聚而释放蒸发气体所造成的氢气损失。设法减小液氢的储存损耗是液氢储运技术发展的关键之一。

液氢储罐在初次使用、检修后使用等之前均需进行气体置换和逐级预冷操作。气体置换的目的是清除系统中的水蒸气及水蒸气形成的冰，或空气及所形成的固态空气，以防止形成氢－氧(空气)可燃气体混合物、液氢－液氧混合物、液氢－固氧(固空)混合物而造成爆炸事故，或由于水分、氮和氧形成的固体物质阻塞通道而影响系统的正常工作。逐级预冷有 2 个目的：一是使容器逐渐冷透，以减少以后时间内的大量蒸发；二是使结构和材料逐渐适应低温环境，不致因大量加注液氢而产生对系统和容器的冷冲击。对管路来说，除了避免大量加注液氢造成冷冲击外，还可防止管路冷却不透产生两相流，以免给泵的输送操作带来困难。

3.2.2 氢的液态储存设备

液氢的储存需使用具有良好绝热性能的低温液体储存容器，也称液氢储罐。液氢储罐有多种类型，根据其使用形式可分为固定式、移动式、罐式集装箱等。通常情况下液氢储存容器为双层结构，盛装液态氢的内胆通过支撑结构安置在外壳中。支撑结构对绝热性能有很高的要求，目的是减少内胆与环境之间的热传导。为减少热辐射，降低液氢蒸发损失，还需在内胆与外壳夹层中间填充多层轻质的绝热材料。同时，在内胆与外壳的夹层之间填放绝热性好、吸附性强的炭纸，以达到增加热阻同时吸附蒸发气体的目的。液氢容器内胆一般选用铝合金、不锈钢等不易发生氢脆、氢腐蚀的材料制成。为获得足够的强度，外壳一般选用低碳钢、不锈钢等钢材，也可采用铝合金材料以减轻容器质量。外筒不与液氢直接接触，主要起保护内部构件并支撑内筒的作用。这就要求外筒需具有足够的强度及韧性，能够承受相应的外部冲击，不易发生形变。

(1)固定式液氢储罐

球形或圆柱形固定式液氢储罐一般用于大容积液氢储存(>330m³)，其漏热蒸发损失与储罐的容积比表面积(S/V)成正比。球形储罐具有最小的 S/V 值，同时具有机械强度高、应力分布均匀等优点，是较为理想的结构形式，但球形液氢储罐加工难度大、造价高昂。国外有使用多年的大型液氢球罐，直径为 25m，容积达到 3800m³，日蒸发率<0.03%。为减小漏热，可从导热、对流和辐射3方面采取措施，包括采用热导率低的材料降低导热，增加容器内、外壁间的真空度以减小对流换热，安装多层隔热层减少辐射传热等。另一种减少漏热的方法是使用液氮冷却容器壁，结果表明该系统能够在12d左右的储存中实现零蒸发。

液氢容器一般应设置超压泄放管路、氢排气系统、顶部喷淋充液管路、底部充液管路、出液管路、增压管路、溢流管路、液位与压力测量等管路和附件，以满足泄压、放空、充液、出液、增压、溢流、液位测量、压力测量等使用要求。当液氢容器与泵连接时，还应设置泵回流管路。图3-9所示为典型液氢储罐及管路系统示意。

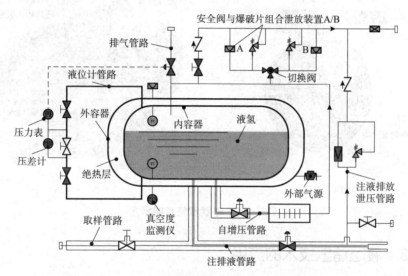

图3-9 典型液氢储罐及管路系统示意

（2）移动式液氢储罐

由于移动式运输工具的尺寸限制，移动式液氢储罐常采用卧式圆柱形，通常公路运输的液氢储罐最大宽度限制为2.44m。移动液氢储罐的容积越大，蒸发率越低，船运移动式储罐容积较大，910m³的船运移动式液氢储罐其蒸发率可低至0.15%；铁路运输107m³罐车的容积蒸发率约为0.3%；公路运输的液氢槽车日蒸发率较高，30m³的液氢槽罐日蒸发率约为0.5%。移动式液氢储罐的结构、功能与固定式液氢储罐并无明显差别，但移动式液氢储罐需要具有一定的抗冲击强度，能够满足运输过程中的加速度要求。图3-10所示为1台国内研制的300m³液氢运输槽车。

图3-10 大型移动式液氢储罐

（3）车载液氢瓶

车载液氢瓶的内筒在汽车行驶过程中容易产生晃动。对于盛装较满的车载液氢瓶，其内胆与所盛装的液氢总重会导致支撑内胆的结构件过量变形，诱发安全事故，因此车载液氢瓶支撑结构的设计也极为重要。车载液氢供气系统需要重点解决的问题是，在满足发动机工作参数要求的同时，液氢在车上如何实现长时间无损储存和提高利用效率，其系统方案、绝热结构设计及材料、安全设计、加注方式及设备、经济性等一直是研究的重要内容。为了维持容器较低的蒸发率，必须防止外部环境热量进入容器内部，可在真空多层绝热结构的基础上进一步增加蒸汽冷屏结构，降低漏热量。图3-11所示为一种车载液氢瓶的主要结构组成。

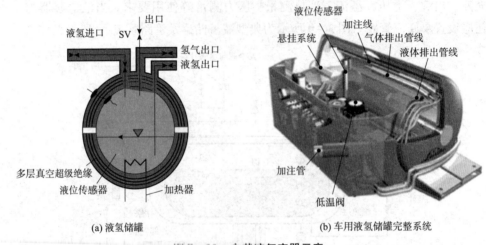

(a) 液氢储罐　　　　　　　(b) 车用液氢储罐完整系统

图3-11　车载液氢容器示意

3.2.3　液态储氢技术的应用

液氢的主要用途体现在2大方面：一是作为生产原料，用于石化、冶金等工业领域；二是作为燃料，用于军事、航空航天、汽车等领域。相应地，低温液态储氢技术主要用于军事、航天领域、石化、冶金、汽车等领域。液氢的较大规模生产和商业化应用在国外已经实现，在国内目前还局限于科研、军事、航空航天等领域，民用领域的研究开发尚处于起步阶段。从液氢的性质上看，液氢适用于大规模高密度的储氢场合，如果能降低液化过程中的能耗，加上氢的使用设备为相对简单的保冷容器与氢气加注器，以液氢作为氢的输送和储存方式非常有前景。随着我国3项液氢国标正式实施，以及储氢技术的不断进步与降本，低温液态储氢或将在未来与高压气态储氢互补共存发展，在此之前还须解决以下几个问题：

（1）如何克服保温与储氢密度之间的矛盾。

（2）如何进一步减少储氢过程中，由于液氢汽化所造成的1%左右的损失。

（3）如何降低液氢生产过程中所耗费的相当于自身能量30%的能量。

3.3　氢的固态储存

固态储氢是通过化学反应或物理吸附将氢气储存于固态材料中，具有储氢量大、可逆性好、高效安全等优势。固态储氢的核心是高性能固态储氢材料。

固态储氢材料主要有两大类：一类是基于化学键结合的储氢合金、金属配位氢化物、化学氢化物等；另一类是基于物理吸附的储氢材料。衡量储氢材料的主要性能指标有理论储氢容量、实际可逆储氢容量、循环利用次数、充放氢时间以及对杂质的不敏感程度等。

自20世纪60年代以来，受到较多关注和研究的储氢材料是储氢合金，包括镁系 A_2B 型储氢合金、FeTi 系 AB 型储氢合金、Zr 系 AB_2 型 Laves 相储氢合金、稀土系 AB_5 型储氢合金、La – Mg – Ni 系超晶格储氢合金等。

3.3.1 化学储氢

(1)金属氢化物储氢

在一定温度和压力下，氢分子在金属(或合金)表面分解为氢原子并扩散到金属(或合金)的原子间隙中，与金属(或合金)反应形成金属氢化物，同时放出大量的热；对这些金属氢化物进行加热时，它们又会发生分解反应，氢原子又结合成氢分子释放出来，而且伴随明显的吸热效应。

1)原理

目前工业上用来储氢的金属材料大多是由不同金属混合而成的合金。储氢合金通常由 A 侧与 B 侧 2 类元素组成，通式为 A_nB_m。其中 A 侧元素容易与氢反应，形成稳定的氢化物并放出大量热，这些金属主要是 I A ~ V B 族金属，如 Ti、Zr、Ca、Mg、V、稀土元素等，它们称为氢稳定因素，控制储氢量，是组成储氢合金的关键元素；B 侧元素与氢的亲和力小，氢在其中极易移动，通常条件下不生成氢化物，这些元素主要是ⅥB ~ Ⅷ族(Pd 除外)过渡金属，如 Fe、Co、Ni、Cr、Cu、Al 等，这些元素称为氢不稳定因素，控制吸/放氢的可逆性，起调节生成热和分解压的作用。

储氢合金吸收氢气生成金属氢化物 MHx 和 MHy 的反应分 3 步进行：

在合金吸氢的初始阶段形成固溶体(α 相)，合金结构保持不变。

$$M + x/2H_2 \longrightarrow MHx(MHx \text{ 是固溶体}) \tag{3-4}$$

固溶体进一步与氢反应生成氢化物(β 相)。

$$2/(y-x)MHx + H_2 \longrightarrow 2/(y-x)MHy + \Delta H(MHy \text{ 是金属氢化物}) \tag{3-5}$$

进一步增加氢压，合金中的氢含量略有增加。

储氢合金吸收和释放氢的原理如图 3 – 12 所示，吸放氢过程最方便的表示方法是压力 – 组成等温(PCT)曲线(见图 3 – 13)。从图 3 –13中的典型储氢合金的 PCT 曲线来看：OA 段对应反应式(3 – 4)，在此阶段平衡氢压显著上升，而合金吸氢量变化不十分明显，表示合金同氢气反应形成固溶体相，

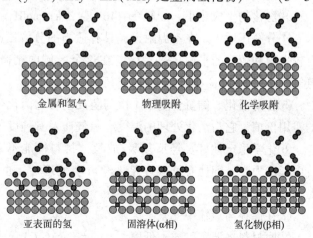

金属和氢气　　　　物理吸附　　　　化学吸附

亚表面的氢　　　固溶体(α相)　　　氢化物(β相)

图 3 – 12　储氢合金的吸氢机理

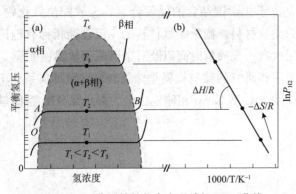

图 3-13 典型的储氢合金吸放氢 PCT 曲线

即 α 相；AB 段对应反应式（3-5），固溶体相同氢气进一步反应形成氢化物相，也称 β 相，此时压力恒定，也称平台区，此时的压力称为平台压。压力恒定的原因是根据吉布斯相律 $F = C - P + 2$（F 为自由度，C 为组分，P 为相数），系统组分为 2（合金和氢气），当氢化物形成后相数为 3（氢气、固溶体和氢化物），所以此时自由度为 1。B 点以后 α 相消失，自由度变为 2，氢化物继续吸收少量氢气，成分逐渐达到氢化物的成分计量比甚至更高，但这需要在很高的压力下完成，因此图中斜率急剧增加。

从图 3-13 来看，随着温度升高，平衡氢压升高，平台逐渐缩短，若温度达到 T_c，平台将消失，这也意味着降低温度有利于吸氢。绝大多数储氢材料的吸放氢 PCT 曲线并不重合，放氢曲线滞后于吸氢曲线。

PCT 曲线是衡量储氢材料热力学性能的重要特性曲线。通过该曲线可以了解金属氢化物中能储存多少氢和任意温度下的分解压力值。PCT 曲线的平台压力、平台宽度与倾斜度、平台起始浓度和滞后效应，既是常规衡量储氢合金吸放氢性能的主要指标，又是探索新的储氢合金的依据。对于实际应用的储氢材料，总是希望其吸放氢 PCT 曲线的平台平坦度高、滞后小。

2）金属氢化物储氢的性能要求

评价一种储氢合金的性能，主要从以下方面进行，其中包括 PCT 曲线的平台特性和滞后性、吸氢量、反应热、活化特性、膨胀率、反应速率、寿命、热导率、中毒性、稳定性、成本等。储氢合金材料要具有实用价值，需满足以下要求：

①储氢量大，能量密度高。一般认为可逆吸氢量不小于 150mL/g。

②吸氢和放氢速度快。

③氢化物生成热小。一般在 -46 ~ -29kJ/molH$_2$。

④分解压适中。在室温附近，具有适当的分解压（0.1 ~ 1.0MPa）。同时，PCT 曲线应有较平坦和较宽的平衡压平台区，在这个区域内稍微改变压力，就能吸收或释放较多的氢气。

⑤容易活化。储氢合金第 1 次与氢反应称为活化处理，活化的难易直接影响储氢合金的实用价值。它与活化处理的温度、氢气压及其纯度等因素有关。

⑥化学稳定性好。经反复吸/放氢，材料性能不衰减，对氢气所含的杂质敏感性小，抗中毒能力强。即使有衰减现象，经再生处理后，也能恢复到原来的水平，因而使用寿命长。

⑦在储存与运输中安全、无害。

⑧原材料来源广，成本低廉。

表 3 – 3 所示为稀土系（AB_5）、钛系（AB_2）、铁系（AB）与镁系（A_2B）4 类储氢合金中代表性材料的储氢性能。可以看出：稀土系、钛系、铁系储氢材料的质量储氢密度在 2.4%（质量分数）以下，镁系合金（Mg_2Ni、Mg – Ni 等）的储氢密度可达 3.6%（质量分数）。

表 3 – 3　储氢合金的性能

类型	AB_5	AB_2	AB	A_2B
典型代表	$LaNi_5$	ZrM_2，TiM_2（M：Mn、Si、V 等）	TiFe	Mg_2Ni
质量储氢量	1.4%	1.8% ~2.4%	1.86%	3.6%
活化性能	容易活化	初期活化困难	活化困难	活化困难
吸放氢性能	室温吸放氢快	室温可吸放氢	室温吸放氢	高温才能吸放氢
循环稳定性	平衡压力适中，调整后稳定性较好	吸放氢可逆性能差	反复吸放氢后性能下降	吸放氢可逆性能一般
抗毒化性能	不易中毒	一般	抗杂质气体中毒能力差	一般
价格成本	相对较高	价格便宜	价格便宜、资源丰富	价格便宜、资源丰富

（2）复杂氢化物

与传统 AB_5、AB_2 和 AB 型合金类储氢材料不同，由轻质元素组成的高容量储氢材料，如铝氢化物、硼氢化物、氨基氢化物等，理论储氢密度在 4%（质量分数）以上，为制备高质量储氢密度的固态储氢设备带来希望。

与金属氢化物相比，这类复杂氢化物具有较高的理论含氢量。人们发现复杂氢化物放氢过程可通过水解或热解方式来实现，但是其放氢产物却无法可逆重复再利用，直接导致氢的使用成本居高不下。因此很长一段时间，无法将复杂氢化物作为储氢材料应用。直到 20 世纪 90 年代，有人发现 $NaAlH_4$ 掺杂少量含 Ti 催化剂，可在相对温和条件下实现放氢产物的逆向再吸氢，再次点燃了复杂氢化物作为储氢材料使用的希望，并极大地激发了人们的研究兴趣。

目前报道的复杂氢化物按照阴离子配体的种类可分为 4 类：第一类是含有 $[AlH_4]^-$ 阴离子的铝氢化物，如 $LiAlH_4$、$NaAlH_4$、$Mg(AlH_4)_2$ 等；第二类是含有 $[BH_4]^-$ 阴离子的硼氢化物，如 $LiBH_4$、$NaBH_4$、KBH_4、$Mg(BH_4)_2$ 等；第三类是含有 $[NH_2]^-$ 阴离子的氮氢化物，如 $LiNH_2$、$NaNH_2$、$Mg(NH_2)_2$ 等；第四类是氨硼烷基氢化物，同样具有上述配位特性且有较高的含氢量，但其可逆储氢性能目前仍存在巨大技术挑战。

1）铝氢化物储氢材料

铝氢化物是 4 个 H 原子与 1 个 Al 原子以共价键构成 $[AlH_4]^-$ 阴离子四面体，再与金属阳离子以离子键配位形成的。由于共价键与离子键共存，属于强化学键，故铝氢化物普遍具有较高的热稳定性，如纯 $NaAlH_4$ 需加热到 220℃ 以上才能缓慢放氢。常见金属铝氢化物的理论含氢量、热稳定性和晶体结构如表 3 – 4 所示。

表3-4 常见金属铝氢化物的理论含氢量、热稳定性和晶体结构

金属铝氢化物种类	晶体结构	热分解温度/℃	理论含氢量/%（质量分数）
Li_3AlH_6	三方	228	11.2
$LiAlH_4$	单斜	187	10.6
$Mg(AlH_4)_2$	三方	130	9.3
$Ca(AlH_4)_2$	正交	80	7.9
$NaAlH_4$	四方	220	7.4
$CaAlH_5$	单斜	260	7.0
Na_3AlH_6	单斜	280	5.9
$KAlH_4$	正交	300	4.3

$LiAlH_4$ 和 $NaAlH_4$ 在常温下为白色粉末，不溶于烃类、醚类，但易溶于乙醚、乙二醇、二甲醚和四氢呋喃中。在室温和干燥空气中，能稳定存在，但对潮湿空气和含质子溶剂非常敏感，易发生剧烈反应并放出氢气。在真空环境下，铝氢化物会逐渐分解生成其组成单质元素。

$LiAlH_4$ 和 $NaAlH_4$ 通过3步反应来实现放氢，如 $LiAlH_4$ 的分解反应如式（3-6）~式（3-8）所示。第1步放氢时伴随着 $LiAlH_4$ 熔化，第2步为 Li_3AlH_6 的分解放氢，第3步 LiH 的分解温度过高，实际应用价值不大。一般情况下仅考虑前两步反应的吸/放氢性能。在真空加热条件下，$LiAlH_4$ 的3步反应的理论放氢量分别为3.3%、2.65%和2.65%，共计10.6%；而 $NaAlH_4$ 的3步反应放氢量分别为3.7%、1.85%和1.85%，共计为7.4%。

$$3LiAlH_4 \longrightarrow Li_3AlH_6 + 2Al + 3H_2 \qquad (3-6)$$

$$Li_3AlH_6 \longrightarrow 3LiH + Al + 3/2H_2 \qquad (3-7)$$

$$LiH \longrightarrow Li + \frac{1}{2}H_2 \qquad (3-8)$$

2）硼氢化物储氢材料

金属硼氢化物作为储氢材料被研究始于21世纪初期。B 与 H 先形成 $[BH_4]^-$ 基团，再与金属阳离子配位形成金属硼氢化物，如 $LiBH_4$、$Mg(BH_4)_2$ 和 $Ca(BH_4)_2$ 等，普遍具有较高含氢量（>5%）。然而，这类金属硼氢化物具有较高的热稳定性，其分解放氢大多按照反应式（3-9）进行，而且放氢后生成高惰性的单质硼，其逆向的再吸氢反应异常困难。

$$MBH_4 \longleftrightarrow MH + B + 3/2H_2 \qquad (3-9)$$

碱金属/碱土金属硼氢化物在通常情况下多为白色粉末，密度在 $0.6 \sim 1.2g/cm^3$，大多不溶于烃类、苯，但溶于四氢呋喃、乙醚、液氨、脂肪胺类等。在干燥的空气中能稳定存在，对潮湿空气、含质子溶剂非常敏感。

过渡金属硼氢化物一般在常温下很不稳定，不能直接暴露在空气中，不宜长期储存放置。其颜色与金属阳离子密切相关，存在形态也不同，有液态、气态、固态。如 $Sc(BH_4)_3$ 为无定形态的白色固体，在惰性气体中常温下较稳定，但在潮湿空气中迅速分解。$Ti(BH_4)_3$ 是一种挥发性的白色固体，在室温下极不稳定，20℃时会分解生成 TiB_2、

H_2 和 B_2H_6。$Al(BH_4)_3$ 在常温下为易挥发性的无色液态，熔点为 $-64℃$，沸点为 $44.5℃$，极不稳定。$LiBH_4$ 具有较高的热稳定性，其标准放氢反应焓变为 $-69kJ/molH_2$。纯 $LiBH_4$ 在常压下的分解温度为 $370 \sim 470℃$。

3)金属氨基化合物储氢材料

20 世纪初，金属氨基化合物主要用于有机反应中作为还原剂。2002 年，人们发现 Li_3N 具有高达 10.3% 的可逆储氢容量(在 $200℃$ 即可快速吸收约 6% 的氢气)，并首次提出金属氮化物、亚氨基和氨基化合物可作为储氢材料的设想。这一发现拓展了固态储氢材料的研究范围，掀起金属氮基化合物作为储氢材料的研究热潮。

复杂氢化物具有较高的含氢量，是目前储氢材料的研究热点。相关研究工作主要集中在以下几方面：①铝氢化物主要集中在高效催化剂的优化筛选、催化机理的研究探索、尺寸效应对材料吸放氢动力学性能的影响，以及新型金属配位铝氢化物的合成；②硼氢化物集中在热力学稳定性、空间纳米限域约束及新型混合离子硼氢化物的合成；③氮氢化物集中在成分调变、材料纳米化及储氢机理分析；④优化现有制备技术和探索新的合成方法，关注材料规模化制备的工程问题，简化工艺，降低成本。

3.3.2　吸附储氢

(1)碳材料吸附储氢

用碳质材料作为储氢介质的吸附储氢是近年来根据吸附理论发展起来的储氢技术。碳质储氢材料主要有活性炭、碳纤维和碳纳米管 3 种。

1)活性炭吸附储氢

活性炭是一种无定形碳，具有很大的比表面积，对气体、溶液中的无机或有机物质及胶体颗粒等都有良好的吸附能力。活性炭材料的化学性质稳定，机械强度高，耐酸、耐碱、耐热，不溶于水和有机溶剂，可以再生使用。活性炭储氢是在中低温($77 \sim 273K$)、中高压($1 \sim 10MPa$)下利用超高比表面积的活性炭作吸附剂的吸附储氢技术。与其他储氢技术相比，超级活性炭储氢具有经济、储氢量高、解吸快、循环使用寿命长和容易实现规模化生产等优点，是一种颇具潜力的储氢方法。

2)碳纤维吸附储氢

碳纤维，是一种含碳量在 95% 以上的高强度、高模量的纤维材料。碳纤维"外柔内刚"，耐腐蚀，质量比金属铝轻，但强度却高于钢铁，不仅具有碳材料的固有本征特性，又兼备纺织纤维的柔软可加工性，是新一代增强纤维。碳纤维表面是分子级细孔，内部是直径约 $10nm$ 的中空管，比表面积大，可以合成石墨层面垂直于纤维轴向或者与轴向成一定角度的鱼骨状特殊结构的纳米碳纤维，H_2 可以在这些纳米碳纤维中凝聚，因此具有超级储氢能力。

3)碳纳米管吸附储氢

碳纳米管，是一种具有特殊结构(径向尺寸为纳米量级，轴向尺寸为微米量级、管子两端基本上都封口)的一维量子材料。碳纳米管主要是由呈六边形排列的碳原子构成数层到数十层的同轴圆管。层与层之间保持固定距离，约 $0.34nm$，直径一般为 $2 \sim 20nm$。碳纳米管作为一维纳米材料，重量轻，具有许多异常的力学、电学和化学性能。碳纳米管对氢气的吸附储存行为比较复杂，可用物理吸附和化学吸附进行描述。关于碳纳米管储氢的研究有理论研究和实验研究2类，都已经取得了丰富的研究进展。

(2)金属－有机骨架材料吸附储氢

金属有机骨架(MOF)材料是由无机金属中心(金属离子或金属簇)与桥连的有机配体通过自组装相互连接，形成的一类具有周期性网络结构的晶态多孔材料，具有孔隙率高、吸附量高、热稳定性好等特点。其在构筑形式上不同于传统的多孔材料(如沸石和活性炭，它通过配体的几何构型控制网格的结构，利用有机桥连单元与金属离子组装得到可预测的几何结构固体，而这些固体又可体现出预想的功能。$Zn_4O(BDC)_3$($MOF-5$)是最早研究的金属有机骨架材料，其在78K、2.0MPa下能够储氢4.5%(质量分数)，即使在室温2.0MPa下也能储氢1%。$Zn_4O(BTB)_2(DEF)_{15}(H_2O)_3$($MOF-177$)是另一种金属有机骨架材料，密度为0.42g/cm^3，是目前所报道的储氢材料中最轻的，且比表面积大。MOF－177在77K时单层吸附面积可达到4500m^2/g。MOF－177具有独特的立方微孔，这些微孔具有规则的大小和形状，可在室温和小于2MPa条件下快速可逆地吸收氢气。总体来说，MOF材料具有产率较高、微孔尺寸和形状可调、结构和功能变化多样等特点。另外，与碳纳米结构和其他无序的多孔材料相比，MOF具有高度有序的结晶态，可以为实验和理论研究提供简单的模型。

随着人们对金属－有机骨架化合物研究的深入，各种各样的MOF材料被合成出来。目前研究较多的MOF材料主要包括MOF－5、HKUST－1、ZIF系列(ZIF－7和ZIF－8等)及MIL系列。可调孔径和可修饰的内表面，使得MOF材料有很多潜在的应用。MOF储氢以吸附方式进行，在恒定温度下，氢气吸附量随着压力的增大而增加，当压力增加到一定值后，吸氢量增加缓慢。在低温下，MOF材料通常具有较高的储氢容量，可高达9%。

(3)沸石类材料吸附储氢

沸石类储氢材料的纳米孔道可以是一维或二维，甚至是三维尺度，通常具有较大的比表面积，且外比表面积相对于内比表面积可以忽略不计。理论上，多孔矿物储氢原理与多孔固体材料储氢相似，但由于矿物表面通常具有极性，而极性表面会对氢分子产生静电吸引，因此矿物储氢的形式可能是多样的。沸石类微孔材料作为储氢介质的研究已成为近年来储氢领域中备受关注的热点问题。

沸石是一类水合结晶的硅铝酸盐，其骨架结构主要由硅和铝的四面体(SiO_4和AlO_4)在三维空间共享氧原子结合而成。这种结构可形成孔径在0.3~1.0nm的微孔洞，选择性地吸附大小及形状不同的分子，故沸石又被称为"分子筛"。根据结构、硅铝比以及阳离子的不同，沸石可分为A型、X型、Y型、MOR型、MCM－22型和ZSM－5型等。

物理吸附储氢主要是依靠H_2和材料之间微弱的分子力。与化学储氢相比，多孔材料的物理吸附储氢虽然需要较低的温度，但其过程完全可逆，并表现出非常快速的动力学特性。如何能高容量且安全储氢在现实中仍是一个技术瓶颈。

3.3.3　固态储氢设备

金属氢化物储氢罐是一种可逆固态储氢设备，主要由储氢材料、容器、导热机构、导气机构和阀门 5 部分组成，结构示意如图 3-14 所示。在一定温度下，储氢罐吸氢速率和储氢量随着氢源压力的增大而增大，冷却液的温度对储氢时间及吸放氢速率有显著影响，氢化过程的长短与热交换面积的大小有关。对储氢罐的基本性能要求如下：①吸放氢过程氢气流动顺畅；②吸放氢过程热交换高效进行；③尽可能增大固态储氢材料的填充量，提高储氢比容量。

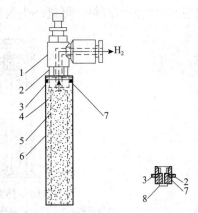

图 3-14　金属氢化物储氢罐的基本组成示意
1—气体阀门；2—连接头；3—盖；4—储氢合金；
5—导热、分散结构；6—筒体；7—密封圈；8—过滤器

与高压气态储氢和液态储氢相比，可逆固态储氢设备具有诸多优点：①体积储氢密度高；②氢源由储氢材料解吸，可获取大于 99.9999% 的超高纯氢，特别适合于燃料电池使用；③合适的放氢温度和压力，提高了储氢设备的应用安全性，降低能耗。迄今为止，趋于成熟且已获得应用的可逆固态储氢设备，一般由稀土系 AB_5、钛系 AB 和 AB_2、钛钒系固溶体和镁系储氢材料装填而成。由于储氢材料在吸氢时会放出大量热，而放氢时需要从外部吸收热量，故装填储氢材料的固态储氢设备，其结构设计应能保证良好的热交换性能。按照外形和换热结构不同，固态储氢设备分为多种类型，下面介绍几种常见结构的可逆固态储氢设备。

图 3-15　简单圆柱形固态储氢设备

(1)简单圆柱形固态储氢设备

采用旋压铝瓶和不锈钢瓶为容器，将颗粒状储氢材料装入容器内制成简单圆柱形固态储氢设备(见图 3-15)。为提高固态储氢设备的换热性能，一般采用在储氢材料内添加高热导率材料，如铝屑、铜屑或石墨等，或者在容器内部安装导热翅片等方式。该类储氢设备结构简单，但换热能力有限，单体储氢容量较小，一般在 $1Nm^3$ 氢以内，主要应用于对氢气流量要求较小的场合，如氢原子钟、便携式氢源等。

(2)外置翅片空气换热型固态储氢设备

为了增强圆柱形固态储氢设备的热交换能力，在圆柱形储氢设备的外部增加换热翅片，如图 3-16 所示。图中的储氢设备由 3 个简单圆柱形储氢罐并联在一起，外壁安装若干翅片，由 1 个阀门控制吸/放氢过程。由于外置换热翅片增加了系统的换热面积，提高了换热性能，其在室温和空气自然对流换热条件下，连续放氢速率相对于无外置翅片的情况有显著提升。图 3-17 所示为一种带有纵向换热翅片管的 AB_2 型储氢材料固态储氢设备。该储氢装置吸/放氢时，风扇产生的风流经纵向换热翅片管通道，对储氢设备进行强制换热，最大限度保证了储氢设备不同位置的均匀换热，使分布在储氢设备不同位置的 AB_2 型储氢材料同时进行吸/放氢，有效提高了储氢设备的性能。此外，将风冷型质子燃料电池工作时产生的热风导入储氢设备换热翅片管通道中，

充分利用燃料电池的废热，可进一步提高储氢装置的放氢性能，提高系统综合能效。

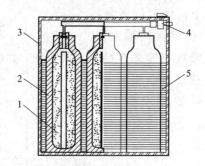

图 3-16　外置翅片空气换热型储氢设备
1—储氢材料；2—铝或不锈钢容器；3—系统外壳；4—阀；5—换热翅片

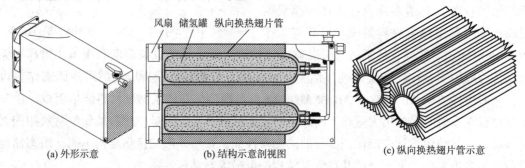

(a) 外形示意　　　　(b) 结构示意剖视图　　　　(c) 纵向换热翅片管示意

图 3-17　带有纵向换热翅片管的储氢设备

（3）内部换热型固态储氢设备

图 3-18 所示为一种内部换热型固态储氢设备，为卧式圆筒形，直径 320mm，长 2100mm，水容积 140L，内部装填 $LaNi_5Al_{0.1}$ 储氢材料，装填量 480kg，储氢设备总质量 663kg，采用水介质内部换热管进行换热，换热面积 $21.5m^2$。储氢设备在 2.5MPa 氢压下，平均吸氢速率可达到 800L/min 以上，吸氢时间为 1.5h，可储存 $80Nm^3$ 氢。该储氢设备内部结构复杂，储氢材料在系统

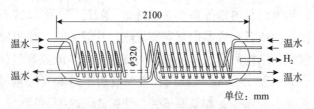

图 3-18　内部换热型固态储氢设备

内部进行均匀装填有一定困难，且换热水管直接与储氢材料接触，不可拆卸和修复，一旦换热结构出现破损等情况，储氢设备将随之报废。

（4）外置换热型固态储氢设备

图 3-19 所示为国内研制的外置循环换热型固态储氢设备，直径 150mm，长 1500mm，内部装填 TiMn 系储氢材料，装填量 55kg，有效储氢 0.94kg。为提高储氢设备的安全性和换热性能，采用卧式双层圆筒形结构设计，最外层为换热层，换热层内设置环形导流结构。环形导流结构主要是用于增大储氢设备的换热面积和延长换热介质在换热层内的流程，进一步提高换热效率。同时，导流结构可保证换热介质的流动均匀与换热均匀性。该储氢设备在 65℃水换热条件下，能以 50L/min 流量持续放氢 $11.2Nm^3$。采用该结构的储氢

设备可制成模块化储氢系统，大幅提高储氢设备的安全性。

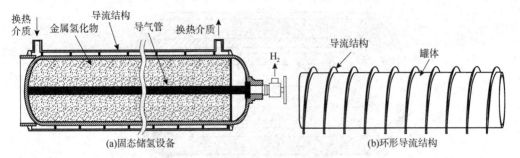

图3-19　外置换热型固态储氢设备及其环形导流结构示意

（5）内外双控温固态储氢设备

图3-20所示为一种内外双控温固态储氢设备。在中心直管换热储氢反应器的基础上，设计了带环状翅片的内外双冷却的储氢反应器。该储氢反应器的换热系统包括中心直管、外部套壳、内外部翅片，内外翅片分别安装在内部直管上与外部套壳内侧。直管与外壳连接，水从内部直管顶部流入，然后循环到外部套壳，最后从套壳的出口流出。储氢合金为$LaNi_5$。结果表明：与采用带翅片的单直管换热方式的反应器相比，该反应器充氢达到90%的时间降低了81.9%。

（6）复杂氢化物固态储氢设备

图3-21所示为1台以$NaAlH_4$为储氢材料的固态储氢设备。系统内设计有8根换热管，换热管上安装约80个铝换热翅片，采用导热油进行换热。储氢设备总质量为6.846kg，水容积6.45L，装填3.525kg的$NaAlH_4$储氢材料，有效储氢136g，系统的质量储氢密度和体积储氢密度分别为2.0%（质量分数）和21kg/m³。

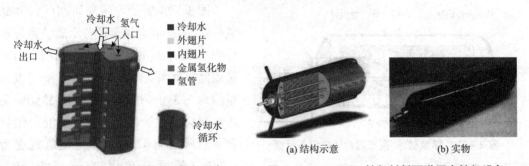

图3-20　一种内外双控温固态储氢设备　　图3-21　$NaAlH_4$储氢材料可逆固态储氢设备

（7）MOF吸附型储氢罐

图3-22所示为1台吸附型储氢罐的设计结构。该储氢罐是用AX-21、MOF-177或MOF-5等吸附型储氢材料作为吸附剂制成的。储氢罐体为内外双层结构，储氢材料装在内胆中，内胆中装有多条充氢气的管道。壳体内装有多条通氢气的管道，可储存5.6kg的氢气。

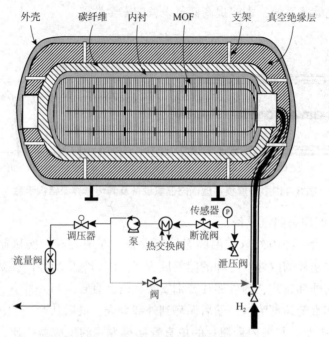

图 3-22　MOF 吸附型储氢罐的结构

（8）储氢材料/高压混合储氢设备

传统 AB_5、AB_2 和 AB 型储氢材料体积储氢密度高，但质量储氢密度较低。纤维缠绕轻质高压储氢容器，具有高的质量储氢密度和快速氢响应特性，但体积储氢密度较低。有人结合二者的优点提出了混合储氢设备的概念。储氢材料/高压混合储氢设备无论是从质量储氢密度还是体积储氢密度来看，都是一种高效的储氢设备。

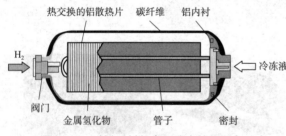

图 3-23　储氢材料/高压混合储氢设备示意

图 3-23 所示为国外研制的一种储氢材料/高压混合储氢设备示意。系统水容积为 180L，充氢压力为 35MPa，内部装填储氢材料为 $Ti_{1.1}CrMn$，系统储氢容量约为 7.3kg，相当于同规格 35MPa 高压气瓶储氢容量的 2.5 倍。该混合储氢设备总质量为 420kg，质量储氢密度为 1.74%（质量分数），高于传统 AB_5、AB_2 和 AB 型储氢材料可逆固态储氢设备的 1.0% ~ 1.3%（质量分数）。

以上所述为几种简单常用的可逆固态储氢设备，实际应用中还有多种其他结构更复杂的形式。储氢设备设计的基本原则是在满足使用安全的情况下，尽可能地提高储氢设备的换热性能，增加储氢材料的装填质量，并减小储氢设备的质量和体积。

3.3.4　固态储氢的应用

世界上第 1 台金属氢化物储氢装置始于 1976 年，采用 Ti - Fe 系储氢合金为工质，储氢容量为2500L。经过三十几年的发展，金属氢化物储氢装置已经逐步完善，在许多领域如氢气的安全储运系统、燃氢车辆的氢燃料箱、电站氢气冷却装置、工业副产氢的分离回收装置，氢同位素分离装置、燃料电池的氢源系统等领域得到实际应用。金属氢化物除了在气-固储氢方面进行应用以外，在金属氢化物-镍(MH-Ni)电池负极材料中也有广泛的应用。

3.4 氢的有机液体储存

3.4.1 有机液体储氢原理

有机液体储氢，也称为液体有机氢载体(Liquid Organic Hydrogen Carriers，LOHC)储氢，是利用液体有机物在不破坏有机物主体结构的前提下通过加氢和脱氢可逆过程来实现氢气储运的技术。

LOHC加氢过程为放热反应，脱氢过程为强吸热反应。催化加氢反应相对容易，储氢应用的瓶颈和研究热点主要是脱氢过程。芳香族化合物中如果有烷基存在，将有利于降低脱氢反应温度，如甲基环己烷比环己烷脱氢温度更低。苯-环己烷和甲苯(TOL)-甲基环己烷(MCH)具有较好的反应可逆性，储氢量也较高，价格低廉，且常温下为液体，是比较理想的有机液体储氢体系，但加氢(250~350℃)和脱氢(300~350℃)过程需要较高温度，难以实现低温下脱氢。

3.4.2 液体有机氢载体

在筛选和研发液体有机氢载体时，重点关注的性能指标包括：①质量储氢和体积储氢性能高；②熔点合适，能使其常温下保持稳定的液态；③组分稳定，沸点高，不易挥发；④脱氢过程中环链稳定度高，不污染氢气，释氢纯度高，脱氢容易；⑤储氢介质本身的成本；⑥循环使用次数多；⑦低毒或无毒，环境友好等；⑧脱氢反应的反应热尽量低。

截至目前，研究的有机氢载体包括环烷类、多环烷类、咔唑类、N-杂环类等。国内外文献中常见的有机物储氢介质包括环己烷、甲基环己烷(MCH)、萘、N-乙基咔唑、二苄基甲苯、二甲基吲哚等。表3-5所示为几种典型的LOHC储氢介质的储氢性能。可知：LOHC储氢体系都有较高的储氢能力，各有优缺点，正在走向商业化的主要是甲基环己烷体系、N-乙基咔唑体系和二苄基甲苯体系。

表3-5 几种典型的LOHC储氢介质的储氢性能

储氢介质	化学组成	分子结构	常温状态	熔点/℃	沸点/℃	质量储氢能力/%	体积储氢能力/(kg/m³)	脱氢温度/℃	脱氢产物	产物化学组成	产物化学结构	产物常温状态
环己烷	C_6H_{12}		液态	6.5	80.74	7.2	55.9	300~320	苯	C_6H_6		液态
甲基环己烷	C_7H_{14}		液态	-126.6	100.9	6.2	47.4	300~350	甲苯	C_7H_8		液态

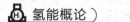
续表

储氢介质	化学组成	分子结构	常温状态	熔点/℃	沸点/℃	质量储氢能力/%	体积储氢能力/(kg/m³)	脱氢温度/℃	脱氢产物	产物化学组成	产物化学结构	产物常温状态
十氢萘	$C_{10}H_{18}$		液态	-30.4 反式	185.5	7.3	65.4	320~340	萘	$C_{10}H_8$		固态
十二氢咔唑	$C_{12}H_{21}N$		固态	76	—	6.7		150~170	咔唑	$C_{12}H_9N$		固态
十二氢乙基咔唑	$C_{14}H_{25}N$		液态	-84.5 (T_G)	—	5.8		170~200	乙基咔唑	$C_{14}H_{13}N$		固态
十八氢二苄基甲苯	$C_{21}H_{38}$		液态	-34	395	6.2	57	260~310	二苄基甲苯	$C_{21}H_{20}$		液态
八氢1,2-二甲基吲哚	$C_{10}H_{19}N$		液态	< -15	>260.5	5.76		170~200	1,2-二甲基吲哚	$C_{10}H_{11}N$		液态

3.4.3 有机液体储氢的特点及应用

LOHC 具有储氢密度高、可形成封闭碳循环、能够实现跨洋运输和长周期储存等优点。LOHC 吸附氢气和脱附氢气后的分子常温下多为液态，可使用储罐、槽车、管道等已有的油品储运设施，在氢气的跨洋运输与国际氢贸易、氢气的大宗储运、可再生能源储能等领域均有良好的应用前景。

LOHC 储氢技术能够在常温常压下满足长期、长距离、大规模的氢气储运需求，能够借助已有的油品储运设备设施，与石油石化产业协同发展，具有较好的商业化潜力和发展前景，但距离大规模商业化还存在一些难题有待解决，包括：

（1）脱氢能耗偏高。有机物加氢是强放热反应，相对容易进行，反应原理决定了逆反应脱氢时需要大量热量，反应难度大，存在能耗高、成本高的问题。如果脱氢装置周边有电厂或钢厂等产生废热的工业，可以利用废热作为脱氢热量来源。

（2）脱氢催化剂开发难度高。脱氢催化剂的难题主要体现在贵金属成本高、选择性差、活性下降、寿命短等方面，国内这一领域的研究大多仍处于实验室研究阶段，大部分距工业化应用尚远，需要加大对脱氢催化剂的研发。

（3）随着循环次数增加储氢性能下降。多次循环使用后，尤其在高温脱氢过程，有机物环链容易发生断裂并逐渐累积，造成储氢性能的下降和催化剂积炭。一些试验研究中甚至仅循环 4~5 次后储氢性能就已大幅下降，难以满足商业使用需求，需要在提高循环使用寿命方面加大研究力度。

习题

1. 简述高压气态储氢的原理。

2. 制作不同于图 3-3 的高压气态储氢容器分类图。

3. 概述不同类别高压气态储氢容器的结构特点、适用领域和主要制造方法。

4. 结合课外拓展阅读，总结纤维缠绕复合气瓶的主要工艺。

5. 举例阐述高压气态储氢技术的适用领域。

6. 通过文献查阅总结高压气态储氢技术的关键技术及发展趋势。

7. 通过文献查阅总结高压气态储氢容器的选材原则，并列举不同类别高压气态储氢容器的推荐用材。

8. 简述液态储氢的原理。

9. 制作液态储氢容器分类图。

10. 结合文献查阅和实例阐述液态储氢在民用领域的发展前景。

11. 结合课外拓展阅读，总结液氢储罐高真空绝热技术的特点和技术进展。

12. 结合课外拓展阅读，了解液氢储罐在工作过程中的典型载荷和可能出现的不稳定工况。

13. 通过文献查阅总结液态储氢容器的选材原则，并列举液态储氢容器内胆、外壳、绝热材料和支撑材料的推荐用材。

14. 列举固态储氢材料的主要类别，并分别扼要总结不同类别固态储氢材料的储放氢原理。

15. 何为金属氢化物和储氢合金？请列举代表性的储氢合金的主要储氢性能。

16. 简述复杂氢化物的代表性种类及储放氢性能。

17. 结合文献调研和实例扼要分析固态储氢合金的应用现状。

18. 概述主要的物理吸附储氢材料种类及储放氢原理。

19. 总结固态储氢设备热管理的主要技术特点。

20. 提出 2～3 种固态储氢技术与其他储氢技术结合构成复合储氢技术的可能性及关键点。

21. 简述有机液体储氢的特点。

第4章 氢的输送与加注

氢的输送连接上游制储氢及下游用氢，解决了制氢与用氢在地域上的不匹配，是氢能产业链的重要一环。按照输送时氢所处状态的不同，氢的输送方式主要有气态输送、液态输送、有机液体输送和固态输送，前两者是目前主要的输氢方式。加氢站与氢气利用紧密相关，通过加氢站可以将氢气转注给用氢设备。本章将对氢的主要输送方式和加氢站进行介绍。

4.1 高压气态氢长管拖车输送

根据氢的输送距离、用氢要求及用户的分布情况，气态氢可通过带有高压集束的长管拖车进行输送。长管拖车是目前最成熟、使用最广泛的气态氢运输方式，适合于输送距离较短、用户比较分散的场景。

如图4－1所示，气态氢的长管拖车输送流程为：将氢气压缩至高压储氢瓶中，然后利用长管拖车通过公路运输到加氢站，到站后将装有氢气的高压储氢瓶与车头分离，通过卸气柱，将高压管束内的氢气卸入加氢站不同压力级别的储氢罐中进行分级储存。

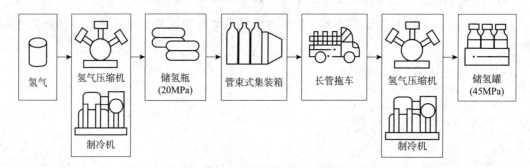

图4－1 高压气态氢长管拖车输送流程示意

4.1.1 高压气氢的制取

长管拖车所输送的高压氢气一般采用氢气压缩机对氢气进行压缩得到。氢气压缩机有往复式、隔膜式、离心式、回转式、螺杆式等多种类型。选取氢气压缩机时应综合考虑氢气的流量、吸气及排气压力等参数。

氢气的压缩方式主要有2种：一是直接用压缩机将氢气压缩至储氢容器所需的压力后储存在储氢容器中；二是先将氢气压缩至较低的压力储存起来，需加注时，先引入一部分气体充压，然后启动氢气压缩机进行增压，使储氢容器达到所需的压力。

高压氢气通常储存在圆柱形高压储气罐或储气瓶内，这类高压容器的结构细长且壁厚。在高压储氢容器运输、装卸过程中难以避免产生震动、冲击等情况，为了保护储氢容器的功能和形态，一般需要做防震设计和防撞击设计。表4-1所示为一般氢气管束式集装箱的参数。

表4-1　一般氢气管束式集装箱参数

项目	数据	项目	数据
充装质量/kg	300	工作温度/℃	-40~60
工作压力/MPa	20	主体材质	4130X
水容积/m³	26.88	设计使用寿命/a	20

4.1.2　氢气长管拖车

氢气长管拖车是短距离运送高压气态氢的主要交通工具，主要分为集装管束（框架）式长管拖车和捆绑式长管拖车，如图4-2所示。氢气长管拖车由动力车头、整车拖盘和储氢管束3部分组成。动力车头提供动力，储氢管束安装在整车托盘上并提供氢气储存空间，一般由6~10个压力为20MPa、长约10m的大容积无缝高压钢瓶通过瓶身两端的支撑板固定在框架中构成，可充装3500~4500Nm³氢

(a) 集装管束式长管拖车

(b) 捆绑式长管拖车

图4-2　氢气长管拖车

气，且长管拖车在到达加氢站后动力车头和拖车可以分离。表4-2所示为2种不同型号的集装管束（框架）式长管拖车的参数。

表4-2　集装管束（框架）式长管拖车参数

产品型号	型号1	型号2
储气瓶数量	7	6
储气瓶水容积/m³	26.88	26.88
箱体质量/kg	34505	31170
充装质量/kg	398	356
额定质量/kg	34900	31526
充气量/Nm³	4767	4264
外形尺寸/mm	12192×2438×2275	12192×2438×1730
设计使用寿命/a	20	20

氢气长管拖车运输技术成熟，规范较完善，国内加氢站目前多采用此方式运输氢气。但由于常规的高压储氢管束本身很重，而氢气密度又很小，所以装运的氢气质量只占总运输质量的1%~2%，适用于将制氢厂的氢气运输给距离不太远而同时用氢量不大的用户。因此在满足安全性的前提下，未来可通过材料和结构的改进来提高管束的储氢压力以增大

储氢密度，同时降低储氢管束的成本，满足商业应用。

作为一种移动式压力容器，长管拖车行驶于人口密集的城市公路，一旦发生事故将对事故区域的人民生命和财产安全构成严重威胁和损害。因此，对在役长管拖车须按照相应法规进行定期检验，排除安全隐患，保障设备安全运行。氢气长管拖车的定期检验主要包括对气瓶、连接管路、安全附件与固定装置的检验。

4.1.3　高压气氢的装卸车工艺

氢气长管拖车装卸车最常用的是一体式管束车充装台。因氢气属于易燃易爆气体，氢气充装台最好布置在常年最小风频率的下风侧，应远离有明火或火花的位置。充装台上设有超压泄放用安全阀、氢气回流阀、分组切断阀、压力表、氮气置换、吹扫口等。充装台管道设有放散管及安全阀放散管，可将氢气放散至高空安全处，放散点高出地面10m，放散管口设阻火器。充装台区域设有导静电接地桩，为长管拖车在充装前做好静电接地工作，防止静电积聚。

（1）氢气充装工艺

氢气长管拖车充装的典型工艺流程如图4-3所示，具体操作步骤如下：

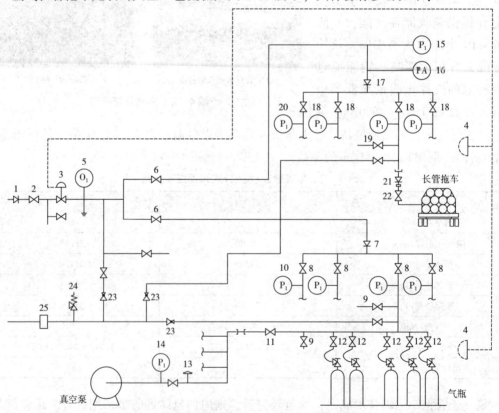

图4-3　氢气长管拖车充装的典型工艺流程示意

1，7，17，21—逆止阀；2—主截止阀；3—遥控切断阀；4—紧急停止按钮；5—氧分析仪；
6，8，11，12，18，22—截止阀；10，15，20—压力表；16—压力报警；9，19—排放/置换阀；
13，24—安全阀；14—真空表；23—压力调节阀；25—分析仪器

①按照氢气充装站要求放置好氢气长管拖车，并确保氢气长管拖车按照"防拉开程序"已处于不可移动状态。

②连接好接地线，并确认氢气长管拖车的各个仪表、阀门灵活可靠；对于不太灵活的，应及时进行修理或更换，以保证充装安全。

③确认氢气长管拖车的残余气体合格，可以现场取样对残余气体进行分析。对新氢气长管拖车或检修后首次充装，必须特别注意：非首次充装的加氢站用氢气长管拖车气瓶压力宜不低于2MPa，其他氢气长管拖车气瓶压力不低于0.5MPa。

④连接好充装软管，打开氢气长管拖车截止阀和排放/置换阀，进行吹洗置换软管。合格后，关闭排放/置换阀。

⑤打开充装排放截止阀进行氢气长管拖车充装。充装期间检查氢气长管拖车阀和接头是否泄漏。

⑥充装中应确保压力和温度变化处于正常范围。应控制充装速度，气瓶瓶体温度一般不应高于60℃。各气瓶应按照操作顺序逐支充装，不得出现长管拖车各分瓶通过主汇流管路均压的情况。严格控制储氢气瓶充装量，充分考虑充装温度对充装压力的影响，20℃时气瓶压力不得超过气瓶公称工作压力。

⑦当氢气长管拖车达到其充装压力时（考虑温度修正），关闭充装排放截止阀和氢气长管拖车截止阀及各长管瓶阀。

⑧必要时分析产品纯度，记录分析结果和充装压力。

⑨充装软管放空后，拆开。检查阀门是否泄漏。

⑩在准备移动氢气长管拖车前，拆开接地连线。同时确保氢气长管拖车按照"防拉开程序"已处于可移动状态。

（2）氢气卸车工艺

氢气长管拖车卸车的典型工艺流程如图4-4所示，具体操作步骤如下：

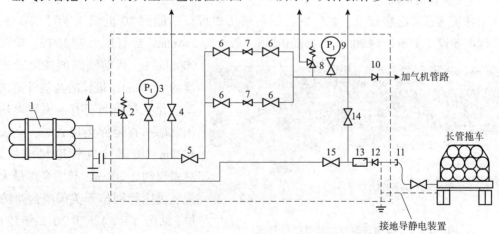

图4-4　氢气长管拖车卸车的典型工艺流程示意

1—储存容器；2，8—安全阀；3，9—压力表；4，14—置换阀；5，6，15—截止阀；
7—压力调节阀；10，12—逆止阀；11—充气接头；13—过滤器

①按照加氢站要求放置好氢气长管拖车。确保氢气长管拖车按照"防拉开程序"已处于不可移动状态。

②连接好接地线，并确认氢气长管拖车的各个仪表、阀门灵活可靠，以保证供氢安全。

③确认加氢站的管路和储罐是符合要求的，必要时可要求取样进行分析。

④连接好软管，并确认截止阀关闭而放散阀打开，断续打开氢气长管拖车截止阀吹洗置换软管，吹洗置换合格后关闭放散阀。

⑤全开氢气长管拖车截止阀，供氢开始。

⑥通常采用分级卸载法，以最大限度地将氢气输入用户储存容器。在这种情况下，需要按顺序打开和关闭氢气长管拖车上的长管瓶阀。

⑦检查软管接头是否有泄漏。

⑧当储存容器达到规定压力，或者压力平衡时关闭截止阀和氢气长管拖车截止阀。供氢时温度不得低于 $-40℃$，加氢站用氢气长管拖车气瓶卸氢后压力宜不低于2MPa，其他氢气长管拖车气瓶卸氢后压力应不低于0.5MPa。

⑨经放散阀排放软管中气体后，拆开充装软管。

⑩在准备移动氢气长管拖车前，断开接地线。同时确保氢气长管拖车按照"防拉开程序"已处于可移动状态。

4.2 纯氢和掺氢天然气管道输送

4.2.1 纯氢管道输送

与天然气输送类似，将氢气通过管道的方式进行输送，是实现氢大规模、长距离输送的重要方式。氢气管道分为纯氢管道和掺氢天然气管道，本部分介绍纯氢管道输送。

（1）纯氢管道概况

国外氢气管道起步较早，氢气的管道输送历史可以追溯到20世纪30年代末。1938年，德国建设了1条长约208km的纯氢管道，管径为254mm，运行压力为2MPa，输量为9000kg/h。目前欧洲的纯氢管道长度约1770km，最长的纯氢管道由法国液化空气集团所有，该管道从法国北部一直延伸至比利时，全长约402km。美国纯氢管道规模最大，总里程约2720km，其中全球最大的纯氢供应管网位于美国墨西哥湾沿岸（见图4-5），于2012年建成，全长约965km，连接22个制氢厂，

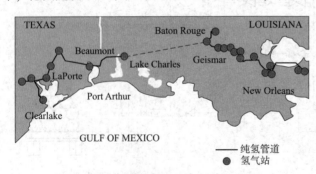

图4-5 美国墨西哥湾的纯氢输送管网

输量达到150万 Nm^3/h。

我国纯氢管道建设较国外滞后，现有纯氢管道总里程仅约400km，主要分布在环渤海

湾、长三角等地。我国自主建设的代表性纯氢输送管道有2条：一条是2014年建成投产的中石化巴陵石油化工有限公司的巴陵—长岭输氢管道，是我国目前最长的在役纯氢输送管道(见图4-6)；另一条是2015年建成投产的中国石化洛阳分公司的济源—洛阳输氢管道，是我国目前管径最大、输量最大的在役纯氢输送管道。2条纯氢输送管道的对比见表4-3。

图4-6 巴陵—长岭输氢管道

表4-3 巴陵—长岭和济源—洛阳纯氢管道对比

管道	全长/km	设计管径/mm	年输氢量/万 t	设计压力/MPa	投资额/亿元
巴陵—长岭	42	350	4.42	4.0	1.90
济源—洛阳	25	508	10.04	4.0	1.46

(2)纯氢管道输送系统

纯氢管道输送系统主要由氢源、压气站、管道、分输站等组成。提供氢气的气源称为氢源，如制氢厂。氢气从氢源进入管道中进行输送，为了长距离输送，需要不断供给压力能，沿途每隔一定距离需要设置压气站，由压缩机提供压头，压气站一般还兼具调压计量等功能。管道一般采用抗氢脆性能好的钢材。分输站可以将氢气分输出管道或者将其他氢源的氢气汇入管道。此外，纯氢管道输送系统还包括通信、自动监控、道路、水电供应等一些辅助设施和建筑。

纯氢管道根据运行压力的不同，分为高压纯氢管道(>4.0MPa)和中低压纯氢管道(≤4.0MPa)，目前国内纯氢输送管道的运行压力一般为1.0~4.0MPa。

氢气在管道中的流动可视为一元流动，下面给出氢气在管道中流动的基本方程。

由质量守恒定理，氢气在管道内流动的连续性方程为：

$$\frac{\partial(A\rho)}{\partial t} + \frac{\partial(\rho wA)}{\partial x} = 0 \qquad (4-1)$$

式中 A——管道横截面面积，m^2；

ρ——氢气密度，kg/m^3；

w——气体流速，m/s；

t——时间，s；

x——管道长度，m。

根据牛顿第二定律，由流体运动的动量守恒可得到氢气在管道内的运动方程，又称为动量方程：

$$\frac{\partial(\rho Aw)}{\partial t} + \frac{\partial(\rho w^2 A)}{\partial x} = -\frac{\partial(Ap)}{\partial x} - \frac{\lambda}{d}\frac{\rho Aw|w|}{2} - g\rho A\sin\theta \qquad (4-2)$$

式中 d——管道内径，m；

　　p——管道压力，Pa；

　　θ——管道与水平面的倾斜角，rad；

　　g——重力加速度，m/s^2；

　　λ——水力摩阻系数。

根据能量守恒定律，由流体运动的能量守恒可得到氢气在管道内流动的能量方程为：

$$\frac{\partial}{\partial t}\left[\left(e+\frac{w^2}{2}+gs\right)\rho A\right]+\frac{\partial}{\partial x}\left[\left(h+\frac{w^2}{2}+gs\right)\rho wA\right]=-\frac{\partial Q}{\partial x}\rho wA \qquad (4-3)$$

式中　s——管道高程，m；

　　　e——氢气单位内能，J/kg；

　　　h——氢气单位焓，J/kg；

　　　Q_q——单位质量氢气的热损失，J/kg。

连续性方程(4-1)和动量方程(4-2)又称为水力方程，能量方程(4-3)又称为热力方程。

氢气在管道输送过程中须视为可压缩气体，其密度随压力和温度的变化而改变，可以采用气体状态方程描述其压力、密度和温度之间的数学关系。氢气的真实气体状态方程为：

$$pV = ZRT \qquad (4-4)$$

式中　Z——压缩因子；

　　　p——氢气压力，Pa；

　　　V——氢气体积，m^3；

　　　T——氢气温度，K；

　　　R——通用气体常数。

纯氢为单一组分气体，还可根据真实氢气性能数据进行拟合得到简化的氢气状态方程，如美国国家标准技术所(NIST)的简化氢气状态方程。

(3)纯氢管道发展趋势

我国纯氢管道建设较滞后，为推动纯氢管道建设，未来需对涉及的管道材料、氢气压缩机、完整性管理、标准规范等方面开展深入研究。

1)管道材料

管输压力波动和荷载频率对管道本体和焊缝产生影响，未来需开展管道本体及焊缝抗氢脆能力评价，研发纤维复合材料和高强度抗氢脆钢材等新型材料用于氢气管输，推动氢气管输降本增压提效。

2)氢气压缩机

针对氢气压缩机功率要求高、运行可靠性低、对密封件要求高、易产生氢污染等问题，从新型材料、压缩机结构设计、非机械压缩技术的应用等方面开展研究。

3)完整性管理

研究氢脆预测评价模型、管道及关键部件寿命预测模型、缺陷及裂纹检测技术、氢气微泄漏在线检测技术、事故特征演化规律等，推动氢气管道及设备完整性管理实践的发展。

4）标准规范

国外纯氢管道设计建设技术整体比较成熟，已颁布了多项标准规范，例如美国机械工程师协会的 ASME B31.12 Hydrogen Piping and Pipelines、美国压缩气体协会的 CGA G5.6 Hydrogen Pipeline Systems、欧洲工业气体协会 EIGA 的 IGC Doc 121/14 Hydrogen Pipeline Systems、亚洲工业气体协会的 AIGA 033/06 Hydrogen Transportation Pipelines。我国氢气管道输送相关规范基础较薄弱，现有氢气管道基本参照油气输送管道和工业管道标准及国外氢气管道标准设计建造，运行管理也基本按照油气长输管道模式进行，未来应加快推动标准规范的制定。

4.2.2　掺氢天然气管道输送

将一定比例的氢气掺入天然气管道或管网中，利用现有天然气管道或管网进行输送，被称为掺氢天然气管道输送技术。截至 2020 年，我国天然气管道总里程超过 11 万 km，利用在役天然气管道或管网输送氢气，可解决氢的大规模高效经济输送难题，未来具有广阔的应用前景。

（1）掺氢天然气管道概况

国际能源署数据显示，截至 2019 年初，全球有 37 个掺氢天然气管道示范项目，包括通过掺氢天然气输送为家庭和企业供热可行性、测试天然气管网掺氢比对输配关键设备、材料、终端设备和电器等的影响、掺氢天然气地下储存技术和监测要求等。其中，欧盟委员会在 2004—2009 年开展的 NATURALHY 项目是较早开展掺氢天然气管道输送研究的示范性项目。表 4-4 所示为国外部分代表性掺氢天然气管道输送示范项目概况。

表 4-4　国外部分代表性掺氢天然气管道输送示范项目概况

国家	年份	项目概况
欧盟委员会	2004—2009	包括天然气运营商、设备制造商、研究机构、大学和咨询机构等在内的 39 家单位参与，总预算 1730 万欧元。在掺氢天然气全生命周期社会经济评价、管网及设备安全性、相容性和完整性、终端用户等方面开展了研究，探究能否通过欧洲在役天然气管网安全输送氢气，测试的掺氢比为 0~50%
荷兰	2008—2011	在 Ameland 岛开展将风电制得的氢气掺入当地天然气管网的示范项目，2010 年平均掺氢比达到 12%
法国	2014	开展了为期 5 年的"GRHYD"掺氢天然气应用示范，除将风电制得的氢气以低于 20% 的比例注入天然气管网外，还将掺氢比为 6%~20% 的掺氢天然气通过压缩天然气加注站供 50 辆天然气大巴车使用
德国	2012	意昂公司在德国 Falkenhagen 建设了 1 座 2MW 的风电制氢示范工厂，将制得的氢气以 2% 的体积比直接注入当地高压天然气输送管道
德国	2015	在 Reitbrook 地区建设了 1.5MW 的 P2G 项目，将风电制得的氢气在 3MPa 压力下直接注入当地中压天然气管网，氢气掺混量最高为 $285Nm^3/h$
意大利	2019	意大利 Snam 公司将体积分数 5% 的氢气和天然气混合，纳入意大利天然气管网并成功完成输送
英国	2019	向斯塔福德郡基尔大学现有的天然气管网注入 20% 的氢气，为 100 户家庭和 30 座教学楼供气

我国也对掺氢天然气管道输送的可行性进行研究。2019年，辽宁朝阳可再生能源掺氢示范项目第1阶段工程完工（见图4-7）。该项目利用燕山湖发电公司现有10Nm³/h碱液电解制氢站新建氢气充装系统，氢气经压缩瓶储后通过集装箱式货车运至掺氢地点，厂外在朝阳朝花药业公司建设天然气掺氢设施，实现天然气掺氢示范。该项目是国内首个电解制氢掺入天然气的项目，在一定程度上验证了电力制氢和氢气流量随动定比掺混、天然气管道材料与氢气相容性分析、掺氢天

图4-7 辽宁朝阳可再生能源掺氢示范项目第1阶段工程

然气多元化应用等技术的成熟性、可靠性和稳定性，达到验证示范氢气"制取—储运—掺混—综合利用"产业链关键技术的目的。

（2）掺氢天然气管道系统

掺氢天然气管道系统与天然气管道系统类似，只有相关配套工艺和设备不同。例如，精准掺氢技术及设备、掺氢天然气的氢分离技术及设备。与天然气管道和纯氢管道相比，掺氢天然气管道输送需要氢气-天然气的掺混装置，在掺混装置内将氢气与天然气进行均匀掺混。

目前常采用随动流量混气橇将氢气与天然气进行混合，一般在天然气掺氢混气站内进行。天然气掺氢混气站是指采用混气橇实现天然气和氢气2种气体按比例混合的专门场所，混气橇是天然气掺氢混气站的主要设备。混气橇一般指将阀门、管道、混气设备、仪器仪表和控制系统等装置集成并固定在同一底座上，实现2种或多种不同气体互相均匀混合的可整体进行移动、就位的装置。在混气橇中，静态混合器是天然气和氢气混合的主要装置。图4-8所示为一种典型的随动流量混气橇的掺氢工艺示意。

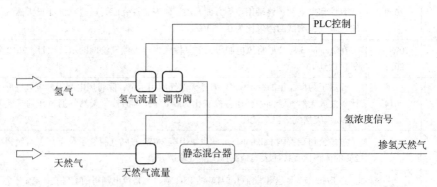

图4-8 随动流量混气橇的掺氢工艺示意

此外，天然气掺氢混气站还涉及氢气工艺装置，包括用于氢气装卸、过滤净化、计量、加（减）压等氢气输送的工艺设备，不包含以氢气储存为目的的储氢容器及氢气集中放散装置。

（3）掺氢比的确定

将氢气掺入天然气管道中进行输送，首先需要确定合适的掺氢比。但掺氢比受多个因素制约，目前尚无统一的确定方法。不同国家对掺氢比上限的规定也不尽相同，如图4-9所示，各国天然气管道中的掺氢比一般不超过10%。我国相关法律法规和技术标准中目前并未明确规定天然气管道和管网中的掺氢比上限。

掺氢比的确定是掺氢天然气管道输送的综合性问题，掺氢比的确定受管道输送系统和终端利用设备等多个因素共同制约，如管道材质、关键设备对氢气的适应性，如图4-10所示。一般而言，天然气管道和管网的范围越大，设备越多，运行工况越苛刻，对掺氢比上限的要求也越严格。

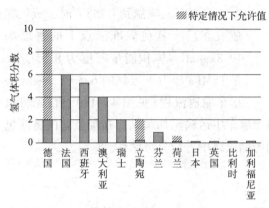

图4-9 不同国家对掺氢比上限的规定

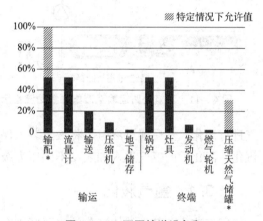

图4-10 不同输送设备和
终端利用对掺氢比的适应性

（4）掺氢天然气管道发展趋势

掺氢天然气管道输送既要考虑技术可行性，还受安全性和经济性等因素制约。虽然包括我国在内的多个国家均已开展掺氢天然气管道输送的初步示范，但目前仍不具备大规模推广的条件，核心问题是如何确定合适的掺氢比，并明确不同掺氢比条件下天然气输送系统的安全性，未来应加强以下方面的研究。

1）掺氢比

明确天然气管道、关键设施设备、下游终端用户对掺氢的适应性，查明不同制约条件下我国现役天然气管道的掺氢比，制定天然气管道掺氢比的确定准则。

2）事故特征及完整性管理

揭示不同掺氢比下天然气管道及关键设施设备泄漏、积聚、燃烧和爆炸等安全事故特征和演化规律，明确掺氢比对管道安全事故产生的影响，发展掺氢天然气管道泄漏在线智能监测技术、风险定量评估、安全性和可靠性评价方法，开展考虑掺氢影响的天然气管道输送全生命周期完整性评价和管理。

3）标准与示范

开展掺氢天然气管道输送相应配套设施设备、输送工艺、掺混氢工艺、氢分离工艺等的研究，制定掺氢天然气管道输送技术相关标准规范和安全运行技术体系，出台相应法律法规和政策。进一步开展掺氢天然气管道输送示范项日的建设，为掺氢天然气管道输送技术研究提供实际应用验证。

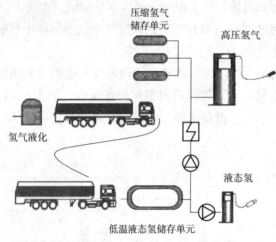

图 4 – 11　液氢公路运输至液氢加氢站流程示意

4.3　液氢的车船输送

当用氢量较大时，如果都采用长管拖车输送，会造成运输车辆的调配困难。将气态氢降温变成液态，液氢的体积仅约为标准状态下气态氢的 1/800，可满足大输量、经济的运氢需求。

将气态氢降温到 – 253℃时，氢气变成液态，液氢在标准沸点下的密度为 70.8kg/m³，体积能量密度为 8.5MJ/L，是 15MPa 压力下氢气的 6.5 倍。液氢槽罐车输送流程（见图 4 – 11）：首先将氢气进行液化，然后通过液氢泵将液氢装入保温槽罐车中运输至加氢站，在加氢站内将液氢汽化，汽化后的氢气进入加氢站不同压力级别的储氢罐中进行分级储存。

4.3.1　氢气液化

　　氢气液化和其他气体液化的主要区别在于氢分子存在正氢和仲氢 2 种状态，液氢会自发进行正、仲氢平衡转化并释放热量。目前常见的氢气液化技术有以下 4 种。

　　(1)节流液化循环

　　节流液化循环(又称预冷型林德 – 汉普森系统)是工业上最早采用的氢气液化循环系统，该系统先将氢气用液氮预冷至转换温度(204.6K)以下，然后通过焦耳 – 汤姆逊节流效应实现氢气液化。采用节流液化循环时，须借助外部冷源，如液氮进行预冷气氢，经压缩机压缩后，经高温换热器、液氮槽、主换热器换热降温，节流后进入液氢槽，部分被液化的氢积存在液氢槽内，未液化的低压氢气返流复热后回压缩机，工艺流程示意见图 4 – 12。

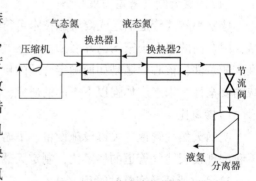

图 4 – 12　节流液化循环工艺

　　(2)带膨胀机液化循环

　　带膨胀机液化循环工艺(预冷型 Claude 系统)通过气流对膨胀机做功来实现液化。其中，一般中高压系统采用活塞式膨胀机，低压系统采用透平膨胀机。压缩气体通过膨胀机对外做功可比焦耳 – 汤姆逊节流效应得到更多的冷量，因此带膨胀机液化循环的效率比节流液化循环高。目前运行的大型液化装置多采用此种液化流程，其工艺流程见图 4 – 13。

（3）氦制冷液化循环

氦制冷液化循环包括氢液化和氦制冷循环 2 部分。氦制冷循环为 Claude 循环系统，这一过程中氦气并不液化，但达到比液氢更低的温度（20K）。在氢液化流程中，被压缩的氢气经液氮预冷后，在热交换器内被冷氦气冷凝为液体。该循环的压缩机和膨胀机内的流体为惰性氦气，对

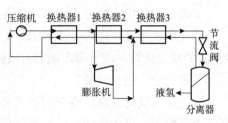

图 4-13　带膨胀机液化循环工艺

防爆有利，且可全量液化供给的氢气，并容易得到过冷液氢，能够减少后续工艺的闪蒸损失。

（4）磁制冷液化循环

磁制冷即利用磁热效应制冷。磁热效应是指磁制冷工质在等温磁化时放出热量，而绝热去磁时温度降低，从外界吸收热量。磁制冷效率较高，且无须低温压缩机，使用固体材料作为工质，结构简单、体积小、质量轻、无噪声、便于维修。磁制冷液化循环目前尚未商业化。

在液氢储罐内，正、仲氢需要催化转换达到平衡值，否则正、仲氢自发进行转换，在储罐内放出的热量会使储罐内的液氢汽化，从而不时地消耗液氢。此外，常压下液氢的沸点为 20.3K，暴露在常温下液氢极易汽化，所以液氢储存容器必须采用保温极好的多层绝热的真空杜瓦容器。因此，液氢输运的一个关键问题是减少漏热损失。液氢储罐材料、结构设计及加工工艺要求严苛。

4.3.2　液氢槽罐车充装及运输要求

（1）充装液氢槽罐车的置换方法

①新启用的或被其他气体污染的槽车，在充装液氢前应进行置换处理。置换处理采用抽空置换与正压通气置换相结合的办法。先用氮气充压 0.2MPa（表压），在保压 5min 后，放压并抽空车内气体，直至氧含量不大于 0.001‰，然后改用超纯氢置换直至达到超纯氢质量指标。

②置换合格后，槽车内应充 50kPa（表压）的超纯氢，保存到开始加注液氢。

③对新置换需预冷的槽车，应对槽车进行预冷。预冷时，应以不大于槽车容积 5% 的液氢先注入槽车降温，随着温度降低逐步加大预冷液氢的加注量，直至温度计显示槽车内温度接近液氢温度时开始加注液氢。预冷过程中汽化的氢气应予以回收利用。

④对装过液氢或留有部分液氢的槽车，加注前，亦需对槽车内的气体进行检测，符合超纯氢质量指标时，不必再做置换处理，不符合的，按照①、②、③的方法进行置换。

（2）液氢罐车及罐式集装箱的运输及充装要求

①液氢罐车出发前，应确认罐车的运输时间和运输距离，并制定紧急情况排放措施，以确保运输过程中不在公路上排放液氢。罐车、罐式集装箱运输液氢时，要经常监视压力表的读数，不应超过压力规定值。当压力表读数异常升高时，罐车应到人稀、空旷处，打开放空阀排气泄压。

②液氢罐车压力接近安全阀起跳压力时，应将罐车行驶到空旷处排放，并设警戒线。

③在工业企业厂区内，液氢的运输应按 GB 4387《工业企业厂内铁路、道路运输安全规程》的规定执行，液氢罐车或载有液氢罐式集装箱的车辆行驶速度不应超过 10km/h，不应用手推行驶，禁止溜放。

④装载液氢的液氢运输车应露天停放，不得停放在靠近桥梁、隧道或地下通道的场所。液氢罐车、罐式集装箱的拖车停放间距不小于 3m。液氢罐车及罐式集装箱应有导静电接地装置，接地装置应符合 GB 50169《电气装置安装工程接地装置施工及验收规范》的规定。

⑤罐车、罐式集装箱只有在得到有关人员同意后方可进入充灌场所进行充灌。充灌前，应对充灌的连接管道进行置换，直至管道内气体中杂质含量符合液氢容器的置换指标要求。充灌时，操作人员应在现场。充灌操作应按操作规程进行，并应防止低温液体外溢。

⑥罐车的液氢接收口应安装 10μm 的过滤器，滤芯采用与氢相容性材料，连续固定使用的氢过滤器宜采用可切换式。

⑦罐车拖车尾部在进入加注、转注场所前应安装汽车防火帽。

⑧罐车、罐式集装箱在连接充灌输液管前应处于制动状态，防止移动，并应设置防滑块；在充装过程中应采取相应的安全措施，配置防拉脱装置；充灌结束后应将输液管置换至非氢气环境，确认安全后再脱开输液管，方可离开；在充灌装卸作业时，汽车发动机应熄火关闭；充装过程中，驾驶员不得驻留车内。

⑨罐车、罐式集装箱内液氢不宜长期储存，更不得混装其他液体，漆色标志应符合相关规定。

⑩液氢加注、转注期间，应对管道连接处再次进行检查确认，防止泄漏。

(3)液氢容器充装操作安全规定

①液氢容器在使用前应检查各种阀门、仪表、安全装置是否齐全有效、灵敏可靠、在检验有效期内。液氢容器应配置禁油压力表、手动或自动泄放阀、安全阀、爆破片，爆破片安全装置的材质应选用不锈钢、铜或铝，并应脱脂去油。

②液氢容器的充装量应符合储罐的设计文件要求，液氢容器(用于生产系统的液氢专用接收容器除外)泄出后剩余量不应少于总容积的 5%。

③液氢容器常温充灌时，加注口阀门的开度应不大于 20%，缓慢充灌预冷，预冷时间不小于 30min。

④当液氢容器上的阀门和仪表、管道连接接头等处被冻结时，不应用铁锤敲打或明火加热，宜用 70~80℃洁净无油的热氮气或温水进行融化解冻。

4.3.3　液氢槽罐车船

液氢输送最常用的工具是槽罐车，配有水平放置的圆筒形低温绝热槽罐，见图 4-14。目前商用的槽罐车液氢槽罐容量约为 65m³，可容纳约 4000kg 液氢，有些槽罐容量可达到 100m³，可容纳约 6000kg 氢气。液氢的储存密度和损失率与槽罐的容积有较大关系，液氢槽罐车氢气容量高，是加氢站储运氢的重要方式之一。

除了采用液氢槽罐车(见图4-14)外，深冷铁路槽车长距离运输液氢的输量大、相对经济，储气装置常采用水平放置的圆筒形杜瓦槽罐，储存液氢容量可达到100m³，部分特殊的扩容铁路槽车容量可达到120~200m³，但目前国内外仅有非常少量的液氢铁路运输路线(见图4-15)。

图4-14 液氢槽罐车

图4-15 液氢运输火车

与运输液化天然气(LNG)类似，大量的液氢长距离运输可采用船运。一般是专门建造输送液氢的大型驳船，驳船上装载有容量很大的液氢储存容器。显然，这种大容量液氢的海上运输要比陆上的铁路或高速公路上运输经济、安全性更好。图4-16所示为日本川崎重工建造的液氢运输船。

图4-16 大型液氢运输船示意

4.4 其他输送方式

除了采用长管拖车、管道及液氢车船输送方式以外，还可以采用有机液态氢化物输送及固态氢输送，本节进行简要介绍。

4.4.1 有机液态氢化物输送

在较低压力和较高温度下，某些有机液体可做氢的载体，达到储存和输送氢的目的，这一方法称为有机加氢化合物法(Organic Chemical Hydride Method，OCH法)。OCH法中氢气储运无须耐压容器和低温设备，需要氢时可通过催化剂进行脱氢反应释放氢气，脱氢后的有机化合物还可以再次加氢，实现多次循环使用。

(1)有机液态氢化物储放氢原理

OCH法常用的有机化合物载体有苯、甲苯、甲基环己烷、萘等。OCH法由加氢反应和脱氢反应2部分组成。典型的加氢和脱氢反应对包括甲基环己烷型、环己烷型和十氢萘型，如图4-17所示。这些加氢和脱氢反应对具有

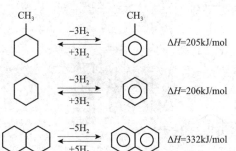

图4-17 某典型的加氢和脱氢反应对

较高的储存密度。

采用甲苯作为储氢有机液体时的脱氢反应和加氢反应示意见图4-18。在加氢反应中，通常使用镍或钯催化剂提高加氢反应效率。在脱氢反应中，使用10%（质量分数）Pt/C 活性炭铂催化剂促使甲基环己烷的 C—H 键断裂，氢原子解离，产生甲苯，同时产生 H_2。

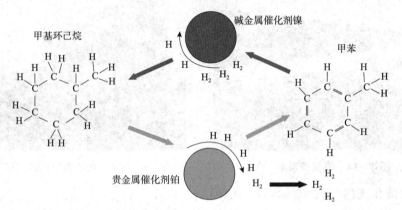

图4-18　脱氢反应和加氢反应示意

与传统储氢方法相比，有机液态氢化物有以下特点：①储氢量大、储氢密度高；②氢载体环己烷和甲基环己烷在室温下呈液态，与汽油类似，可方便利用现有的储存和运输设备，安全性高；③加氢、脱氢反应高度可逆，储氢剂可反复循环使用，且储氢剂通常价格较低。

（2）有机液态氢化物车载运输流程

有机液态氢化物可逆储放氢系统是一个封闭的循环系统，由有机储氢载体的加氢反应、储氢载体的储存和运输、脱氢反应3个过程组成。如图4-19所示，利用催化加氢装置，将氢储存在环己烷或甲基环己烷等有机储氢载体中。由于储氢载体在常温、常压下呈液态，储存和运输简单易行。将有机氢化物储氢载体运送到目的地后，通过催化脱氢装置，在脱氢催化剂的作用下，释放出被储存的氢供用户使用。储氢载体则经过冷却后储存、运输，循环再利用。需要注意的是，所生成的氢气中含有作为脱氢生成物的芳香族化合物，需根据对氢气纯度的要求决定是否需要对氢气进行纯化处理。

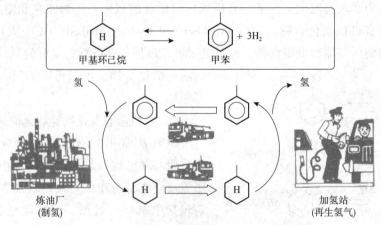

图4-19　利用有机液态氢化物输送的流程示意

目前，有机液态氢化物的车船输送仍存在一些问题，尽管有机液态氢化物的储氢密度较高，但运输氢时没有像汽油、液氢那样返空车的概念，使用完的脱氢介质必须随车返厂，往返均为重载运输，降低了其运输的经济性。此外，为实现高效催化加氢，用氢设备上需要增设加热装置，增加了系统的复杂性。

4.4.2 固态氢输送

固态氢输送是指用固体储氢材料通过物理、化学吸附或形成氢化物储存氢气，然后运输装有储氢材料的容器。固态氢的运输具有如下优点：①体积储氢密度高；②容器工作条件温和，无须高压容器和绝热容器，不必配置高压加氢站；③系统安全性好，没有爆炸危险；④可实现多次（大于1000次）可逆吸放氢，重复使用。

固态氢运输的主要缺点是储氢材料质量储氢密度不高，运输效率低。因此固态氢的运输装置应具备质量轻、储氢能力大的特征。此外，由于储氢合金价格较高（通常几十万元/吨），放氢速度慢，还需要加热，储氢合金本身较重，长距离运输的经济性较差，目前固态氢运输的情形并不多见。

4.4.3 不同氢气输送方式比较

表4-5对比了我国当前技术条件下不同的氢能输送方式的特点。可以看出，不同的输送方式适用于不同的输送距离，载氢量及技术成熟度也不相同。目前，我国氢能示范应用主要围绕工业副产氢和可再生能源制氢产地附近布局，氢能主要以高压气态方式输送。随着氢能产业的发展，氢能的输送将更多以高压长管拖车、低温液氢、纯氢管道、掺氢天然气管道（示范）输送等方式，因地制宜，多种输送方式协同发展。

表4-5 不同氢能输送方式比较

储运状态	输送方式	压力/MPa	载氢量/(kg/车)	体积储氢密度/(kg/m³)	经济距离/km	技术成熟度
气态	长管拖车	20	300～400	14.5	≤150	成熟
	管道	1～4	—	3.2	≥500	不成熟
液态	液氢槽车	0.6	6000～7000	70.8	≥200	不成熟
有机液体	槽罐车	常压	2000	73.7（咔唑）	≥200	不成熟
固态	货车	0.5～4	300～400	106（MgH₂）	≤150	不成熟

4.5 加氢站

4.5.1 加氢站类别

按氢源不同，加氢站可分为站外供氢和自产氢。站外供氢进站后需进一步处理的有：管道输送混合氢气、有机液体氢化物与固体氢化物等。供氢原料是否要处理依赖于汽车用氢方式。例如,对于有机液体氢化物,若氢气释放在车上完成,那么,就无须对进站有机液体氢化物进行处理,可直接给汽车加注。反之,有机液体氢化物仅作为运输氢的载体,那么,在站内就需要被分解、释放氢气,然后进行压缩储存。固体氢化物与有机液体氢化物类似。

站外供氢进站后不需进一步处理的有长管拖车运输进站的高压氢气和液氢。长管拖车可用作初级氢气储罐,或进行卸载、加压输送至站内高压储罐。液氢可直接加注给汽车,也可汽化、升温与增压后储存于高压储罐。通过管道输送高纯氢也是一种技术方案。

站外供氢无论是否处理,由于其化学形态是单质氢或易分解、脱附等状态,对其所进行的加工深度较低,相应工艺流程短、设备数量少、监控变量少、安全性较高。

站内自产氢最典型的是电解水制氢。电网或离网运行的电、光伏发电等新能源形式均可作为电源。站内制氢还可以是如天然气或轻烃蒸汽重整、煤或重烃气化、氨分解、甲醇分解等化学方法制氢。站内制氢复杂度远高于外供氢,对加氢站而言,相当于是一个小型工厂外加一套储运、加注系统。

当前应用最广的加氢站方案有两种:一是拖车外供高压氢,站内压缩机增压储存,然后进行气态加注;二是用液氢槽车供应氢,低温泵直接对液体增压或汽化后用压缩机增压、然后进行气态加注。后面将主要介绍这 2 种加氢站方案。

图 4-20 加油、加氢等综合能源服务站

图 4-20 所示为 1 座集加油、加氢、光伏发电、便利店和休闲等多项功能于一体的综合能源服务站。图中右方为 2 辆长管拖车与 9 个固定储氢瓶组;加油、加氢罩棚的靠近站房侧为车辆加氢位置,配备 35MPa 双枪接口加氢机;压缩机和制冷机组布置在图中站房右后方。其日供氢能力 500kg,每天可满足 30 辆氢能源公交车、重卡物流等车辆用氢需求。此外,该站还预留了二期供氢能力 500~1000kg 的加注量设计,具备中远期扩能能力,届时将满足 60~100 辆商用氢能源车辆加氢需求。

4.5.2 氢气加氢站

氢气加氢站是给车载气瓶充气,最简单的流程是连通站内高压储罐与车载气瓶,氢气在压差作用下由高压储罐流向低压车载气瓶,当气瓶压力达到设定压力或充气率之后,停止充气。

充气过程中的高、低压转换存在显著热效应,即:①向气瓶内的充气压缩产生显著温升;②高压氢气在充气管路中节流产生显著温升;③压缩机加压过程产生显著温升。

目前车载高压氢气储罐均采用纤维增强、树脂固化工艺。固化树脂最高工作温度为 85℃,气瓶本体温度不能超过此温度。因此,充气过程热效应是制约加氢工艺方案的主要因素。

（1）氢气加注过程热效应

向气瓶内的充气压缩产生显著温升，气瓶初始状态下氢气压力与温度分别为 p_0 与 T_0，参数为 p_1、T_1 的储罐向气瓶充气，充满后气瓶参数为 p_2、T_2。假定气瓶充气为绝热过程，氢气为理想气体，质量定压与定容热容 c_p、c_V 为常数，忽略进入系统的气体动能，储罐容积远大于气瓶容积，充气过程中，储罐热力学参数不变。定义参数：

$\varepsilon = \dfrac{p_2}{p_0}$，表示储罐气瓶充气前后压缩比；

$\lambda = \dfrac{T_0}{T_1}$，表示气瓶充气前环境温度与预冷温度之比；

$k = \dfrac{c_p}{c_V}$，氢气质量热容比。

经推导，可得充气前后氢气温度比 T_2/T_0 为：

$$\frac{T_2}{T_0} = \frac{\varepsilon k}{k + \lambda(\varepsilon - 1)} \tag{4-5}$$

图 4-21 所示为按式（4-5）计算得到的气瓶充满后氢气温度，其中，环境温度为 25℃。可以看出：若预冷不足（如大于 20℃），那么，在稍高压比条件下，氢气加注后温度将显著超过限定温度 85℃。除非是气瓶初始压力较高，即大幅度降低压缩比，在充气量较小的条件下才能获得较低温升。但此时，氢气汽车行驶里程将大为降低。

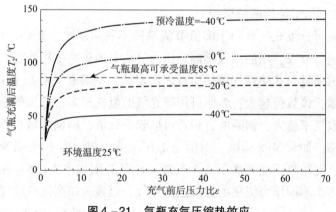

图 4-21 气瓶充气压缩热效应

若氢气被冷却到 -40℃ 或 -20℃，那么，在图 4-21 中所列全部范围内，压缩温升均不超过 85℃。这也是国际上所通用氢气加注协议 SAE J2601 将预冷温度推荐为 -40 ~ -20℃ 的主要原因。

尽管上述推导采用理想气体假设，但与采用真实气体所得结论差别不大。

上述充气压缩过程被限定为绝热过程，相当于充气过程极快。若充气过程不是那么迅速，气体在温度升高过程中，将加热气瓶与沿程管件，同时，向环境释放热量。这 2 种因素均能降低氢气温度。

对于典型Ⅳ型气瓶，若储存质量 4kg，仅考虑在加热气瓶与沿程管件的热容量影响时，氢气绝热状态下温度每升高 1℃，对应非绝热状态下系统总体温度升高约 0.36℃。

向环境的散热也会降低充气温升。重载汽车储罐一般置于车顶或处于通风良好状态，通过储罐外壁的散热显著影响氢气温升过程，而轿车气瓶一般处在较封闭状态，散热条件很差。

SAE J2601 加注协议基于某些特定型号气瓶进行实验，然后进行外推得到推荐加注数据，由于当前氢能技术发展变化很快，协议不会立刻覆盖最新各类气瓶发展。此外，不同气瓶安装状态也会影响该协议适用性，在使用该规范时需要仔细甄别被充气的气瓶型式及其当前状态。否则，充气超压或超温直接带来严重安全事故。

从散热和热容量角度来说，Ⅳ型、Ⅴ型气瓶散热性能不如Ⅲ型气瓶，从而导致其充气危险性增加，因此，确定不同车载气瓶型式应综合考虑各种因素。

氢气加注总是存在节流过程。气体节流是典型等焓流动过程，其温度效应依赖于焦-汤系数 m_{JT}，定义为：

$$m_{JT} \equiv \left. \frac{\partial T}{\partial p} \right|_H \qquad (4-6)$$

若 $m_{JT} > 0$，那么，随着压力降低，介质温度降低，即节流降温。一般流体节流后温度下降，而氢气恰好相反。在典型加注温度、压力条件下，$m_{JT} < 0$，节流产生显著温升。

例如，在充气过程中，氢气压力从 70MPa 降低到 35MPa，那么，节流温升接近 160℃。因此，在加注流程中，调节阀之后一般均配置预冷器，使得节流温升后的氢气降温，同时预留充气压缩温升空间。

(2)储罐分级对加氢站性能的影响

储罐按压力进行分级充气有利于降低节流温升不利的影响。此外，设置固定储气罐、对储气罐按压力进行分级、增加储气罐额定压力等均对加氢站工作性能产生显著影响。

储罐可充气的质量与其储存气体的质量之比定义为储罐取气率 h（储罐利用率）。对于固定水容积的储罐，该数值越大，表明可用于充气的氢气越多，即加气负荷越大。对于一定的加气负荷，取气率越大，储罐的容积就可取较小数值，即储罐造价降低。若加氢站仅设置1个高压储罐，如85MPa储罐，对额定工作压力为70MPa的气瓶充气，一旦储罐压力下降至70MPa，储罐将不能充满下一个气瓶。此时的取气率为(85-70)/85=17.6%左右。但是，通过多个不同压力级别的储罐进行充气，可显著提高储罐取气率。

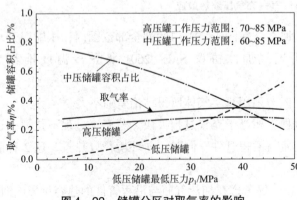

图 4-22 储罐分区对取气率的影响

图 4-22 所示为储罐分区对取气率的影响。给定高、中压储罐工作压力范围，改变低压储罐最低工作压力，取气率和各个储罐的容积占比连续变化。对初始压力 1MPa 的气瓶先用低压储罐进行充气，当气瓶压力达到低压储罐设定压力 40MPa 时，转向中压储罐进行充气；当气瓶压力达到中压储罐设定压力 60MPa 时，转向高压储罐进行充气；

当气瓶压力达到70MPa时，气瓶充满，完成充气。此时，取气率可达到35%左右。

目前国内已建成加氢站多数采用三级储罐，部分加氢站最后一级采用压缩机进行增压，这称为三区(高、中、低压3个压力级别分区)四线(高、中、低压储罐和压缩机4条工艺管线进行充气)制。国内数量众多CNG加气站也普遍采用此类配置并写入行业规范作为推荐值。

但需要指出的是，由于氢气的显著热效应，以及当前加氢站建站投资和能耗仍然未达到普遍希望的技术经济目标，因此，不断有研究者提出各种优化工艺方案。其中，美国能源部下属阿贡实验室提出对长管拖车进行增压，从而大幅度降低隔膜压缩机容量是一种有效工艺方案，此工艺授权给PDC公司进行商业推广。

(3)无储气加氢站加注工艺

无储气，是指加氢站无单独设立固定储气装置，此时，可以采用外供长管拖车、外接氢气供应管道或站内实时制氢作为氢源。图4-23所示为某一建成运行加氢站的长管拖车供气、压缩机增压充气工艺流程。

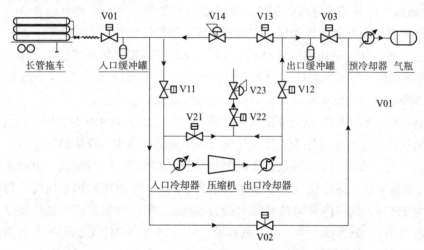

图4-23 无储气加氢站加注工艺

加注充气分为3个阶段。

第1阶段：车辆进站后，因气瓶压力较低，若此时长管拖车内压力大于气瓶剩余压力，V01、V02打开，V03关闭，氢气经由下部管线，由预冷却器冷却到一定温度后对气瓶充气，一旦气瓶压力上升接近拖车气瓶压力时，V02关闭，第一阶段充气完成。

第2阶段：开动压缩机自循环，V01处于打开状态，V11、V12和V13打开，V14是减压阀，压缩机出口高压气体经此减压阀降压至17.9MPa后返回入口；V21、V22和V03处于关闭状态。当压缩机循环压力大于设定压力(如35MPa)时，V13关闭，自循环流程结束，转为压缩机增压加注阶段。

第3阶段：V13处于关闭状态，V03打开，气瓶由压缩机充气，直至充满，第3阶段结束，气瓶完成一次充气过程。

充气完成后，V21和V22打开，V23为出口放空减压阀，压缩机及管路中剩余气体经由放空管路排空，排空后气体压力由 V23 控制。在从长管拖车卸气、旁路充气、压缩机自循环及压缩机增压充气之前，各个管路进行氮气吹扫与置换。

这种无固定储氢或无高压储氢罐(压力大于车载气瓶工作压力)的工艺方案比较简单，适用于当前氢气加注较少的工况。但总体而言，这种工艺方案能耗较大，只有保持较大的设计裕度，尤其是要选择相对于充气需求，排量更大的压缩机才能满足现场加氢量要求。

(4)典型加氢站工艺

在上述工艺基础上，增加固定储气罐可大幅度提高供气能力，增强供气可靠性，并降低压缩机排量。下面介绍配置固定储氢容器的某加氢站工艺流程及其设备。该站为 196 辆燃料电池汽车加注氢气，氢气供应量为 $6765m^3/d$。这种流程具备气态加氢站的各种基本要素。

1)卸气工艺。氢气由长管拖车将 18~20MPa 高压氢气运至加氢站。现场设 3 个长管拖车车位，两用一备。首先在卸气泊位 1 处利用拖车 - 储罐压差，将长管拖车上的氢气卸到储罐，当压差缩小至设定值，启动压缩机，将剩余氢气卸载到储罐。拖车内氢气压力降至 6MPa 时，该拖车停止卸气并离开加氢站去外部氢源加气。同时，卸气泊位 2 启动，完成卸气后离开加氢站去外部氢源加气，如此循环完成周期性操作。

2)增压工艺。加氢站压缩机采用 PDC - 4 - 6000 型隔膜式单级双缸氢气压缩机，配置 4 台组成压缩机组，每个压缩机撬内的 2 台压缩机共用 1 套冷却系统。4 台压缩机可独立工作，也可并联运行。依据加氢车辆负荷，可顺序启动单台或多台压缩机。在氢气加注过程中，当高、中、低压储气瓶组中任意一个储氢瓶压力低于 38MPa 时，压缩机启动，对储气瓶组内氢气增压，增压顺序为高压储气瓶组→中压储气瓶组→低压储气瓶组。

3)储氢工艺。采用固定和移动式 2 种储气装置，总储氢量为 860kg，组成 4 级储气加注。2 组长管拖车作为站内储气，单车储氢量为 280kg，考虑瓶组剩余压力，每车实际可用储氢量为 250kg，故站内移动储氢能力约为 500kg。根据加氢站连续加注要求，站内固定储氢量需 300kg，分为低、中、高三级容量，采用 15 个 ASME 瓶，分配数量为 6∶6∶3。单瓶直径 0.406m、水容积约 $0.767m^3$。

4)加氢工艺。加氢站设 3 台 35MPa 加氢机，1 台 70MPa 配有满足其压力等级的增压器和额外的冷却系统的加氢机。加氢系统主要包括高压管路、阀门、加气枪、过滤器、节流保护、用户显示面板、计量、温度补偿、控制系统及应急管路系统等。加气枪安装具有压力传感器、温度传感器、过电压保护、软管拉断保护及优先顺序加气控制系统等功能。

5)氮气相关工艺。加氢站配置有氮气瓶组，作为气控系统的气源(仪表风)、管路及设备的吹扫置换气体。来自氮气瓶组高压氮气经减压后，压力降至 0.7MPa，分 2 路，一路供给各紧急切断阀气动执行机构，另一路送至压缩机内各气动阀执行机构。氮气输送管路上预留接口，当系统需要吹扫时，利用软管将氮气吹扫接口与预留接口相连，进行氮气吹扫置换或用于系统调试维修过程中的吹扫置换。

4.5.2 液氢加氢站

这里的液氢加氢站不是给汽车加注液态氢燃料，而是指氢来源或储存状态是液态氢。

在加注至车载气瓶之前，需要对液氢增压、汽化和升温。

液氢储存密度远大于当前技术下的高压气态氢，在加氢量较大的站场，其整体经济性好于气态加氢站。美国与欧洲已建成加氢站有相当部分为液氢储存、气氢加注加氢站，中国目前还没有此类加氢站。直接给汽车加注液态氢的技术目前正在研发阶段，此类技术应用较少。

氢的液态与气态热力学状态及其参数相差悬殊，对液体介质加压时，不存在显著热效应，因此增压数值相同时，泵耗功小于压缩机。此外，液体增压泵复杂度与造价低于压缩机。但是，液氢泵始终处于极低温度环境，对其工作可靠性要求很高。总体而言，泵送增压技术经济性好于压缩机增压。

与气氢加氢站相比，液氢加氢站增加了低温液氢泵，汽化器、加热器和 BOG 处理等装置，减少或消除了气态储罐与压缩机等设备。图 4-24 所示为一种典型液氢加氢站工艺流程。

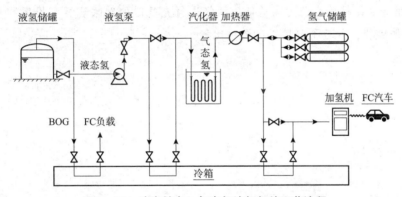

图 4-24　液态储存、气态加注加氢站工艺流程

从图 4-24 中可以看到，外供液氢储存在高度绝热液氢储罐中，经由低温液氢泵增压，然后经汽化器加热汽化，汽化后氢气温度仍然很低，继续通过加热器加热到适宜温度，储存至三级分区的氢气储罐。当有车辆进行加注时，氢气储罐按一定顺序经由加氢机对 FC 汽车的车载气瓶进行充气，此时，由于储存在氢气储罐的气态氢温度为环境温度，因此，在加注前需要经由冷箱冷却后加注。

低温液氢含有大量冷量，此冷量一方面可冷却加注时的气态氢，另一方面可用于其他冷却负荷。液氢汽化前的冷量可流经冷箱，利用这部分冷量。由于采用深冷低温储存，不可避免地存在驰废气（BOG），此部分驰废气经由冷箱释放冷量后继续被加热至适宜温度，可用于各种燃料电池负载。

习题

1. 氢气长管拖车按其结构分为哪两类，各有何特点？
2. 氢气长管拖车定期检验包括哪些检验？
3. 简述氢气长管拖车充装的操作过程。

4. 氢气液化的关键技术有哪些？各有何特点？

5. 液氢的运输方式有哪些？试简要说明其特点。

6. 什么是有机加氢化合物法？

7. 试简要说明有机液态储氢的基本原理。

8. 与传统的储氢方法相比，有机液态氢化物储氢具有哪些特点？

9. 固态氢储氢材料有哪些？

10. 简述固态储氢的原理。

11. 试从不同角度对比分析各氢气输送方式的特点及适用性。

12. 简述加氢站的类型及特点。

13. 气氢加氢站系统的基本组成有哪些？

14. 氢气节流与天然气节流有何区别？

15. 液氢加氢站与气氢加氢站的主要区别有哪些？

16. 请推导储罐按压力分为高、低压两级进行充气时的储罐容积利用率和单位总容积可充装气瓶的容积，并与不分区工况进行比较说明。

第5章 氢燃烧及其利用

氢作为一种燃料可通过直接燃烧释放化学能。氢燃烧与传统化石能源燃烧相比具有低碳环保的优势。将氢燃烧释放的化学能转化为机械能的装置有氢内燃机、氢燃气轮机和液氢火箭等。本章主要对这3种装置进行详细阐述。

5.1 氢燃烧与直接热利用

5.1.1 氢燃烧及特点

氢燃烧是氢和氧反应释放热能的过程。氢分子中 H—H 键的离解能（435.6kJ/mol）比一般单键高得多（如 Cl_2 的离解能为 239.1kJ/mol），同双键的离解能不相上下（如 O_2 的离解能为 489.1kJ/mol）。因此在常温下对于氢分子来说具有一定程度的惰性，在低温下同氧分子不发生反应。

氢气与氧气混合物经引燃或光照都会猛烈地互相化合。这些反应都是放热的，火焰为淡蓝色，见图5-1。氢气和氧气体积比为 2：1 的混合物会猛烈地爆炸并燃烧。含氢量在 18.3% ~59% 的氢气和空气的混合物都是爆炸性混合物，氢氧混合物的爆炸范围有高压和低压的极限。氢气在氧气或空气中燃烧时，火焰可以达到 3000℃ 左右。将氢氧焰射向冰块使得燃烧混合气迅速冷却，发现混合气中除了 H_2、O_2 和 H_2O 外，还有 H^+、O^{2-}、OH^-、H_2O_2。

氢气拥有诸多优良的特性，具体如下：

（1）易燃性

氢燃料与其他燃料相比具有非常宽的可燃范围。氢内燃机在过剩空气系数 0.15 ~9.6 范围内正常燃烧。一般而言，当车辆以稀混合物运行时，稀混合气能降低燃烧温度，生成较少的氮氧化合物，燃油越经济，其燃烧也越完全。

图5-1 氢气燃烧火焰

（2）低点火能量

点火能量是指能够触发燃烧化学反应的能量。氢气在空气中的最小点火能量为 0.017MJ，比一般烃类小一个数量级以上。因此气缸中的热源可用于点火。这一特点既有利于发动机在部分负荷下工作，又使得氢发动机实现稀混合物燃烧，确保及时点火。但是这一特点使得热气体或气缸壁上的"热点"容易引起早燃和回火，成为氢发动机领域的挑战之一。

（3）高自燃温度

物质的自燃温度是指化学物品在没有外界点燃的情况下在大气中自然地燃烧所需的最低温度。压缩过程中温度上升与压缩比相关，自燃温度可决定发动机的压缩比。自燃温度越高，发动机压缩比越大，因此，氢气的自燃温度高，氢气发动机可使用更大的压缩比，提高内燃机热效率。

（4）小熄火距离

熄火距离是火焰在狭窄的管道中传播直至不能传播时管道的临界尺寸。淬熄距离随着初始压力的不同而不同，气体火焰速度越高，熄火距离越小。氢气火焰的熄灭距离与汽油相比更短，故氢气火焰熄灭前距离缸壁更近，因而与汽油相比，氢气火焰更难于熄灭。与碳氢化合物空气火焰相比，较小的淬熄距离使得氢气与空气混合物火焰在接近进气阀处更容易发生回火。

（5）低密度

氢密度很低。在气态条件下，氢气作为燃料时需要的空间更大，在理论混合比下进入气缸时，氢气约占气缸体积的30%（汽油仅占1%~2%），而且所含的能量也少，故而会导致效率下降（与汽油机相比降低15%）。氢释放单位热量所需的燃料体积极大，如采用0.1MPa、20℃的氢气需3130L，30MPa、20℃的氢气需15.6L，即使是液态氢也需3.6L；而汽油只需1L。

（6）高扩散速率

氢密度小，扩散系数很大，扩散速度很快，混合气易均匀一致。氢在空气中的扩散速率要比汽油高很多。这促进了燃料和空气均匀混合，有利于氢内燃机的燃烧，因此，氢燃料发动机应比汽油机的热效率高。如果发生氢泄漏，氢迅速分散可以避免不安全事故的发生。

（7）高火焰速度

氢具有非常高的火焰速度。在常温常压下空气中氢的火焰速度为2.65~3.25m/s，而汽油只有0.34m/s，高火焰速度使发动机能最大限度地接近发动机理想的热力学循环。但是，高的火焰速度对点火时间的要求更加严格。在稀混合物中，火焰速度明显降低。

（8）低环境污染

氢优于化石燃料，不仅由于氢是自然界广泛存在的元素，而且因为氢与空气混合气燃烧产物中唯一的有害成分是氮氧化物 NO_x，在废气中还会含有未参与燃烧的 N_2 和剩余的 O_2，以及没有来得及燃烧的 H_2，无其他有害排放物。

5.1.2 氢直接热利用

（1）氢锅炉原理

锅炉是一种能量转换设备，将燃料的化学能转换为热能。燃料包括煤炭、天然气、重油、生物质等。锅炉中产生的热水或蒸汽可直接为用户提供热能，也可通过蒸汽动力装置转换为机械能，再通过发电机将机械能转换为电能。锅炉的种类依据其用途而分。提供热水的锅炉称为热水锅炉，产生蒸汽的锅炉称为蒸汽锅炉。氢气锅炉就是用氢气作为燃料的锅炉。由于氢气特别的性质，故氢气锅炉类是常规气体燃料(如城市煤气、液化石油气、天然气)锅炉，但也有自己的特点。

氢气锅炉经历了初始、成熟、发展的阶段，即早期设计建造以立式氢气锅炉形式来回收氢气热能；之后过渡到以卧式氢气锅炉形式来回收氢气热能；近几年又形成了新建炉窑或利用已建炉窑设备来回收氢气热能的多种形式。

氢气能源回收系统由氢气燃烧器及其燃烧系统、自控系统与仪表、锅炉与辅机和氢气收集处理输送系统4大部分组成。其中，氢气燃烧器及其燃烧系统是氢气锅炉的关键设备与核心。氢气压缩后由管道输送至氢气锅炉底部的燃烧器进口燃烧，纯水通过给水泵加压、除氧器除氧，送入锅炉顶的省煤器内进行预加热，然后进入锅炉列管中进行加热，产生的蒸汽进入锅炉顶部的炉外汽水分离罐，通过总汽包后送至厂区低压蒸汽管网，供生产、保温、生活等岗位使用。氮气主要用于开停车进行空气置换，防止氢气爆炸。

(2)氢气锅炉的特点

氢气锅炉虽然是燃气锅炉，但与普通的煤气或天然气锅炉相比有更高的安全性要求。这些要求带来氢气锅炉的特别之处。

1)点火系统

氢气锅炉采用二次点火方式，即先点燃液化气后再点燃氢气，目的是使氢气在点火燃烧时更安全。氢气锅炉点火分为自动点火和手动点火2种方式。注意：氢气锅炉在点火前必须对燃烧室进行可燃气体检测分析，确保炉膛内不含任何氢气方可实施点火。

自动点火炉膛经可燃气体检验合格后，锅炉进入自动点火操作程序。首先，系统进行氢气管路自动检漏分析，当检测到氢气无泄漏时，系统再进行炉膛氮气吹扫、由高能点火器发出脉冲火花、自动开启液化气阀门，点燃副点火烧嘴。经液化气稳定燃烧一定时间后，自动开启氢气阀门，氢气主燃烧嘴被正式点燃。通过火焰监测器来观察主、副点火烧嘴是否被点燃；如果副点火烧嘴或主燃烧嘴没被点燃，操作顺序均会自动停止，氮气阀门会自动开启再执行炉膛吹扫顺序，当炉膛可燃气体再次检测分析合格后，才执行上述点火操作步骤。手动点火操作与自动点火顺序基本一致，只是操作手动按钮完成每一步骤。

2)燃烧控制系统

燃烧控制系统是氢气锅炉装置的关键系统，因为氢气流量、压力、锅炉水位、产出的蒸汽用量等工艺参数直接影响氢气燃烧的稳定性及锅炉的正常运行，故需加以调节与控制。通常氢气和空气阀门设置比例调节；点火控制系统采用可编程序控制器(PLO；锅炉操作控制采用集中显示、控制工艺参数。为保证氢气燃烧时不会产生回火现象，燃料氢气的压力要求大于各种辅助气体压力。氢气锅炉采用多重联锁保护装置，锅炉的任何异常波动均会自动报警直至联锁停车。氢气锅炉及所有辅机均露天设置，防止泄漏氢气在封闭的厂房内积聚而达到爆炸范围。

5.2 氢内燃机

5.2.1 氢内燃机工作原理

氢内燃机（Hydrogen Internal Combustion Engine，HICE）是以氢气为燃料，将氢气储存的化学能经过燃烧过程转化为机械能的新型内燃机。氢内燃机基本原理与普通的汽油或者柴油内燃机的原理一样，属于气缸－活塞往复式内燃机。按点火顺序可将内燃机分为四冲程发动机和两冲程发动机。

四冲程发动机的工作流程如图5－2所示。它完成一个循环要求有4个完全的活塞冲程。进气冲程，活塞下行，进气门打开，空气被吸入而充满气缸。压缩冲程，所有气门关闭，活塞上行压缩空气，在接近压缩冲程终点时，开始喷射燃油。膨胀冲程，所有气门关闭，燃烧的混合气膨胀，推动活塞下行，此冲程是4个冲程中唯一做功的冲程。排气冲程，排气门打开，活塞上行将燃烧后的废气排出气缸，开始下一循环。

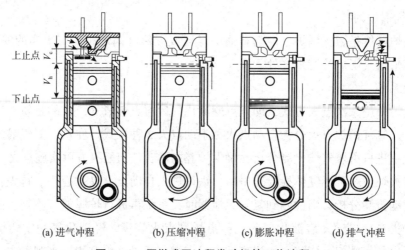

(a) 进气冲程　　　(b) 压缩冲程　　　(c) 膨胀冲程　　　(d) 排气冲程

图5－2　压燃式四冲程发动机的工作流程

两冲程发动机是将四冲程发动机完成一个工作循环所需的4个冲程纳入2个冲程中完成。图5－3所示为两冲程发动机的工作流程。当活塞在膨胀过程中沿气缸下行时，首先开启排气口，高压废气开始排入大气。当活塞向下运动时，同时压缩曲轴箱内的空气－燃油混合气；当活塞继续下行时，活塞开启进气口，使被压缩的空气－燃油混合气从曲轴箱进入气缸。在压缩冲程，活塞先关闭进气口，然后关闭排气口，压缩气缸中的混合气。在活塞将要到达上止点之前，火花塞将混合气点燃。于是活塞被燃烧膨胀的燃气推向下行，开始另一个膨胀做功冲程。当活塞在上止点附近时，化油器进气口开启，新鲜空气－燃油混合气进入曲轴箱。在这种发动机中，润滑油与汽油混合在一起对曲轴和轴承进行润滑。这种发动机的曲轴每转一圈，每个气缸点火一次。四冲程发动机和两冲程发动机相比，经济性好，润滑条件好，易于冷却。但两冲程发动机的运动部件少，质量轻，发动机运转较平稳。

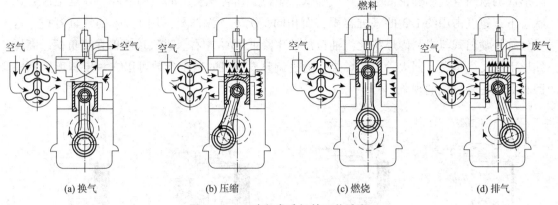

(a) 换气　　　　　　(b) 压缩　　　　　　(c) 燃烧　　　　　　(d) 排气

图5-3　两冲程发动机的工作流程

5.2.2　氢内燃机系统

一方面，氢燃料内燃机，保留传统内燃机基本结构，沿用曲柄连杆机构、配气机构、固定件等结构形式。另一方面，由于氢燃料与传统的汽油机、柴油机不同，因此需要根据氢燃料的特点，对燃料供应系统、控制与管理系统及燃料燃烧系统和局部零部件进行改进设计。氢内燃机的主要结构组成如下：

（1）氢燃料发动机控制系统

氢发动机配备了电子控制单元，控制系统的传感器包括曲轴位置传感器、凸轮轴位置传感器、空气温度/压力传感器、氢气温度传感器、氢气压力传感器、冷却液温度传感器、爆燃传感器和节气门位置等传感器。发动机控制系统可以监测水/油/空气的温度和曲轴/凸轮位置，也可控制喷油器开启时间、火花点火系统和电子节流阀。具体能够控制以下参数：发动机配置，其中包括气缸数、点火顺序、点火系统类型、触发系统类型；喷射长度图；点火示意图（定时提前）；设置（如果存在的电气油门）；喷射温度补偿；氧控制回路参数。

（2）发动机氢气供给系统

整个氢气供给系统主要包括氢气瓶、减压阀、氢气过滤器、氢气稳压气轨、氢气温度传感器、氢气压力传感器、氢气喷射阀和氢气引管。根据氢燃料喷射位置的不同，氢燃料内燃机可分为缸外喷射式（外部混）和缸内直喷式（内部混合）2种。

缸外喷射方式如图5-4（a）所示，是指在进气道喷射氢燃料，进气道喷射结构简单，与传统的气体燃料（如天然气）内燃机结构相似，因而大大减小了在研发生产上的难度。由于氢气密度极低，进气道喷射的氢气必然占据很大的气缸空间，如图5-5所示，导致可吸入空气量减少，最

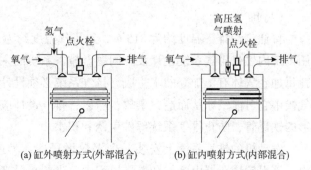

(a)缸外喷射方式(外部混合)　　(b)缸内喷射方式(内部混合)

图5-4　氢燃料内燃机燃料喷射和混合方式

终形成的氢与空气的理论混合气热值降低，单位工作容积发出的功率下降。在理论混合比状态下，氢气占用约 1/3 的气缸容积，而相同工况下，汽油只占用 1.7% 的气缸容积。这导致缸外喷射式氢燃料内燃机比汽油机的功率降低 15% 左右。进气道喷射在高负荷、高压缩比下易发生早燃、回火等异常燃烧，通过调整发动机的运行参数可以在一定程度上消除回火等不正常燃烧的现象。

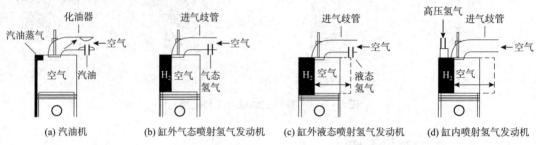

(a) 汽油机　(b) 缸外气态喷射氢气发动机　(c) 缸外液态喷射氢气发动机　(d) 缸内喷射氢气发动机

图 5 - 5　3 种类型的氢燃料内燃机与汽油机的比较

缸内喷射方式，如图 5 - 4(b)所示，是更加完善的氢发动机，它在压缩冲程过程中直接将气体喷射进燃烧室。当气体喷射后进气阀被关闭，这样就避免了进气冲程中造成的过早点火，也防止了回火。直接喷射的氢发动机的输出功率比汽油发动机提高了 20%，比缸外喷射方式的氢发动机提高了 42%。直接喷射解决了早燃问题，但是由于直接喷射系统减少了气体和空气的混合时间，使得两者混合不是很均匀，可能造成氮氧化合物的排放量高于非直接喷射系统。另外，缸内喷射式氢燃料内燃机的喷射压力较高，且喷嘴直接置于高温高压的气缸内，使得喷射系统复杂、部件可靠性问题突出。另外，由于混合过程很短，增大了混合和点火控制的难度。但是，随着技术的进步，这些问题都能得到解决。目前，缸内直喷式氢燃料内燃机是国际上氢燃料内燃机研究的主要方向。

（3）点火系统

由于氢具有低点火能量，点燃氢可以使用汽油点火系统。在稀空气/燃料比下，混合气的火焰速度大大减少，因此最好使用双火花塞。内燃机的火花塞有冷式和热式 2 种类型。冷式火花塞能够比热式火花塞更快地将热量从活塞端转移至气缸盖，使火花塞尖端点燃空气/燃料的概率降低。热式火花塞的设计用来保持一定热量以避免碳沉积。因为氢内燃机不含碳，所以一般采用冷式火花塞，目的是迅速降温，因此避免出现热式火花塞导致早燃的可能性。同时也应当避免采用铂，因为铂是一种促进点火的催化剂。

（4）排气系统

普通汽油排气温度约为 815℃，氢排气温度约为 371℃，约为汽油排气温度的 1/2，采用传统内燃机排气系统设计没有问题。排气系统的主要问题是发动机中生成大量的水。消耗每加仑气体有 1 加仑的水生成。排气系统必须设计使得水通过尾管排出，因为在寒冷的气候中它可能结冰从而造成事故，所以，排气设计应使用不锈钢排气管，而不能使用易变形的铁尾管，防止排气系统部件生锈和积水。

发动机的排气系统上安装一个涡轮增压器，为进气系统增压。从图 5 - 6(b) 可以看出，该涡轮增压器由废气和燃烧过程中产生的热量来驱动，没有涡轮增压器时这些能量会被浪费。由于涡轮增压器的轴承润滑和冷却靠的是发动机油，从涡轮增压器轴承流回的发动机油的温度会增加。需要添加涡轮增压器的机油冷却器，机油冷却器要大小适当以维持安全工作温度。

(a) 涡轮增压器三维剖视　　　　(b) 涡轮增压器工作原理示意

图 5-6　涡轮增压器

(5)曲轴箱通风和过滤系统

氢燃料内燃机采用火花塞点火，要包含曲轴箱通风和过滤系统。在燃烧室，活塞顶部的环沟和气缸内的挤流区机油产生的积炭是潜在的发热点。氢会与这些积炭发生反应并引起爆炸，这对发动机的内部组件危害极大。氢燃料的发动机在上述这些区域的积炭最有可能来源于曲轴箱通风系统。此外，通过活塞环的气体含有油雾和水等。石油燃烧时会造成积炭，水分将导致腐蚀和发动机的性能恶化，并最终损害发动机的内部组件，因此减少积炭和降低水分至关重要。

利用合成发动机油(非碳基油)，并通过机油过滤分离器，可消除曲轴箱的大部分排放问题。曲轴箱的气流从发动机流经阀膜片下方的分离器进入元件，该阀可使曲轴箱保持较小的负压以减少发动机震动并防止密封损坏。然后，气流通过过滤介质，污染物被过滤，机油从空气中分离出并被收集于机器外壳，然后返回曲轴箱。在排水管道安装一个止回阀以防止气流从曲轴箱回流。过滤后的气流再通过进气口过滤器返回发动机进气口以重新燃烧。

5.2.3　氢内燃机理论循环

氢内燃机的理论循环为奥托循环，如图 5-7 所示。奥托循环又称四冲程循环，是内燃机热力循环的一种，为定容加热的理想热力循环。基于这种循环而制造的煤气机和汽油机是最早的活塞式内燃机。奥托循环主要分为进气、压缩、做功、排气 4 个冲程。

图 5-7　奥托循环 P-V 图

(1)进气冲程($r-a$)

在进气冲程中，进气门开启，排气门关闭。活塞从上止点往下止点运动的过程中，活塞上部的容积逐渐增大，气缸内部的压力随之减小。当气缸内部的压力逐渐低于大气压时，气缸内部就产生了真空。此时，可燃混合气从进气门中直接吸入气缸。从图5-7中也可以看出，当活塞下行时，曲线 $r-a$ 在大气压线以下。

（2）压缩冲程（$a-c$）

在整个压缩冲程中，进排气门均关闭，活塞从下止点往上止点运动的过程中，活塞上部的容积逐渐减小，混合气被压缩，缸内压力逐渐升高。在图5-7中，曲线 ac 表示压缩冲程。

（3）做功冲程（$c-z-b$）

在这个冲程中，进排气门仍然处于关闭状态，当活塞将要接近上止点时，火花塞放出电火花，从而点燃气缸内的压缩混合气。被点燃的混合气释放出大量的能量及热能，使得缸内的压力及温度迅速增加，活塞在这一瞬间移动的距离很小，可以近似为等容过程（$c-z$）。这一巨大压强推动活塞向下止点运动做功，同时缸内气体的压强因膨胀而降低，这一过程可以看作绝热过程（$z-b$）。

（4）排气冲程（$b-r$）

进气门关闭排气门开启，使得气体压强突然降为大气压，这个过程近似为一个等体过程（$b-a$）。当活塞在飞轮惯性的作用下由下止点往上止点运动时，气缸内的废气强制被活塞排到气缸外。当活塞接近上止点时，排气门关闭。这一过程，在图5-7中用曲线 $a-r$ 表示。

5.2.4 氢内燃机与汽油内燃机对比

（1）氢内燃机的优点

氢内燃机和汽油内燃机相比，有很多优点，其排放物污染少，系统效率高，发动机寿命也长，具体比较参见表5-1。

表5-1 氢内燃机与汽油内燃机对比

项目	汽油内燃机技术经济指标	氢内燃机技术经济指标
CO_x 排放量/（g/MJ）	89.0	零
NO_x 排放量/（g/MJ）	30.6	不加技术处理时28.8
燃烧热/（MJ/kg）	44.0	141.9
系统效率/%	20~30	40~47
90#汽油零售价/（元/L）	3.00	2.46（折算等效汽油价）
发动机使用寿命/万 km	30	40

（2）氢内燃机的异常燃烧

与化石燃料内燃机相比，氢内燃机有早燃、回火、爆燃等异常燃烧的现象，使发动机正常工作过程遭到破坏。早燃指火花塞点火以前，氢气混合气已经被一些热点点燃，开始燃烧。热点可能是燃烧室中的尖角、火花塞的过热电极、排气门、机油高温分解的炭粒、杂质的过热沉积物等。在浓混合气发生早燃时，火焰传播速度极快，压力急剧升高，使发动机的正常工作遭到破坏。回火是在进气过程中，进气门尚未关闭，气缸内混合气未经火花塞点燃而被热点引燃，火焰传播到进气管内的一种不正常现象。在浓混合气工作情况，进气管内回火会造成强烈的噪声，也容易损坏发动机。爆燃则是氢的滞燃期短，火焰传播速度相当快，导致燃气压力急剧增高，燃烧过早结束，飞轮因克服不了压缩功，会造成突然停车。经过科技人员的多年研究，已经采取一些措施，解决了上述问题。目前，氢内燃机的研究已经达到很高水平。例如，福特公司的氢内燃机的压缩比为(14～15)：1，空燃比接近柴油机的水平，热效率比现在的汽油机高15%左右，并有望提高到25%；由于氢内燃机采用稀薄燃烧技术，有效地降低了发动机的最高燃烧温度，从而使NO_x的排放量达到极低的程度。

氢气发动机分为进气道喷射氢气发动机与缸内直喷氢气发动机。进气道喷射氢气发动机喷氢系统结构简单，易于改造，便于产业化，但这种结构易发生早燃、回火等异常燃烧现象。针对早燃与回火，研究人员进行了大量研究，目前已初步解决这些问题，所用措施如下：

①减少发动机系统热点可针对缸内运动副、冷却系统及点火系统等进行优化设计，减少缸内热点产生。对运动副进行优化设计，如活塞、活塞环、缸套等优化后可降低进入燃烧室的机油量，减少热点及热灰分的产生。对冷却系统优化设计，增强冷却系统对局部的冷却能力，可加强对火花塞及气门座的冷却，使这些易形成热点的部位温度降低。对点火系统尤其是火花塞进行优化设计，采用裙部短的冷型火花塞，使其散热更快，不易成为热点。除此以外，对发动机的压缩比等进行合适设计，降低混合气在压缩终了的温度，使其更不容易发生早燃。

②降低发动机混合气温度。降低发动机混合气温度可利用进气道喷水或低温气体、废气EGR及调整配气相位、液氢喷射等措施。喷水原理极为简单，水汽化会吸收热量，目前很多汽油机都通过缸内喷水来降低温度以避免爆燃及氮氧化物的产生。喷射低温气体则是直接使混合气降温。废气EGR的加入使混合气比热容升高，使其在吸收同等热量的情况下温度不会上升太多，这样也可使混合气在被点燃之前温度相对较低。调整配气相位，减小气门重叠角，在发动机进气时使缸内废气排出较多，避免燃烧后的废气对进气进行加热。液氢喷射对储氢及供氢系统要求较高，其主要技术难点并不在发动机方面，故目前使用较少。

③采用合适的喷氢策略。对喷氢策略进行优化，在进气初期减少氢气喷射量，使低浓度混合气进入燃烧室，首先不易被废气及热点点燃，其次低浓度混合气中含有较多新鲜空气，也可对缸内降温。在排气门关闭后再开始喷射氢气，进气门关闭之前就停止喷氢，可避免混合气受到排气加热，且进气道中残存较少的氢气，避免回火。但氢气发动机喷氢策略优化也带来一个问题，优化后的喷氢策略不仅使发动机无法完全地进气与排气，也减少了氢气的喷射量。

进气道喷射氢气发动机，因氢气常温下为气态，喷射时会占用进气道空间，使进气量减少，发动机充量系数减少。除此以外，为避免早燃、回火采用的喷氢策略等，都会造成进气道喷射氢气发动机功率与扭矩较低的问题，该问题目前可通过增压技术解决。增压可提高进气充量，达到提升功率与扭矩的效果，但增压也存在一个问题，增压后的气体在经中冷器冷却后温度还是较高，相当于增加了混合气温度，对早燃与回火的控制也有不利影响，因此增压氢气发动机中冷系统需有良好的冷却功能，其冷却功率必须足够大。

针对缸内直喷氢气发动机，因其燃料直接喷入燃烧室，不像进气道喷射方式，氢气要占用进气体积，故可提高发动机的充量系数。而且直喷方式也不会带来回火的问题，早燃问题也可通过进气道喷射氢发动机的研究成果进行规避。此外，还可直接将液氢喷入缸内，进行功率提升。对缸内直喷氢气发动机的研究目前还较少，主要集中在对喷氢特性方面。目前对直喷氢内燃机的研究主要还是依靠光学测试进行氢气射流、缸内燃烧等相关研究。除纹影法外，还有 LIF、PLIF 等方法，且研究一般是在光学发动机及定容弹中进行。但目前对液氢喷射特性研究较少。

④进气道喷射氢气发动机及缸内直喷氢气发动机的共同问题为氮氧化物排放较高，虽然氢气燃烧理论上只生成水，但实际情况氢气是在空气中燃烧，空气中含有大量氮气。氢气燃烧速度快，燃烧温度高，氮气在高温下会变为氮氧化物。针对其氮氧化物排放，主要的控制措施为调整点火提前角、采用稀薄燃烧及 EGR 技术等。在不同转速与负荷下需设定合适的点火提前角，防止氢气燃烧终了的温度过高，且点火提前角的设定与喷氢相位也密切相关。氢气燃烧极限广，本来就接近稀薄燃烧的范畴，因此稀薄燃烧对氢气发动机降低氮氧化物的排放作用较小。EGR 技术无论在何种燃料的发动机中都有明显的降低排放作用，氢气发动机也不例外。

5.2.5 氢内燃机应用实例

本节介绍一种氢内燃机典型应用实例，宝马 Hydrogen 7 整车系统。Hydrogen 7 整车设计都达到较完善的水平。与汽车界出现过的氢动力车相比，Hydrogen 7 有接近量产的成熟性。它完成了整个产品开发流程，包括各种使用环境、耐久性及安全性试验，符合德国、欧盟通用法规标准，所有零部件也按照量产技术要求和标准制作。生产过程也与传统接轨，在宝马的丁格芬工厂与 7 系、6 系和 5 系车型一同生产，驱动单元与所有宝马 12 缸动力单元一样在公司位于慕尼黑的发动机厂生产。图 5 - 8 所示为宝马 Hydrogen 7 双燃料整车系统透视图。

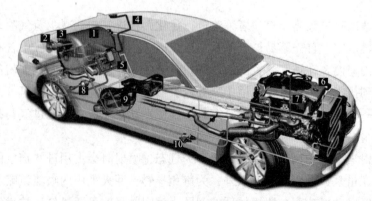

图 5 -8　宝马 Hydrogen 7 双燃料整车系统透视图
1—液氢罐；2—液氢罐盖；3—加氢管接口；4—安全泄压阀管路；5—氢气变压变温控制单元；
6—双模式复合发动机(氢/汽油)；7—氢气进气歧管；8—液氢汽化控制系统；9—汽油箱；10—压力控制阀

（1）宝马 Hydrogen 7 发动机结构

Hydrogen 7 采用的发动机是在 760Li 的 6.0L 汽油发动机基础上改造而成的。它的顶部增加了一组氢气进气管道，并增加了一个碳纤维隔音板（因为氢燃烧比较剧烈，产生的噪声较大）。双燃料氢 12 缸发动机（见图 5 - 9）基于汽油 4 冲程 12 缸发动机改造而成，每缸排量为 500cm³。在汽油模式下，发动机以直接喷射方式运行。在氢气模式下，发动机在外部混合气形成的情况下运行。发动机功率输出大于 170kW，扭矩大于 340Nm。为了使 2 种燃料切换时没有显著区别，根据氢气

图 5 - 9　宝马 Hydrogen 7 双燃料发动机

模式时可达到的输出水平，工程师调低了汽油模式的动力输出。双燃料 12 缸发动机利用了氢燃料的优势，且无须大量开发氢气基础设施。

（2）宝马 Hydrogen 7 供气系统

供气系统的基本结构如图 5 - 10 所示。从油箱供应的液氢通过电磁压力控制阀和部分柔性供给管路被引导至进气系统上的发动机集气器。喷油阀通过一根小管向进气口供应所需的氢气。所有与气体接触的材料都经过大量氢相容性测试，以排除氢脆或老化的风险。在所有气体中，氢的分子尺寸最小，因此对燃料系统的密封性提出了严格的要求。压力调节器和供给管路上的所有可拆卸连接件和密封面（螺栓、O 形密封圈等）均具有双层壁。同时，发动机舱中的 H_2 气体传感器可以及早检测到可能的泄漏。在氢气模式下，氢气和空气的混合气通过气缸选择性进气歧管喷射来获得，压力梯度相对较低，为 1bar。压力完全由燃料箱中的低温氢气蒸发产生，因此无须额外的氢气供应泵。所需热量由发动机冷却液提供，并由电动水泵控制。

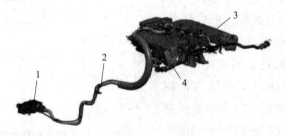

图 5 - 10　供气系统

1—电磁压力控制阀；2—柔性供给管路；3—进气系统；4—发动机集气器

（3）宝马 Hydrogen 7 储氢罐

氢内燃机汽车业目前都选择液态氢。液态氢虽然对储存要求很高，在 - 250°C 之下才会保持液态，否则就会汽化并蒸发，但液态氢的能量密度比高压气态氢（压缩到 70MPa）多出 75%，因此采用液态氢的车辆可实现相对较大的续航里程。采用液态氢的核心技术难题

就是如何保持它的超低温。Hydrogen 7 的一项核心技术就是它的液态氢燃料罐，见图 5 –

图 5 –11 宝马 Hydrogen 7 液态氢燃料罐

11。这个燃料罐位于后座与尾厢之间，采用双层壁式结构。罐体不锈钢板的厚度为 2mm，内罐和外罐之间真空超隔热层为 30mm。这种结构极大地降低了热量传递，中间层可提供相当于 17m 厚的 Styropor（一种聚苯乙烯）的隔热效果。此外，内罐和外罐之间连接部件采用碳纤维夹层，极大地避免了热量传递。从燃料罐中汽化的气态氢与发动机冷却系统管路换热，经预热后才能进入燃料混合管道。

（4）宝马 Hydrogen 7 的安全性

考虑氢气是一种无色无味的气体，宝马现阶段规定 Hydrogen 7 不能停放在室内停车场，以防止氢气泄漏，积聚于密闭的室内发生危险，如果停放在室内停车场则需要加装氢传感器。Hydrogen 7 车内也加装了氢传感器，天花板上设有透气口。在感知到有氢气积聚于车内，或发生事故导致氢气泄漏时，可以将车厢内的氢气排出车外。此外，Hydrogen 7 采用碳纤维加强的车身纵梁和面板，确保了储氢罐的撞击安全。

5.3 氢燃气轮机

5.3.1 氢燃气轮机工作原理

目前应用最广的是开式简单循环的燃气轮机，它主要由燃气轮机的进气道、排气道和燃气轮机的 3 大件：压气机、燃烧室和燃气涡轮组成，其工作原理如图 5 –12 所示。压气机从大气中吸取空气，并把空气压缩到一定的压力后送入燃烧室，进入燃烧室的高压空气与喷入的燃料混合燃烧，形成高温、高压的燃气送入燃气涡轮里膨胀做功，推动涡轮转子带着压气机转子同速旋转，为循环提供高压空气的同时对外输出机械功。在涡轮里膨胀做功后，压力和温度都降低了的燃气通过排气扩压段后由烟囱排入大气。在这一循环过程中，工质把压力

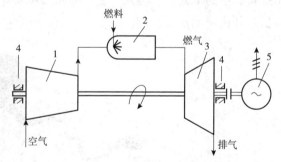

图 5 –12 简单循环燃气轮机的工作原理
1—压气机；2—燃烧室；3—燃气涡轮；4—轴承；5—负荷

能和由燃料的化学能转化来的热能部分地转化为机械功。只要机组并网后，连续不断地向燃烧室喷入燃料并维持正常燃烧，则上述过程就会连续不断地进行下去，工质的压力能和燃料中的化学能也将连续不断、部分地转化为机械功。这种机械功的一部分（约 2/3）用来拖动压气机给空气增压，为循环提供高压空气，另一部分（约 1/3）用于对外输出。

5.3.2　氢燃气轮机结构

（1）氢燃气轮机与传统燃气轮机的区别

目前氢燃气轮机是在传统燃气轮机结构上进行改进的，燃料中掺入一定比例的氢气，纯氢燃气轮机尚在研发阶段。传统燃气轮机结构示意如图 5 – 13 所示，具体结构可以参见相关书籍，本节主要对氢燃气轮机结构改进部分进行阐述。氢燃气轮机结构改进主要考虑以下几个方面：

图 5 – 13　传统燃气轮机燃烧示意

1）氢气防泄漏措施

首先，物理上，氢是一种较小的分子容易泄漏；其次，氢气比天然气或甲烷更易燃。甲烷的可燃极限为 5.3% ~ 17%。而氢气的可燃极限为 4% ~ 75%，泄漏更危险。另外，相对于传统的天然气火焰，用肉眼观察到氢火比更难，泄漏不宜察觉。所以氢气泄漏问题需要考虑。在传统的燃气轮机基础上，配件和密封水平需要改进。通风系统、有害气体检测系统等在天然气燃气轮机上并不重要的辅助系统，却成为氢燃气轮机的关键组成部分。

2）燃料喷嘴结构改进

氢气是典型的低热值燃料，其燃烧热值为 119.93 ~ 141.86kJ/g。在同等体积下，液化天然气和页岩气的热值约是氢气热值的 3 倍，这意味着燃气轮机在输出功率不变的情况下，氢气注入流量更大，标准燃油喷嘴不能使用，因为无法通过它实现 3 倍流量的提升，所以必须修改燃料喷嘴。从燃烧的角度来看，氢气火焰速度快，容易回火，需要设计特有的燃烧系统确保稳定性。

3）NO_x 排放

氢燃烧比甲烷或其他碳氢化合物燃烧的温度更高，因此在获得低 CO_2 的同时，NO_x 排放可能更高。因此，燃料中混入 H_2 时，需要计算其对排放的影响。

（2）氢燃气轮机结构研发

2019 年以来，三菱日立动力系统公司、西门子能源公司、安萨尔多能源公司和通用电气发电公司等主要燃气轮机厂商均针对氢燃料燃机推出了相应的发展计划，开启了富氢燃料甚至是纯氢燃料燃机的研究、开发、优化、测试及示范应用工作。表 5 – 2 所示为目前各大燃机厂氢燃机研究机型和拟解决问题。

表 5 – 2　燃机厂商氢燃机研究进展

公司	机型	主要解决的问题	可适应氢气含量范围
三菱日立动力系统公司	M701F/J	NO_x 排放及回火问题	30% ~ 90%
西门子能源公司	SGT – 600/SGT – 800	NO_x 排放问题，增材制造	60% 以下
安萨尔多能源公司	GT26/GT36	开发先进燃烧系统	0 ~ 100%
通用电气发电公司	6B/7E/9E/9H	环形燃烧器、多喷嘴燃烧器、增材制造	0 ~ 100%

1) 三菱日立动力系统公司

三菱日立动力系统公司认为借助氢燃料燃机可以推动全球实现以可再生能源为基础的"氢能社会"，该公司希望在以往含氢燃料燃机设计及制造的经验积累上，通过进一步的投入及研发，未来 10 年内实现燃机燃烧纯氢燃料的目标。自 1970 年以来，三菱日立动力系统公司业已为客户生产制造了 29 台氢气含量为 30% ~ 90% 的氢燃料燃机，总运行时间已超过 3.5×10^6 h。在保证燃机高热效率的同时保持低 NO_x 排放，是氢燃料燃机技术的关键。相比天然气，氢气的火焰传播速度更快，富氢燃料的火焰更靠近喷嘴，有回火风险，燃烧过程中放热与压力释放耦合易产生燃烧振荡。为解决以上问题，三菱日立动力系统公司提出将开发干式低排放技术和注水/主蒸汽技术结合的燃烧室，在保证低 NO_x 排放的同时实现较宽的燃料适应范围，使燃烧器能够燃烧富氢燃料。2018 年，该公司开展了大型氢燃料燃机测试，氢气含量为 30% 的氢燃料测试结果表明，新开发的专有燃烧器可以实现富氢燃料的稳定燃烧，与纯天然气发电相比可减少 10% 的 CO_2 排放，联合循环发电效率高于 63%。该公司认为，已在运行的燃机仅通过燃烧器的升级改造即可实现燃烧富氢燃料，控制用户燃料转换的成本。

2) 西门子能源公司

与三菱日立动力系统公司相似，西门子能源公司在氢燃料燃机开发方面需要解决的关键问题也是 NO_x 低排放和回火控制问题，但是与三菱日立动力系统公司不同的是，西门子能源公司仍将在氢燃料燃机中继续采用干式低排放技术。西门子常规旋流稳定火焰结合贫燃料预混燃烧的干式低 NO_x 排放技术可以适应氢气含量为 50% 的氢燃料。柏林清洁能源中心在 SGT - 600 及 SGT - 800 上的测试结果表明，氢气含量为 60% 的氢燃料稳定燃烧是可行的，但是燃烧纯氢燃料时则需要进行新的燃烧室设计并对控制系统进行修改。增材制造技术为西门子氢燃料燃机干式低 NO_x 排放燃烧室的设计与制造提供了新的工具及手段，可以完成更复杂精巧的燃烧室设计，突破原来燃烧科学上的一些限制，同时减少燃烧室的质量问题及制造时间。2019 年，该公司用纯氢燃料对优化设计的燃烧室进行测试，结果表明：针对纯氢燃料优化设计的燃烧室还不具备很好的 NO_x 低排放特性，该技术还需要进一步研究。该公司计划 2030 年实现采用干式低 NO_x 排放技术的燃机均具备燃用纯氢燃料能力。

3) 安萨尔多能源公司

安萨尔多能源公司开展了一系列的燃烧室测试，结果表明其燃机可以燃用纯氢燃料。该公司通过开发可适应不同燃料的先进燃烧系统，使燃机具备燃烧富氢燃料的能力，如为 F 级 GT26 燃机和 H 级 GT36 燃机开发的顺序燃烧系统。该公司还可为在运行的 F 级燃机进行氢燃料转换的改造，使现役 F 级燃机也具备燃氢能力。该公司还将针对 GT36 开展纯氢燃料适应性测试。

4) 通用电气发电公司

通用电气发电公司 1990 年以前就研发了能够适应富氢燃料的燃烧器并应用在航改型燃机和 B、E 级重型燃机上，环形燃烧器在超过 2500 台的航改型燃机上得到应用，该燃烧器可以适应氢气含量为 30% ~85% 的富氢燃料，安装在超过 1700 台重型燃机上的多喷嘴静音燃烧器也具备高富氢燃料的适应能力，在其他气体均为惰性气体(氮气或者蒸汽等)的情况下，可以燃烧氢气含量为43.5%~89%的富氢燃料。该公司评估了多喷嘴静音燃烧器对高富氢燃料的适应情况，结果表明燃烧纯氢燃料是可行的，多喷嘴静音燃烧器可以燃用氢气含量高达90%~100%的富氢燃料。

通用电气发电公司现役重型燃机也能适应一定范围内的富氢燃料。GE 地 6B、7E 和 9E 燃机的干式低 NO_x 燃烧系统能够在燃料中含有少量氢的情况下运行，在与天然气混合时，氢气含量可达到33%；DLN2.6 + 燃烧器可以在氢气含量15%的情况下正常工作；9H 机组的 DLE2.6e 燃烧器采用先进预混技术，并且使用增材制造技术，该燃烧器可以燃用氢气含量约50%的富氢燃料。

使用 E 级和 F 级燃机的多个整体煤气化联合循环装置在全球范围内已投入商业运行，包括 Tampa 电站、Duke Edwardsport 电站和 Korea Western Power(KOWEPO)TaeAn 电站。韩国的大山精炼厂使用 6B.03 燃机燃用氢气含量70%的氢燃料超过20年，最大氢气含量超过90%，到目前为止，该装置已累计使用富氢燃料超过105h。Gibraltar – San Roque 炼油厂采用 6B.03 燃机，以不同氢气含量的炼油厂燃料气为燃料，如果燃料中氢气含量超过32%，则将炼油厂燃料气与天然气混合。截至2015年，该燃机已经运行超过9000h。意大利国家电力公司(ENEL)的富西纳电厂自2010年起就开始使用1台11MW的 GE – 10 燃机燃用氢气含量97.5%的氢燃料。美国陶氏铂矿工厂于2010年开始在4台配备 DLN 2.6 燃烧系统的 GE 7FA 燃机燃用5:95(体积比)混合的氢气和天然气混合物。

世界上首个可再生能源制氢与燃氢发电相结合的示范工程 HYFLEXPOWER 项目于2020年正式启动。该电厂将采用西门子能源公司基于 G30 燃烧室技术的 SGT – 400 工业燃机，径向旋流器预混设计使燃烧室具备更大的燃料适应性。该示范项目旨在探索从发电到制氢再到发电的工业化可行性，证明通过氢气生产、储存再利用的方式可以解决可再生能源波动性问题。

(3)燃氢燃气轮机燃烧器

为应对随着燃烧温度升高而呈指数级增长的 NO_x 排放量，三菱重工的大型燃气轮机中安装的干式低 NO_x(又称 DLN)燃烧器采用预混燃烧方法进行发电。

1)用于氢气混合燃烧的 DLN 多喷嘴燃烧器

三菱重工在原来的天然气的传统 DLN 燃烧器的基础上新开发了掺氢混烧燃烧器，旨在防止因掺氢而增加回火的发生风险。从压气机供应到燃烧器内部的空气通过旋流器并形成旋流，燃料从旋流器翼面的1个小孔供应，并由于旋流效应与周围空气迅速混合。在回旋流的中心部(以下称为涡核)存在流速低的区域，涡流中的回火现象被认为是火焰在涡核的低流速部分向回移动。新型燃烧器的特点是从喷嘴尖端喷射空气，以提高涡核的流速，注入的空气补偿涡核的低流速区域并防止回火的发生。

三菱重工使用1台全尺寸新燃烧器在实际燃气轮机运行压力下进行燃烧试验，结果表明：即使在掺氢30%的条件下，NO_x 仍在要求的排放范围内，而且运行时没有发生回火或燃烧振荡的显著增加。

2)用于高浓度氢气燃烧的多簇燃烧器

图 5-14　多簇燃烧器

随着氢气浓度越高，回火的风险就越大。如果针对纯氢燃料使用 DLN 燃烧器，将需要非常大的物理尺寸空间，而且也会增加回火的风险。为保证在狭窄的空间内短时间内混合高浓度氢燃料和空气，三菱重工设计了一种新型混合燃烧系统，可以分散火焰并将燃料吹成更细的气体，如图 5-14 所示。

三菱重工设计的多簇燃烧器，其喷嘴数量比 DLN 燃烧器的燃料供应喷嘴(8 个)更多，每个喷孔尺寸变小，通入空气的同时吹入氢气混合。可以在不使用涡流的情况下以较小的流量混合空气和氢气，这可以实现高抗回火性和低 NO_x 燃烧的兼容性。三菱重工目前正在研究这种燃料喷嘴的基本结构。

3）扩散燃烧器

扩散燃烧器是将燃料喷射到燃烧器中的空气中，如图 5-15 所示。与预混燃烧法相比，一方面，容易形成火焰温度高的区域，NO_x 的生成量增加显著，因此需要通过蒸汽或注水来减少 NO_x 的措施。另一方面，由于扩散燃烧室的稳定燃烧范围较广，燃料特性波动的允许范围也较大。

图 5-15　扩散燃烧室

扩散燃烧器可以适应利用尾气(炼油厂等产生的废气)作为燃料的中小型燃气轮机，三菱重工已经在使用氢含量范围广(氢含量高达 90%)的燃料中取得了实际应用。

5.3.3　氢燃气轮机简单理想循环

本节对理想简单循环燃气轮机的热力过程进行简单介绍，详细内容请参考燃气轮机相关专业书籍。燃气轮机的理想开式简单循环包含 4 个过程：压气机中的理想绝热压缩过程、燃烧室里的等压加热过程、涡轮里的理想绝热膨胀过程和排气系统与大气中的等压放热过程。如果将压气机入口处的状态以"1"表示，压气机出口处，即燃烧室入口处的状态以"2"表示，燃烧室出口处，即燃气涡轮入口处的状态以"3"表示，涡轮出口的状态以"4"表示，将燃气轮机理想简单开式循环表示在 $p-v$ 图和 $T-s$ 图上，如图 5-16 所示。

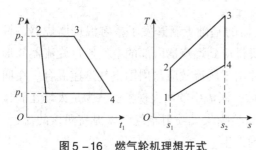

图 5-16　燃气轮机理想开式
简单循环的 $p-v$ 图和 $T-s$ 图

在压气机中，空气被压缩，比容减小，压力增加，同时伴随温度升高，因此，必须输入一定数量的压缩功。当忽略压气机与外界发生的热量交换时，这一压缩过程可以认为是绝热的。如果过程进行十分理想，没有摩擦和扰动等不可逆现象存在，这一过程就是理想绝热过程。

在燃烧室中，从压气机来的高压空气与由燃料喷嘴喷入的燃料混合燃烧，将燃料化学能释放出来而转化为工质的热能，使燃烧产物达到很高的温度而成为高温高压的燃气。这一燃烧加热过程中，工质与外界只有热量交换，并不做功。空气或燃气在燃烧室里的流动过程中伴随因摩擦和紊流等而产生的损失，使压力有所下降，但在设计良好的燃烧室里，压力损失很小。因此在进行理论分析时，可以认为燃烧室中工质的压力保持不变，也就是说，可将燃烧室里的燃烧升温过程看作一个等压加热过程。

从燃烧室排出的高温高压燃气进入燃气涡轮，顺着燃气流动的方向在涡轮的各级里一次膨胀做功，带动压气机一块同速旋转，同时对外输出一定数量的机械功。同时，燃气的温度和压力降低、比容增大。在这一过程中，燃气通过涡轮气缸对外散热，但是，由于燃气的流速很高，燃气通过涡轮气缸的时间很短，因而，燃气的对外散热相对很小，可以忽略不计，这样就可把燃气在涡轮里的膨胀做功过程看作是绝热过程。在这一过程中，燃气与外界只有机械功的传递而没有热量的交换。在没有摩擦、尾迹和端部次流等损失的情况下，燃气涡轮里的膨胀做功过程可看作是理想绝热过程。

在燃气涡轮里膨胀做功后的燃气经过排气扩压器后，通过烟囱排入大气，在大气中自然放热，温度降低到机组周围大气的温度，也就是压气机入口处空气的温度。当忽略排气系统的压力损失时，这一自然放热过程中，压力保持不变，所以是一个等压放热过程。

5.3.4　氢燃气轮机性能影响因素

评价一台燃气轮机设计和性能优劣的性能指标有很多，如机组的效率、尺寸、寿命、污染物排放（NO_x，CO 等）、动态和热力特性、制造和运行费用，以及启动和携带负荷的速度等。但是从热力循环的角度看，燃气轮机的性能指标包括燃气轮机热效率、燃气轮机的燃机的出力（发电机输出功率）、比功率、有用功系数，以及压比和温比等，其中最引起投资方注意的主要指标就是热效率、出力和比功率。

热效率是燃气轮机的净能量输出与按燃料的净比能（低位热值）计算的燃料输入之比。燃气轮机的热效率与热耗率本质上为同一指标，相互之间可以换算（热效率与热耗率的乘积为3600）。效率越高，热耗值越低，发1度电所消耗的热量越低，因此热效率可表征燃气轮机的经济性，也是衡量能量利用率高低的热力性能指标。9E 级燃气轮机简单循环效率为36% 左右，配置余热锅炉的联合循环机组效率可达到52% 或以上。

出力指燃气轮机发电机输出功率，等同于通常所说的燃气轮机毛功率，也就是未扣燃机励磁系统及燃气轮机变压器损耗前的出力。9E 级燃气轮机简单循环出力可达到123MW，1 + 1 + 1 配置 S109E 联合循环机组出力可达到185MW 左右。

比功率是燃气轮机净输出功率与压气机进气质量流量的比值。比功率越大，发出相同功率所需工质流量越少，尺寸越小，因此，比功率是从热力性能方面衡量燃气轮机尺寸大小的一个指标。

燃气轮机性能指标的影响因素众多，下面对燃料类型、空气温度、密度和质量、大气压力、相对湿度、启动频率、负荷和设备维修情况等因素的影响进行介绍。

(1)燃料类型的影响

在各类型燃料中，天然气的应用时间较长、范围较广，具有辐射能较低、杂质含量较少的优点，较适合作为透平材料，但是天然气的价格较高，供应能力无法达到最佳，这限制了其进一步的应用。另外，天然气中凝结的液体碳氢化合物，会降低高温烟气通道部件的使用时长。若被带入的碳氢化合物量较小就会产生较小的影响，如果有大量的液体碳氢化合物，就会造成过高的温度环境，导致设备部件寿命减少的同时，还会缩短检修间隔期。

(2)空气温度、密度和质量的影响

较低的环境温度下，空气的比容较小，在压气机吸入同容积流量空气的前提下，其质量流量较大，使燃气轮机功率会有一定程度的提高。外界环境温度越低，机组功率越大，环境温度越高，机组功率越小。而且，随着环境温度降低，燃气轮机的温压比逐渐增大，对改善燃气轮机的热力循环效率是有利的，其热耗率也会相应地降低。以 GE 公司 9e 型燃气轮机为例，环境温度降低 10℃，其机组功率约增大 6%，热耗率降低约 1%。

不同型号的燃气轮机有着不同的温度影响曲线。环境温度低于 21℃时，环境温度的变化对燃气轮机的净输出功率影响很小；环境温度高于 21℃时，随着温度增加，净输出功率呈线性下降趋势；而发电效率在环境温度高于 -5℃时，会随着温度上升而呈明显下降趋势。另外，空气的质量和流量对于燃气轮机的温度影响曲线都有较大的影响。

空气密度方面，数值较小的空气密度会降低空气流量和相应的输出，这与工作所在地的海拔高度及空气湿度都有关系，海拔越高，空气越稀薄，空气密度越小。空气湿度越高，空气密度越小，从而减少热耗率。而空气湿度的提升会降低燃烧室的空气量，然后降低喷入的燃油，降低机组的出力情况。另外，压气机出口压力的运行情况受到的影响也较大。

空气质量对于燃气轮机的维修情况和运行成本都起着很大的作用，不仅是灰尘和杂质，油污和盐等物质也会在较大程度上损坏高温烟气通道的相关部件，压气机叶片也会受到一定的腐蚀作用，从而出现表面有凹痕的情况，这在加大表面粗糙度的同时，也容易出现疲劳裂纹。上述问题将减少空气流量及压气机的工作效率，也会影响燃气轮机功率及总热效率。

通常情况下，压气机工作环境较差会直接导致燃气轮机工作效率降低，因此在实际使用时，要保证工作环境的干净整洁，还需要清洗压气机来确保其工作效率，也可通过过滤系统进行对环境的改善。

(3)大气压力(或海拔高度)的影响

随着大气压力的降低，空气将变得稀薄，在压气机吸入空气容积流量不变化的前提下，燃气轮机的进气质量流量将会相应减少，导致燃气轮机功率下降。大气压力的变化直接影响空气的比热容，进而影响进入压气机的空气质量流量和输出功率。当大气压力增加时，空气的比热容下降，其质量流量增加，从而增加了机组的输出功率。由于燃料量随着空气质量流量的变化而调整，只要燃烧室内的温度保持不变，燃气轮机的效率就基本不变，从而其热耗率的变化可忽略不计。以 GE 公司 9e 型燃气轮机为例，大气压力降低

1kPa，其功率约降低1%。

（4）相对湿度的影响

水蒸气的比重较空气小，湿空气相对于干空气会对燃气轮机组的功率和热耗率产生影响。与环境温度及大气压力对燃气轮机功率的影响程度相比，相对湿度的影响最小。随着市场对增大燃气轮机功率的需求，以及排放标准不断提高，而在燃烧器的首端或者压气机的排气缸注入蒸汽或者水，从而加大功率及控制和消除 NO_x。对于采用此种方案的燃气轮机，相对湿度对机组功率的影响较为显著，对热耗率的影响可忽略不计。对于不采用此种方案的燃气轮机，相对湿度的变化对其功率和效率的影响均可忽略不计。

（5）启动频率的影响

燃气轮机拥有启动速度快的特点，该特点使其适合成为调峰机组。相应的高温部件在启动和停机动作的过程中，会存在一次降温和升温过程。因此，如果燃气轮机启动和停机的动作次数较多，就会导致其零件寿命下降，远低于持续工作的同型号机组零件，尽管系统控制过程的运行曲线能够减小热效应，但并不能起到较大的作用。所以要实现对燃气轮机长期且高效利用的目的，就需要根据实际情况的需求，对设备启动频率加以控制。

（6）负荷的影响

如果燃气轮机在尖峰负荷的状态下运行，就会导致运行温度升高，从而需要较为频繁地进行高温烟气通道相关部件的维修及更换工作。对于尖峰负荷的状态下运行的影响，能够通过降低负荷运行进行平衡。降低负荷并不需要持续减少燃烧温度，如果负荷不减少至额定功率的80%以下，在余热应用的情况下就不会减少燃烧温度。同时，在应用不一样的模式时，高温通道部件的使用寿命也会变得不同，如由满负荷跳闸甩负荷的影响结果等同于约10次的启停动作，原因是叶片及喷嘴部位会出现热效应，应力数值较大会导致在有限次的循环中出现裂纹。

（7）设备维修情况的影响

在使用燃气轮机过程中，也应以减少隐患为目标，如果不进行定期维护，就会出现一些安全问题。设备维护管理的首要目标是确保设备安全平稳地运行，这也是最基本的要求。工作人员需要严格把握现场管理的情况，通过对设备运行特点的具体分析对其运行情况进行监控，保证高质量的现场巡检，从而能够在设备出现问题时及时发现、及时解决。若要保证设备一直拥有良好的技术状态，就应该对设备的修检情况加以规划，记录设备运行时间，定期保养和检修设备，从而降低设备出现故障的概率。

要重视对设备的状态检修，在设备运行时要通过设备的各项数据对其运行状态进行判断，以便及时解决故障隐患。另外，针对设备的运行状况可以开展技术改造及整体更新等工作，从统计分析设备的缺陷故障、资产折旧程度、设计工况和实际运行工况的偏离情况等方面入手，以确保设备经济低效的运行状态，有效控制成本，提高经济效益，全面且精准地对设备情况和设备状态进行把握。

5.4 液氢火箭

5.4.1 液氢火箭结构及工作原理

"长征五号"运载火箭的成功研制及工程应用,标志着中国具备了更大、更远的空间探测及应用能力,是中国由航天大国迈向航天强国的显著标志和重要支撑。因此,本节液体火箭结构以"长征五号"运载火箭为例进行详细介绍。

"长征五号"起飞推力接近1100t,起飞规模约是中国上一代火箭的1.6倍,高、低轨运载能力分别是中国上一代火箭的2.5倍和2.9倍,综合性能大幅提升,运载能力和运载效率位居世界前列。"长征五号"运载火箭历经30余年关键技术攻关和工程研制,在研制过程中,研发团队攻克了大量的工程技术难题,建立和完善了中国大型低温运载火箭的研制体系和规范,大幅提升了中国运载火箭的研制技术水平和能力。"长征五号"运载火箭采用模块化设计方案,其中运载火箭总长约57m,芯级采用5m直径箭体结构、捆绑4个3.35m直径助推器,起飞重量约880t,采用两级半构型,由"结构系统、动力系统、电气系统和地面发射支持系统"4大系统组成,"长征五号"运载火箭剖视图见图5-17。

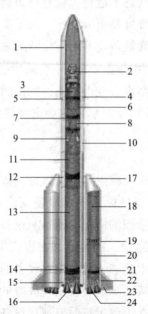

图5-17 "长征五号"运载火箭剖视图

1—整流罩;2—探测器;3—有效载荷支架;4—转接框;5—仪器舱;6—二级液氢箱;7—二级箱间段;8—二级液氧箱;9—YF-75D氢氧发动机;10—一、二级间段;11—一级液氧箱;12—一级箱间段;13—一级液氢箱;14—一级后过渡段;15—一级尾段;16—YF-77氢氧发动机;17—助推器斜头锥;18—助推器液氧箱;19—助推器箱间段;20—助推器煤油箱;21—助推器后过渡段;22—助推器尾段;23—尾翼;24—YF-100液氧煤油发动机

芯一级箭体直径5m,采用氢氧推进方案,安装2台地面推力50t级的YF-77氢氧发动机,发动机采用双向摆动方案进行姿态稳定控制,捆绑4个直径为3.35m的助推器,采

用液氧煤油推进方案，每个助推器安装 2 台地面推力 120t 级的 YF-100 液氧煤油发动机，每个助推器仅摆动靠近芯级的 1 台发动机，发动机切向摇摆用于姿态稳定控制；芯二级箭体最大直径 5m，采用悬挂贮箱方案，安装 2 台真空推力 10t 级的膨胀循环氢氧发动机 YF-75D 作为主动力，YF-75D 发动机双向摆动、二次启动；芯二级采用辅助动力完成滑行段姿态控制、推进剂管理和有效载荷分离前末修、调姿；整流罩头锥采用冯·卡门外形，直径 $\Phi5.2m$，高 12.267m；助推器采用斜头锥外形等。

5.4.2　YF-77 氢氧火箭发动机系统

（1）YF-77 发动机系统组成

根据"长征五号"运载火箭总体设计要求，芯一级起飞推力为 100t。如果使用单台百吨级氢氧发动机，则需要增加 1 套辅助动力系统用于芯一级火箭的滚转控制，若使用 2 台 50t 级发动机，则可通过双机摆动完成箭体滚控，省去 1 套姿控动力系统，从而实现方案的总体优化。同时，50t 级发动机还可在未来用于中大型火箭的芯二级或重型运载火箭的上面级，具有更好的任务拓展性。另外，我国在此之前研制的氢氧发动机最大真空推力仅为 8t 级，考虑技术跨度的合理性，最终将该型发动机推力确定为地面 50t 级，真空 70t 级，双机并联使用。

在满足火箭总体性能要求的前提下，YF-77 发动机继承我国 4.5t 级氢氧发动机 YF-73 和 8t 级氢氧发动机 YF-75 的技术基础与研制经验，采用燃气发生器循环，结构简单，使用维护方便，固有可靠性高，且相比高压补燃循环节省经费近 1/4，具有低成本优势，市场竞争力更强。为优化发动机总装结构，YF-77 发动机未沿用 YF-75 发动机使用的燃气串联驱动氢氧涡轮泵方案，而是采用单燃气发生器并联驱动氢氧涡轮泵的方案。根据地面试验和飞行任务的需要，发动机分为单机和双机两种状态。其中，单机由氢供应系统、氧供应系统、燃气系统、预冷泄出系统、起动点火系统、贮箱增压与伺服机构氢气供应系统、推力传递与摇摆系统、遥测系统等组成。图 5-18 所示为发动机系统简图。

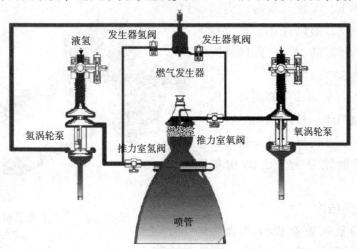

图 5-18　YF-77 发动机系统简图

发动机工作时，采用火药启动器实现涡轮起旋，推力室和燃气发生器由火药点火器点火。燃气发生器工作产生的燃气分别供给氢涡轮和氧涡轮做功，然后分别由氢、氧涡轮排气管排出。液氢、液氧由泵供给推力室和燃气发生器。在氧涡轮入口设置2个燃气阀实现发动机混合比的调节。液氧贮箱采用开式自生增压方案，液氢贮箱采用闭式自生增压方案，介质均由发动机提供；发动机液氢、液氧系统均采用循环预冷方案。

图5-19　YF-77氢氧火箭发动机实物

发动机单机以推力室作为总体布局基础，涡轮泵垂直对称布置在推力室两侧，采用泵前双向摇摆方案，单向摆角±4°，最大合成摆角5.7°。发动机双机并联使用，由2台独立单机并联构成，通过常平座与机架连接为一体。发动机单机实物如图5-19所示。

（2）燃烧装置结构

YF-77的推力室由头部、带短喷管的身部和喷管延伸段组成。头部采用同心圆排列的同轴直流喷嘴和发汗冷却面板，并在国际上首次采用与主喷嘴流强一致的高速排放冷却喷嘴隔板及喷嘴声学错频技术，确保推力室可在不同工况下稳定燃烧；带短喷管的身部为锆铜铣槽内壁、电铸镍外壁和高温合金钢套组成的3层结构，在国内首次采用隔热层与高深宽比再生冷却通道一体化热防护设计，大幅提高了推力室内壁热疲劳寿命；喷管延伸段为排放冷却的高温合金螺旋管束式焊接结构，首创带呼吸式加强箍螺旋管束式喷管技术，使喷管型面在热载荷交变下的变形得到控制，提高了喷管效率和承载能力。再生冷却+排放冷却的热防护方案继承了我国8t级氢氧发动机的成功经验，充分利用液氢吸热能力强、排放消耗流量较小的特点，在对推力室比冲影响不大的前提下，实现了泵后压力的降低和推力室结构质量的减小，推力室仅占发动机结构质量的25%，而国外同类发动机普遍为30%。

燃气发生器由头部和身部组成，头部采用同轴直流喷嘴，身部采用热容式热防护，不冷却。在出口下游安装火药启动器，用于涡轮泵起旋，结构如图5-20所示。

图5-20　燃气发生器结构

（3）氢涡轮泵结构

YF-77的氢涡轮泵设计转速为

3.5×10^4r/min，设计扬程约16MPa，涡轮设计压比为15.5，是世界上比功率最大的氢涡轮泵。主要由氢涡轮、液氢泵、弹性支承系统、轴向力平衡系统、浮动环密封及轴承等组成。其中，氢泵为两级离心泵，使用变螺距诱导轮，叶轮使用空间三维扭曲复杂型面叶片和流道设计，采用低温钛合金粉末冶金工艺制造，泵壳为低温钛合金铸造，泵效率达到世界先进水平；氢涡轮为两级压力复合级冲击式超声速涡轮，叶轮采用钛合金粉末冶金工艺，外壳体为高温合金铸造；涡轮泵转子为工作在二、三阶临界转速之间的柔性转子，使用高 DN 值重载混合式陶瓷球轴承，双阻尼弹性支撑；轴向力自动平衡；瑞利动压槽结构浮动环动密封。

（4）氧涡轮泵结构

YF - 77 的氧涡轮泵设计转速为 $1.8 \times 10^4 r/min$，设计扬程约 14MPa，涡轮设计压比为 14.0，是国际上首次使用的高过载氧涡轮泵。主要由氧泵、氧涡轮、支承系统、动密封系统、轴向力平衡系统及轴承等组成。其中，氧泵为单级离心泵，使用高抗汽蚀性能诱导轮，泵前压力适应范围可达到设计值的 9 倍；诱导轮、叶轮、泵壳等均为高温合金铸件；氧涡轮为两级速度复合级冲击式超声速涡轮；涡轮转子为工作在一、二临界转速之间的柔性转子，使用双列钢轴承，单阻尼弹性支撑；轴向力自动平衡；浮动环动密封。同时，这也是国内首次使用超临界柔性转子技术的氧涡轮泵，减小了结构尺寸及质量，攻克了转子异常振动问题。

5.4.3　氢氧火箭发动机的优势

火箭发动机是将推进剂的化学能转化为飞行器机械能的热能动力装置。通过推进剂的燃烧，火箭发动机对飞行器持续做功，使其机械能不断增加，直到满足进入特定轨道并稳定运行的要求。因此，推进剂自身的能量特性和发动机的能量转化性能直接影响火箭的运载能力。

在所有的推进剂中，液氧/液氢组合是除液氟/液氧之外能量特性最高的，在推力室压力为 5MPa、喷管面积比为 140 的条件下，其理论比冲比常规推进剂的高 38%，比液氧/煤油高 26%，比液氧/甲烷高 22%。在实际的发动机型号中，它们之间的差距更大。因此在起飞规模不能无限扩大的前提下，要获得更大的运载能力，使用氢氧发动机是必然的选择。液氧/液氢组合还具有燃烧稳定性好、燃烧效率高、燃烧过程振动量级小的特点，能在 4~40MPa 高压下实现 98%~99% 的高效稳定燃烧，具有很高的能量转化效率。

此外，液氢与液氧均易蒸发、不积存，燃烧产物清洁，无固相产物产生，有利于发动机的重复使用，符合航天运载器高效低成本的发展方向；且由于其燃烧产物为水蒸气，清洁无污染，也符合当今世界绿色、环保的发展理念。

5.4.4　氢氧火箭发动机性能影响因素

影响并联结构的燃气发生器循环发动机性能的内外因素众多，根据发动机系统组成，可大致分为以下几类：①外部条件，如发动机泵入口压力、温度及外界环境压力等；②流阻特性，如喷嘴、节流圈及管路特性等；③组件性能，如涡轮泵效率和燃烧装置效率等。一般情况下，同一类因素具有相同量级的影响效应，在实际敏感性分析中，不需要对所有影响因素进行全面分析，根据需要选择具有代表性和参考性的因素即可。

1) 在影响发动机性能的所有因素中，氢、氧涡轮泵的效率水平占有绝对的主导地位，发动机性能对该影响因素的敏感度远远大于其他因素，涡轮泵效率出现的偏差将导致发动机性能出现同样量级的偏差。

2) 发动机氢氧主路介质流速低，损失较小，其变化量对发动机性能的影响不大。同样，发动机混合比和推力对外部影响因素(压力、温度)的敏感度也不高。

3) 发生器燃气路的音速喷嘴和管路特性影响涡轮的燃气流量，本算例中基准状态下氢涡轮的燃气流量是氧涡轮流量的 2 倍多，在相同的氢、氧燃气路影响因素变化量下，发动机性能对氢路影响因素的敏感度高。

4) 对于双涡轮泵并联的发生器循环发动机来说，副系统液路流量的增量在两涡轮的燃气分配比例能够基本保持不变，由此使得发动机混合比对副系统液路影响因素的敏感度低；相反，燃气路影响因素决定氢、氧涡轮的做功能力，其变化量可同时对发动机混合比和推力产生影响。

在后续研制中要重点关注以下关键技术：

1) 补燃循环发动机启动关机过程控制技术。补燃循环发动机系统复杂，组件工作特性耦合程度高，发动机启动关机过程控制复杂度相比于燃气发生器循环大幅增加，调节发动机的启动工况、匹配发动机及其组件的工作协调性是需要重点突破的关键技术。通过发动机分系统试验、半系统试验和全系统短程试验，结合大量的数值仿真分析，分步研究启动关机控制过程。

2) 发动机总装结构技术。随着管路直径增大、压力提高，补燃氢氧发动机管路成型、密封、安装等难度显著增加。随着发动机功率水平大幅提升，结构动力学问题更加突出。须开展发动机总体布局优化设计、动力学控制、高压密封、管路补偿等技术研究。

3) 高压氢氧涡轮泵技术。在 SSME 和 RD－0120 发动机研制过程中，涡轮泵是故障最多、技术难度最大的组件。补燃发动机需要采用预压泵和多级主泵来满足高压要求。高转速涡轮泵优化、高公径值轴承、动密封、抗汽蚀诱导轮、转子动力学、预压涡轮泵等是其关键技术。

4) 补燃推力室技术。补燃推力室喷注器要保证液氧、高温富氢燃气、气氢 3 种工质在变推力范围内稳定高效工作，同时推力室热流密度显著增长，在研制中要解决大尺寸补燃推力室的燃烧稳定性和热防护问题。

5) 大范围变推力调节技术。通过半实物仿真实验、变推力调节试验等研究变工况调节控制技术、发动机及其组件对变工况和低工况的工作适应性。

6) 发动机材料及制造技术。大推力氢氧发动机要研究应用新材料、新的工艺制造方法；复杂结构件探索新的工艺方法提高产品合格率；机械加工制造探索研究新的工艺方法，以适应快速研制需求。

7) 补燃发动机试验技术。包括大推力补燃发动机真空点火和高模试验技术、高精度测试技术、发动机故障诊断及健康管理技术等。

习题

1. 与传统化石燃料相比，氢气燃烧的优缺点是什么？

2. 早燃、回火、爆燃等氢气的异常燃烧现象分别指什么？

3. 对于发动机，采用哪些措施可以避免氢气的异常燃烧？

4. 宝马 Hydrogen 7 内燃机汽车系统的主要组成有哪些？

5. 氢内燃机的理论循环包含哪些过程？

6. 氢内燃机汽车与氢燃料电池汽车相比，整车系统的特点有哪些？

7. 氢燃气轮机的结构组成有哪些？

8. 氢燃气轮机的简单理想循环包含哪些过程？

9. 哪些主要指标是评价一台燃气轮机设计和性能优劣的技术指标？

10. 海拔高的地方为什么不利于燃气轮机的工作？

11. 燃氢锅炉氢气燃烧器控制系统方面考虑了哪些安全设施？

12. "长征五号"运载火箭的主要结构有哪些？

13. "长征五号"运载火箭研制过程突破的关键技术有哪些？

14. YF－77 发动机系统由哪些部分构成？

15. YF－77 发动机系统的热防护方案是什么？

16. 哪些方面是氢氧火箭发动机后续研究的关键点？

17. 分析题：除了本书所涉及的氢能利用领域外，氢被用于锅炉和燃气灶等领域，请通过文献调研撰写相关领域的应用案例报告，详细论述设备原理、主要技术性能指标和安全性等。

第6章 燃料电池及其利用

燃料电池(Fuel Cell, FC)是一种直接将储存在燃料和氧化剂中的化学能高效地转化为电能的发电装置。输出的电能可以用于汽车、电子设备、家庭应用等,或者作为电网的备用电源。相比燃料直接燃烧释放的热能,燃料电池的电能转化不受卡诺循环的限制,转化效率更高,同时还具有燃料多样化、排气干净、噪声小、环境污染低、可靠性高及维修性好等优点。燃料电池是氢利用最重要的形式,通过燃料电池这种先进的能量转化方式,氢能源能真正成为人类社会高效清洁的能源动力。本章将对燃料电池的基本构造及工作原理进行简介,并对燃料电池在交通运输领域及其储能发电领域的利用进行扼要阐述。

6.1 燃料电池

6.1.1 燃料电池的基本构造

燃料电池的基本构造包括电极、电解质隔膜和双极板3部分。

(1)电极

在燃料电池中,电极上主要发生氧化和还原反应。燃料电池电极性能受诸多因素影响,如电极材料种类、电解质性能等。电极主要可分为阳极和阴极两部分,厚度一般为 $200 \sim 500$ mm。此外,由于气体(如氧气、氢气等)是燃料电池燃料和氧化剂的主要成分,因此电极多为高比表面积的多孔结构。这种结构一方面提高了燃料电池的实际工作电流密度;另一方面降低了极化,使燃料电池从理论研究阶段步入实用化阶段。目前,燃料电池按照工作温度的不同主要分为高温燃料电池和低温燃料电池。其中,高温燃料电池以电解质为关键组分,包括固体氧化物燃料电池(Solid Oxide Fuel Cell, SOFC)、熔融碳酸盐燃料电池(Molten Carbonate Fuel Cell, MCFC)等;而低温燃料电池则是以气体扩散层支撑薄层催化剂为关键组分,包括质子交换膜燃料电池(Proton Exchange Membrane Fuel Cell, PEMFC)、直接甲醇燃料电池(Direct Methanol Fuel Cell, DMFC)、磷酸燃料电池(Phosphoric Acid Fuel Cell, PAFC)、碱性燃料电池(Alkaline Fuel Cell, AFC)等。

(2)电解质隔膜

电解质隔膜主要用于分隔阳极与阴极,并实现离子传导,轻薄的电解质隔膜更有利于提高电化学性能。电解质隔膜构成材料主要分为两类:一类是多孔隔膜,它通过将熔融锂-钾碳酸盐、氢氧化钾与磷酸等附着在碳化硅膜、石棉膜及铝酸锂膜等绝缘材料上制成;另一类则是常规隔膜,其主要组成为全氟磺酸树脂(如PEMFC)及钇稳定氧化锆(如SOFC)。

（3）双极板

双极板是将单个燃料电池串联组成燃料电池组时分隔两个相邻电池单元正负极的部分。起到集流、向电极提供气体反应物、阻隔相邻电极间反应物渗漏及支撑加固燃料电池的作用。在酸性燃料电池中通常用石墨作为双极板材料。碱性电池中常以镍板作为双极板材料。采用薄金属板作为双极板，不仅易于加工，而且有利于电池的小型化。

6.1.2 燃料电池的基本工作原理

燃料电池的基本工作原理是通过阴、阳两极的电化学反应将燃料和氧化剂中的化学能转化为电能。当燃料电池工作时，阳极的燃料被氧化，发生氧化反应；阴极的氧化剂被还原，发生还原反应。总反应为阳极燃料与阴极氧化剂的氧化还原反应。图6-1所示为燃料电池的基本工作原理。

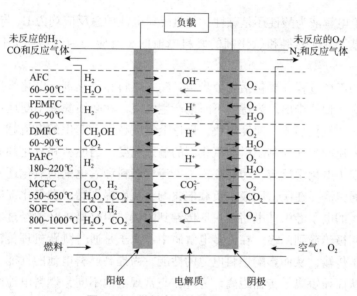

图6-1 燃料电池的基本工作原理

下面以最基本的氢氧燃料电池为例，详细描述燃料电池的基本工作原理。酸性氢氧燃料电池的电解液通常为硫酸溶液，阳极燃料为H_2，阴极氧化剂为O_2。如图6-2所示，氢氧燃料电池可分解为两个半电池反应。当燃料电池工作时，向阳极持续地通入H_2，在催化剂的作用下，H_2发生氧化反应失去电子变为H^+，生成的H^+进入电解液中，而电子则经外电路传输至阴极。在阴极一侧不断地通入O_2，在催化剂作用下，O_2得到阳极流出的电子发生还原

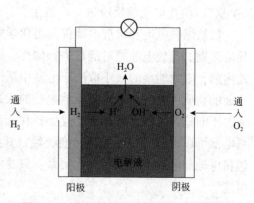

图6-2 氢氧燃料电池的基本工作原理

反应，并与电解液中的H^+结合生成水。因此，酸性氢氧燃料电池的基本反应表示为：

$$阳极反应：H_2 \longrightarrow 2H^+ + 2e^- \qquad\qquad (6-1)$$

$$阴极反应：\frac{1}{2}O_2 + 2H^+ + 2e^- \longrightarrow H_2O \qquad\qquad (6-2)$$

$$总反应：\frac{1}{2}O_2 + H_2 \longrightarrow H_2O \qquad\qquad (6-3)$$

碱性氢氧燃料电池的电解液通常为 KOH 溶液，电解液中传递的则为 OH^-。阴极通入的 O_2 得到电子被还原，然后与电解液中的水反应生成 OH^- 进入电解液。阳极 H_2 失去电子被氧化并与电解液中的 OH^- 反应生成水。具体反应方程式为：

$$阳极反应：\qquad H_2 + 2OH^- \longrightarrow 2H_2O + 2e^- \qquad\qquad (6-4)$$

$$阴极反应：\qquad \frac{1}{2}O_2 + H_2O + 2e^- \longrightarrow 2OH^- \qquad\qquad (6-5)$$

$$总反应：\qquad \frac{1}{2}O_2 + H_2 \longrightarrow H_2O \qquad\qquad (6-6)$$

因此，无论电解液为酸性还是碱性，氢氧燃料电池的总反应均为 H_2 与 O_2 的氧化还原反应。同理，基于其他燃料和氧化剂的燃料电池的总反应均为燃料与氧化剂的氧化还原反应。

燃料电池的工作过程主要包括 4 个步骤：输入燃料和氧化剂、电化学反应、离子及电子的传输和反应产物的排出。为持续不断地产生电流，就必须源源不断地输入燃料和氧化剂。此外，燃料和氧化剂输入速度越快，理论上反应越多，产生的电流越大。因此，必须根据实际输出电流的需求控制燃料和氧化剂的输入速度。当燃料和氧化剂分别输送到阳极和阴极后，会发生电化学反应。为提高输出电流，燃料和氧化剂的氧化还原反应需要快速进行。因此，通常需要在阴、阳极上负载催化剂，从而提高燃料和氧化剂的氧化还原反应速率。阳极产生的电子经由外电路很快地传输到阴极，但是离子必须经过电解液从阳极传输到阴极或从阴极传输到阳极。在许多电解质中，离子是通过跳跃机理传输的，显然离子传输要慢于电子传输，从而影响燃料电池的性能。为提高燃料电池的性能，电解质的厚度应尽可能薄，从而缩短离子传输距离。另外，与常规电池不同，燃料电池中燃料和氧化剂反应的生成物必须及时排出。否则，它们会在燃料电池内部不断累积，最终造成电池的"窒息"，阻止电化学反应进一步发生。

虽然燃料电池和常规电池都是将化学能转化为电能，但是燃料电池与常规电池存在明显的区别。常规电池是对能量进行储存，活性物质是其重要组成部分，其反应物存在于电池内部，电池能量的大小取决于电池中活性物质的数量。此外，在常规二次电池中，放电生成的物质可通过充电恢复至放电前的状态，是一种可逆的电化学储能装置。而燃料电池需要不断输入燃料和氧化剂，且燃料和氧化剂反应的生成物需要排出电池体系。因此，燃料电池可以理解为一种能量转换装置，其能量取决于输入的燃料和氧化剂数量。理论上，燃料电池和电池本身没有太大关系，只要能不断地输入燃料和氧化剂，就可以不断地产生电能。

6.1.3 燃料电池的种类

燃料电池可按照其工作温度或电解质分类，也可按照其所使用的原料来分类。燃料电池的电解质决定了电池的操作温度和在电极中使用何种催化剂，以及对燃料的要求。此处按燃料电池的电解质将其分为：碱性燃料电池（AFC）、质子交换膜燃料电池（PEMFC）、直接甲醇燃料电池（DMFC）、磷酸燃料电池（PAFC）、熔融碳酸盐燃料电池（MCFC）和固体氧化物燃料电池（SOFC）。

（1）AFC

在 AFC 中，浓 KOH 溶液既作为电解液，又作为冷却剂。它起到从阴极向阳极传递 OH^- 的作用。电池的工作温度一般为 80℃，并且对 CO_2 中毒很敏感。AFC 的工作原理如图 6-3 所示。

（2）PEMFC

PEMFC 又称为固体聚合物燃料电池（SPFC），一般在 50~100℃下工作。电解质是一种固体有机膜，在增湿情况下，膜可传导质子。一般需要用铂做催化剂，电极在实际制作过程中，通常把铂分散在炭黑中，然后涂在固体膜表面上。但是铂在这个温度下对 CO 中毒极其敏感。CO_2 存在对 PEMFC 性能影响不大。PEMFC 的工作原理如图 6-4 所示。

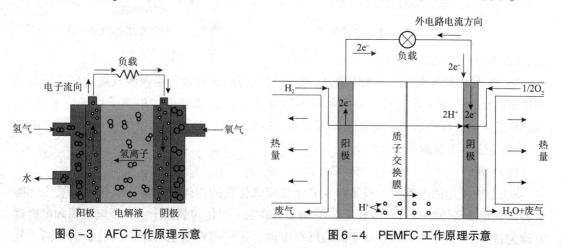

图 6-3　AFC 工作原理示意　　　　　图 6-4　PEMFC 工作原理示意

（3）DMFC

DMFC 是一种基于高分子电解质膜的低温燃料电池，其基本结构和操作条件与 PEMFC 类似，所不同的主要是燃料，在 DMFC 中，将甲醇直接供给燃料电极进行氧化反应，而不需要进行重整将燃料转化为 H_2。相比较以 H_2 为原料的 PEMFC，以甲醇为原料有一系列优势。甲醇能量密度高，同时原料丰富，可通过甲烷或是可再生的生物质大量制造。在 DMFC 中，甲醇通常是以水溶液的形式供给，因此 PEMFC 中对电解质膜的湿润也不再成为问题，能大大降低水管理的难度。DMFC 的工作原理如图 6-5 所示。

（4）PAFC

PAFC 工作温度为 200℃左右。通常电解质储存在多孔材料中，承担从阴极向阳极传递氢氧根。PAFC 常用铂做催化剂，也存在 CO 中毒问题。CO_2 存在对 PAFC 性能影响不大。PAFC 的工作原理如图 6-6 所示。

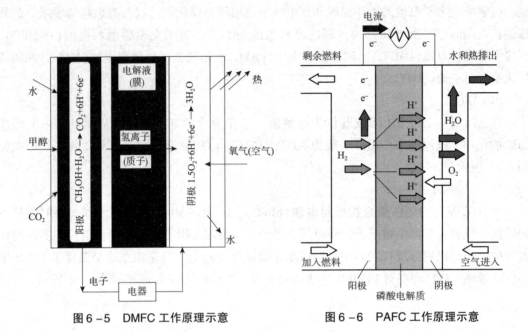

图 6-5　DMFC 工作原理示意　　　　　图 6-6　PAFC 工作原理示意

（5）MCFC

MCFC 使用碱性碳酸盐作为电解质，它通过从阴极到阳极传递碳酸根离子来完成物质和电荷的传递。在工作时，需要向阴极不断补充 CO_2 以维持碳酸根离子连续传递过程，CO_2 最后从阳极释放出来。电池工作温度在 650℃ 左右，可使用镍做催化剂。MCFC 的工作原理如图 6-7 所示。

（6）SOFC

SOFC 中使用的电解质一般是掺入氧化钇或氧化钙的固体氧化锆，氧化钇或氧化钙能够稳定氧化锆晶体结构。固体氧化锆在 1000℃ 高温下可传递氧离子。由于电解质和电极都是陶瓷材料。MCFC 和 SOFC 属于高温燃料电池。这种燃料电池对原料气的要求不高，从而燃料 H_2/CO 能连续输入电池中。另外，燃料的处理过程可直接在阳极室中进行，如天然气重整化。SOFC 的工作原理如图 6-8 所示。

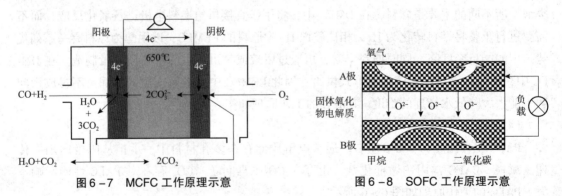

图 6-7　MCFC 工作原理示意　　　　　图 6-8　SOFC 工作原理示意

燃料电池的主要工作参数及应用情况见表 6-1。

表6-1 不同种类燃料电池的主要工作参数及应用

类型	燃料	氧化剂	电解质	工作温度/℃	应用
AFC	纯氢	纯氧	KOH	50~200	航天、特殊地面应用
PEMFC	氢气、重整氢	空气	全氟磺酸膜	室温~100	电动车、潜艇、可移动动力源
DMFC	甲醇等	空气	全氟磺酸膜	室温~100	微型移动电源
PATC	重整气	空气	磷酸	100~200	特殊需求、区域性供电
MCFC	净化煤气、天然气、重整气	空气	$(Li,K)_2CO_3$	650~700	区域性供电
SOFC	净化煤气、天然气	空气	$ZrO_2:Y_2O_3$	600~1000	区域性供电、联合循环发电

6.1.4　燃料电池的特点

与传统的火力发电、水力发电和原子能发电等技术相比，燃料电池展现出众多优势，具体如下：

（1）能量转换效率高

燃料电池是一种可直接将燃料的化学能转化为电能的装置，在工作过程中不会发生如传统火力发电机那样的能量形态变化，因此极大地降低了中间转换损失，具有很高的能量转换效率。就目前发展现状而言，火力发电和原子能发电具有30%~40%的效率，温差电池具有10%的效率，太阳能电池具有20%的效率，而燃料电池系统的燃料-电能转换效率高达45%~60%，比其他大部分系统都高。从理论上看，燃料电池无燃烧过程，不受卡诺循环的约束，燃料化学能转化为电能和热能的效率高达90%。

（2）组装和操作方便灵活

燃料电池可通过串并联组成燃料电池堆，满足不同的功率需求，具有运行部件少、占地面积小和建设周期短等诸多优势。因此，燃料电池更适合集中电站和分布式电站的建立，在电力工业领域受到广泛关注与应用。

（3）安全性高

在使用内燃机、燃烧涡轮机的传统发电站中，转动部件失灵、核电厂燃料泄漏事故近几年时有发生。与这些发电装置相比，燃料电池采用模块堆叠结构，运行部件较少且易于使用和维修。此外，当燃料电池负载变动较大时，其展示出高的响应灵敏度，当过载运行或低于额定功率运行时，燃料电池效率基本不变。基于这种优异的性能，燃料电池在用电高峰期仍能满足人们的生产生活需求。

（4）环境友好

纯氢型燃料电池的排放物仅为水蒸气，使用化石燃料的燃料改质型燃料电池也不排放NO_x、SO_x以外的有害物质。也就是说，燃料中含有的硫份在脱硫器中被除去，改质器内改质反应所需的热由燃烧器内燃烧电池中的氢供给。由于氢的稀薄燃烧温度较低，因此产生的NO_x极少。燃料中含有的碳在改质过程中变成CO_2被排出。另外，燃料电池属于静止型发电装置，除鼓风机和泵以外没有其他可动部分，因此没有振动且低噪声。

(5)可弹性设置，用途广

燃料电池的电池组由很薄的电池模块层组堆积制成。因为一枚模块的电压仅为 0.7 ~ 0.8V，所以这种电池组通常由数十至数百枚模块串联成层组构成。因此，发电系统的容量通过自由的改变模块数、电极的有效面积和层组数，可以制成数瓦级的移动电子设备用电源，还能达到商业用或电力用的兆瓦级发电设备。

(6)供电可靠性强

燃料电池既可以输电网络为载体，又可单独存在。若在较为特殊的场合下采用模块化的设置，可在很大程度上提高燃料电池的供电稳定性。

(7)燃料多样性

燃料电池所需的燃料种类繁多：一类是初级燃料(如天然气、醇类、煤气、汽油)，另一类是需经二次处理的低质燃料(如褐煤、废弃物或者城市垃圾)。目前，以氢气为燃料气的燃料电池系统通常采用燃料转化器(又称重组器)，将烃类或醇类等燃料中的氢元素提取出来投入使用。此外，燃料电池的燃料也可来源于经厌氧微生物分解、发酵产生的沼气。如果将可再生能源(如太阳能和风能)电解水产生的氢气作为燃料电池的燃料气，便可实现污染物完全零排放，源源不断的燃料供给使燃料电池可以不间断地产生电力。

虽然燃料电池具有非常广阔的应用前景，但也存在较多瓶颈，尤其是在价格和技术上：

1)制造成本高。例如，在车用 PEMFC 中，质子交换膜的成本约为每平方米 300 美元，其比例占燃料电池总成本的 35%，而且铂金属催化剂的成本所占比例为 40%；这使得整车制造成本大大提升。

2)反应/启动速度慢。与传统的内燃机引擎启动速度相比，燃料电池的启动速度慢。若要加快启动速度，可通过提高电极活性和电池内部温度、控制电池反应参数等实现。此外，为了维持燃料电池反应的稳定性，需要在很大程度上减少副反应。然而，燃料电池的反应性高和稳定性好通常是不可共存的。

3)不能直接利用碳氢燃料。一般情况下，燃料电池不能直接利用碳氢燃料作为燃料气，必须经过燃料转化器、一氧化碳氧化器处理，才能将燃料转化为可供利用的氢气，因此燃料电池的使用成本大大增加。

4)氢气基础建设不足。虽然氢气已经在世界范围内被广泛使用，但其制备、灌装、储存、运输和重整的过程仍十分复杂。目前全世界的加氢站数量稳步增加，但依然处于示范推广阶段，因此需要建立更多标准且实用的氢气供给系统。

5)密封要求高。燃料电池组由多个单体电池串并联组装而成，若密封未达到要求，燃料电池中的氢气会发生泄漏，使得燃料电池中的氢燃料供给不足，最终降低燃料电池的输出功率和利用率，甚至会引起氢气燃烧事故。

6.2 燃料电池在交通运输领域的利用

氢作为重要的能源载体，将会通过燃料电池应用于未来的交通领域。它可以作为汽车、公共汽车、火车、船舶、飞机等交通工具和重卡、叉车、铲车等的动力源。而汽车将是开发的重点。

6.2.1 燃料电池车辆的原理

（1）燃料电池车的工作原理

燃料电池车(Fuel Cell Vehicles，FCV)是利用燃料电池发出的电力驱动电动机，带动汽车行驶，是一种电动汽车。其工作时，由车载氢气和外部空气供应给燃料电池，燃料电池发电带动电动机驱动汽车。燃料电池车会产生极少的 CO_2 和 NO_x，副产品主要是水，因此被称为绿色新型环保车。燃料电池车的续驶里程取决于车上所携带的氢的量，燃料电池车的行驶特性主要取决于燃料电池动力系统的功率。

（2）燃料电池车的主要系统

燃料电池车和电动车相似，主要区别在于用燃料电池发动机代替动力电池组、附加供氢系统、动力系统、氢安全系统。下面介绍燃料电池车的上述系统及关键部件。

1）燃料电池发动机

燃料电池发动机是燃料电池的核心部件，其系统示意如图6-9所示。主要组成部分包括燃料电池堆、供气系统和水热管理系统。

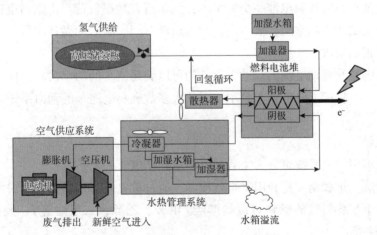

图6-9 燃料电池发动机系统示意

从图6-9中可以看到，储氢瓶中的高压氢气和由空气压缩机提供的空气经加湿器进入燃料电池堆，在那里发电，空气尾气直接放空，氢气尾气回氢循环系统。可见氢气利用率很高。当大功率燃料堆发电时，大约有相等的能量变成热能，所以需要有冷却水系统，保持燃料电池堆在80℃左右。由于运行过程中，碳材料为主体的燃料电池堆有各种离子溶解于水，使水的电导率增大，这些水又贯穿电堆的每块单电池，可能给电池堆造成短路。因此对冷却水的要求很严格，通常系统中都用离子交换树脂处理水。

由于燃料电池发动机的功率很大，一般要几十瓦到数百千瓦，因此通常用几个电堆，经过串联或并联，使之互相连接起来，提供汽车所需的功率。

2）动力系统

燃料电池车的动力系统结构有多种，目前主要有 2 种类型：纯燃料电池动力系统和燃料电池加辅助动力的混合型动力系统（见图 6-10）。

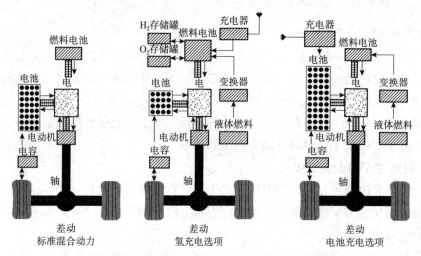

图 6-10　燃料电池加辅助动力的混合型动力系统

纯燃料电池车只有燃料电池一个能量源，汽车所有功率负荷都由燃料电池承担。这种结构中燃料电池的额定功率大，成本高，对冷启动时间、耐启动循环次数、负荷变化的响应等均提出了很高要求。

采用燃料电池和辅助电池的双动力源结构可以满足汽车的功率需求，使整车能量效率最佳，并可在一定程度上降低整车成本。因此大多数燃料电池车的动力系统目前都使用这种结构。

3）燃料系统

燃料电池车用供氢系统可分为车载制氢和车载储氢 2 大类。

①车载制氢。车载制氢是利用燃料处理器，通过重整或部分氧化等方式由碳氢燃料中得到氢。适合于车载制氢的燃料可以是醇类（甲醇、乙醇、二甲醚等）、烃类（柴油、汽油、LPG、甲烷等）。

用于车载重整制氢的系统目前还存在一些问题。首先，车辆行驶的动态过程对燃料的供应要求很高。汽车加速或上坡时，需要加大氢气供应量，而低速或等待交通信号时，则用很少的氢气，这就需要重整器具有极好的动态响应特性，这对于重整器而言很难实现。其次，目前使用的燃料电池大多数采用质子交换膜燃料电池，其对燃料氢的要求极为苛刻，如 CO 含量要少于 5×10^{-6}，对于 SO_2 的要求要到 10^{-9} 级，加大了重整器的难度。由于以上两点，原本在地面上已经工业化的醇类重整制氢技术遇到了难题。

②车载储氢。目前，氢气储存可通过高压气态储氢、低温液态储氢、有机液态储氢和金属氢化物储氢 4 类方式实现。其中，车载储氢主要采用高压气态储氢和低温/有机液态储氢（见表 6-2）。储氢罐取代传统汽车中的内燃机，放置在相应位置上，如底盘中部或后排座椅下方，这样在保障安全的同时也节省了空间。

表6-2 不同储氢方式的对比

储氢方式	储氢质量密度/%(质量分数)	储氢体积密度/(g/L)	应用领域
高压气态储氢	4.0~5.7	约39	大部分氢能源应用领域,如化工、交通运输等
低温液态储氢	>5.7	约70	航天、电子、交通运输等
有机液态储氢	>5.7	约60	交通运输等
金属氢化物储氢	2~4.5	约50	军用(潜艇、船舶等)、其他特殊用途

典型的燃料电池氢气系统如图6-11所示,车载高压氢气储存供应系统由储氢瓶组、压力表、滤清器、减压器、单向阀、电磁阀、手动截止阀及管路等组成。高压气瓶均置车顶,既节省空间也增加安全性。

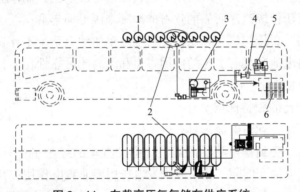

图6-11 车载高压氢气储存供应系统

1—储气瓶组;2—车顶控制气路;3—压力表;4—滤清器;5—减压器;6—燃料电池

氢气储罐通用铝内胆,外缠碳纤维的高压氢气瓶,使用压力可达到35MPa,其尺寸从小到大有很多规格,燃料电池公共汽车使用直径约0.4m,长约2m的大罐,而燃料电池家用汽车则根据车座下面的空间而灵活设计储罐尺寸。

4)安全系统

燃料电池车氢安全系统包括氢供应安全系统、整车氢安全系统、车库安全系统和其他措施。

①氢供应安全系统。整车的氢供应系统在储氢瓶的出口处设有过电流保护装置,当管路或阀件产生氢气泄漏使氢气流量超过燃料电池发动机需要最大流量的20%时,过电流保护装置会自动切断氢气供应;在储氢瓶的总出口设计有一个电磁阀,当整车氢报警系统的任意一个探头检测到车内的氢浓度达到报警标准时,将通知司机切断供氢的电磁阀。

②整车氢安全系统。整车氢安全电气控制系统包括氢泄漏监测及报警处理系统。一般氢泄漏监测系统由安装在车顶部的储氢瓶舱、乘客舱、燃料电池发动机舱及发动机水箱附近的4个催化燃烧型传感器和安装在车体下部的1套监控器组成,传感器实时检测车内的氢浓度,当有任何一个传感器检测到的氢浓度超过氢爆炸下限(空气中的氢浓度为4%体积浓度)的10%、30%和50%时,监控器会分别发出Ⅰ级、Ⅱ级、Ⅲ级声光报警信号,同

时通知安全报警处理系统采取相应的安全措施。

③氢气传感器。氢气传感器用来监测进入燃料电池的氢气流中氢含量和纯度，理想情况下，氢中应含一些水以防燃料电池元件失灵，同时不能有 CO 和磷。

（3）燃料电池车的优势

1）与传统汽车相比的独特优点

与传统汽车相比，以质子交换膜为代表的燃料电池车主要优点在于：

①环保性好。燃料电池车在行驶过程中只产生水，并不会像传统汽车那样产生大量的碳氧化物、氮氧化物等污染物质。此外，燃料电池车使用的燃料氢气可通过一些较为环保的方式制取，如生物质制氢、太阳能制氢等。

②能源效率高。燃料电池所产生的动力并不会经过热机过程，这在很大程度上减少了热释放和热能损失，使得能量转化效率大幅提高，是普通内燃机的 2～3 倍。

③燃料来源丰富。燃料电池车所需用的燃料氢气来源广泛，制取方法多样，是一种清洁的二次能源。相对于传统汽车所需的化石能源其来源更加丰富。

④乘坐舒适度高。与传统汽车相比，燃料电池车的动力系统不存在机械振动和热辐射等问题，这使得燃料电池车具有更长的使用寿命和更高的可靠性，而且保证燃料电池车在运行时更加平稳，更加舒适。

2）与纯电动车相比的独特优点

与纯电动汽车相比，燃料电池车具有以下优点：

①驾驶里程更长。受到蓄电池的限制，纯电动汽车的续驶里程只有 100～200km，而燃料电池车所用燃料电池在实际工作时起到发电作用而非蓄电作用，其续驶里程取决于储氢罐中氢的容量。而由于氢的能量密度要远高于当前商业化的锂离子电池，5kg 的氢气大约可支持燃料电池汽车连续行驶 400km 以上。而且燃料电池相对于锂离子电池要轻得多，因此燃料电池具有更长的驾驶里程。

②充能更快。与传统汽车充能方式相同，燃料电池车也以补充燃料氢气的形式进行续航使用。有报道称，几分钟的加氢过程就能供给燃料电池车行驶 400km。与纯电动汽车的充电速度相比，燃料电池车更能满足现代人快节奏生活需求。简单快速的充能方式也降低了对加氢设施建设密度的要求，大大降低了燃料电池车的推广成本。

③电池安全性高。燃料电池工作时基本不会产生热辐射，这在很大程度上降低了因电池过热而产生爆炸的安全问题。燃料电池车的安全性能甚至与传统汽车相当。

④更加环保。燃料电池的构成材料没有毒性，其生产、使用及回收过程中也不会产生对环境有害的物质。因此，从燃料电池的全生命周期来讲，其基本不会对环境产生污染。

（4）燃料电池车的发展难点

燃料电池车作为一个完全创新型、革命性的技术产品，它还存在以下不足之处。

1）发动机技术性能较差

①由于燃料电池的功率密度较低，限制了燃料电池发动机的输出功率，使得其动态响应较慢，特别是在加速或爬坡时，发动机无法及时提供大功率的需求，影响汽车的正常使用。

②燃料电池发动机耐久性较差。美国能源部制定的、可满足正常使用的 2030 年燃料

电池发动机使用寿命目标为25000h，而目前实际使用的燃料电池车都无法满足这一要求。

③燃料电池发动机的环境适应性较差。燃料电池车在低温环境下的启动较为困难，无法满足汽车的正常使用。

2）系统可靠性较差

燃料电池是由成百上千的单体电池聚成一体构成的电池堆，其对于单体电池的质量及安装时的操作都有很高的要求。当单体电池受到某些外部因素（如水、热、压力变化）影响或电池内部出现问题时，都会影响电池堆，进而导致发动机无法正常工作。此外，燃料电池发动机的结构也非常复杂，由许多不同的部件或单元组成，如果这些零件不能很好地匹配，也将影响燃料电池车的运行。

3）燃料电池车制造成本高

由于燃料电池的价格较高，尤其是质子交换膜燃料电池，铂金属催化剂和质子交换膜都非常昂贵，所以，燃料电池车的制造成本要远高于传统汽车。

4）配套设施不完全

作为一种新型的汽车类型，燃料电池车的基础设施与现有的汽车都不相同。这是一个非常庞大而又复杂的系统，这些配套设施的建设也将是一个漫长的过程。

6.2.2　燃料电池车辆

（1）燃料电池家用汽车

1）PEMFC家用汽车

PEMFC可将电极中的氢燃料和氧气通过化学反应产生化学能，进而转化成电能对燃料电池汽车进行能量供给。PEMFC具有较高的能量转换效率（60%～70%）、较好的耐低晶性、快速运行的启动模式、良好的使用稳定性和环境友好性等优点，被业界公认为未来燃料电池汽车的最佳能量来源。当前研发的燃料电池汽车对质子交换膜燃料组（堆）的电压要求达到350～400V、功率达到30～200kW。从投入市场的PEMFC家用汽车的性能来看，其运行可靠性、环境适用性和续航里程等方面均已达到与传统内燃机汽车相媲美的水平。然而，燃料电池家用汽车商业化进程依旧受到限制，其主要原因在于：燃料电池寿命有限、燃料电池系统成本高昂和燃料电池汽车配套的基础设施（加氢站等）不发达等。

2）固体氧化物燃料电池家用汽车

与PEMFC相比，SOFC可选燃料气体种类很多，醇类和烃类等均可作为燃料。该燃料电池无须使用昂贵的铂类催化剂，全固态结构也避免了液体燃料渗透和腐蚀等问题，因此SOFC被认为是一种有希望得到推广应用的燃料电池。2001年2月，由BMW与Delphi Automotive System Corporation合作推出的第一代SOFC作为辅助电源系统的燃料电池汽车在慕尼黑问世，其功率为3kW，电压输出为21V，其燃料消耗比传统汽车降低46%。但目前SOFC存在诸多缺点，如工作温度高、启动时间长、高温对材料性能要求高、电池部件成本较高、需要额外注意系统密封和热管理等问题。

3）甲醇重整燃料电池家用汽车

甲醇重整燃料电池发电机需先将甲醇气体重整至较低热值燃料气再燃烧供能，其工作原理与氢燃料电池汽车类似，区别在于储氢罐需换成甲醇重整器。甲醇和水的混合液在甲醇重整器内部混合后，利用重整器将其转化为富氢重整气，再将其输入膜电极电堆中参与发电，从而给整个汽车系统供能。甲醇重整燃料电池家用汽车(见图 6 - 12)采用甲醇重整气替代储氢罐，汽车的商业成本与甲醇混合液成本及供应源密切相关。目前纯氢燃料电池汽车的制氢成本约为 2 元/(kW·h)，而甲醇混合液成本最低为 0.9 元/(kW·h)。在燃料成本方面，甲醇重整燃料电池汽车占有较大优势。另外，甲醇加注站的建设成本

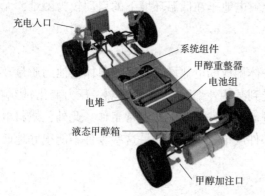

图 6 - 12　甲醇重整燃料电池家用汽车结构示意

更低，基于国内甲醇生产量和甲醇加注站远多于加氢站的现状、甲醇重整燃料电池汽车在未来具有更加广阔的发展前景。

(2)燃料电池公共汽车

与燃料电池家用汽车相比，燃料电池公共汽车需要更大的输出功率(150kW 左右)，需要车载更大量的氢燃料(20kg 以上)。通常可以选择将氢气罐置于公共汽车顶部。顶部空间充足的燃料电池公共汽车无须使用 70MPa 的高压储氢罐来减少空间，一般采用 35MPa 的高压储氢罐即可，该压力下储氢罐的成本和价格更低。此外，由于氢气比空气的密度小，一旦发生爆炸、气流向上走，因此在公共汽车顶部位置安装储氢罐相对较安全。自 2008 年起，世界各大汽车厂商相继研发和推出燃料电池公共汽车(见图 6 - 13)，并在日本、英国、美国、韩国和中国等国家展示和使用。与传统的柴油公共汽车相比，燃料电池公共汽车最大的优点是零排放、这对于污染严重和人口密集的城市尤为重要。

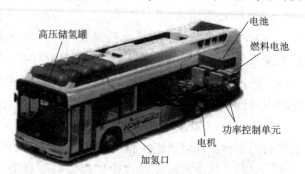

图 6 - 13　丰田公司的燃料电池公共汽车 FCHV - BUS2

(3)燃料电池重型卡车

由于重型卡车(简称重卡)应用场景特殊，如港口码头、干线物流等，往往载重量大、路线固定、运输距离较远。虽然纯电动物流货运车已经占据市场先机，但是由于锂离子动力电池的能量密度低，导致纯电动重卡续航里程短，限制其发展。而燃料电池能量密度高、绿色环保、续航里程长，因此更适合负载大、行驶距离远的运输领域的重型卡车(见图 6 - 14)。且因重卡整车质量重，需要高功率高扭矩输出，所以燃料重卡多为混合型动力结构，混合型燃料电池电动卡车除了燃料电池动力系统外，还配备蓄能装置协助提供动力及回收制动能量来弥补燃料电池动态响应慢的不足。

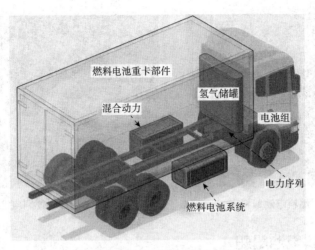

图6-14 燃料电池重型卡车

（4）燃料电池多功能车

除了家用汽车和公共汽车外，还有相当一部分多功能车（如物料搬运车、机场地勤牵引车、机场摆渡车、高尔夫球车、草坪维护车和叉车等）也开始采用燃料电池技术。通常情况下，这类多功能车使用铅酸电池。尽管铅酸电池成本低廉、技术成熟，但其存在充电时间长、维修困难等缺陷。在使用燃料电池供能后，多功能车运营成本降低、维修需求减少、运营时间增长。

在多种多功能车中，燃料电池技术在物料搬运设备（如叉车，见图6-15）中具有较为广阔的应用前景。燃料电池可以降低操作和维护叉车设备的成本，不需要定期长时间充电、加水和更换维修部件等日常维护，通常仅需短时间充燃料气体即可，大幅度提高了仓库操作的工作效率（30%～50%）。

图6-15 燃料电池叉车

（5）燃料电池摩托车和自行车

摩托车和自行车因成本低廉、占地空间小、使用方便等优点在我国等发展中国家占据较大的市场份额。日本本田汽车公司已经在燃料电池摩托车领域申请了诸多专利。设计中将原有的油箱、引擎部分换为1.6kW的燃料电池及其控制器等，座椅下方安装氢燃料罐并配置相关系统。燃料电池摩托车（见图6-16）具有续航里程长、轻便、安全无污染等优势。类似的配置系统也能运用到自行车中，从而设计出燃料电池自行车（见图6-17）。虽然燃料电池摩托车和自行车有很多优点，但目前燃料电池成本较高，车载储氢量不够，加氢站等基础设施尚未普及，这些问题亟待企业和科研单位进一步研究和解决。

图 6-16　燃料电池摩托车

图 6-17　燃料电池自行车

6.2.3　燃料电池船舶

全世界范围 14% 的 NO_x 和 70% 的 SO_2 是由海船排放的，为了消除海洋污染和有效地减少碳排放，开发无污染的燃料电池船舶非常有必要。

（1）燃料电池动力船舶

2018 年 6 月，美国金门零排放海洋公司宣布开始打造世界上第 1 艘氢燃料电池客轮（Water - Go - Round），以此为全球海上污染问题提供新的解决方法。该船舶由双 300kW 电动机提供船舶运行动力，360kW 的 Hydrogenics 质子交换膜燃料电池和锂离子电池组共同产生电力，采用挪威海克斯康公司（Hexagon Composites）的储氢罐并配有意大利萨莱里公司（OMB - Saleri）的阀门和硬件，可以提供足够整船运行 2d 的氢燃料。这艘船舶已于 2020 年成功下水，该项目的成功向世界展示了氢燃料电池在商业海运中的优势和前景。

（2）燃料电池潜艇

德国霍瓦兹船厂是潜艇的专业厂家。1990 年，该厂在 209 级 1200 型潜艇的基础上研制了 212 型潜艇。这是世界上第一型装备燃料电池（AFC）的 AIP 潜艇。此后，该厂在 212

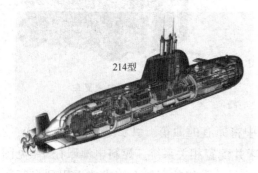

图 6-18　214 型 AIP 潜艇

型潜艇的基础上又研制了 214 型燃料电池动力系统潜艇，如图 6 - 18 所示。该潜艇装备了 2 组 120kW 质子交换膜燃料电池单元，氢源也采用金属储氢方案，总输出功率可达到 240kW，其水下潜航时间达到 21d。在 214 型潜艇之后，德国开始设计大吨位潜艇，以满足世界更多国家海军的需求，提出了 216 型潜艇的设计理念，采用锂离子电池和甲醇重整制氢燃料电池 AIP 系统混合推进，其系统输出功率可达到 500kW，水下潜航时间延长至 80d 以上。

6.2.4　燃料电池机车

法国铁路制造商阿尔斯通在 2018 年生产了第 1 辆氢燃料电池动力列车，并在德国下萨克森州投入商业运营(见图6-19)。该列车最高时速达到140km/h，最高行驶里程达到1000km。该列车加氢仅需15min且功率转化率高，运行使用过程便捷无污染。沿途流动式加氢站为列车提供充足的燃料。可确保列车长时间不间断运行。这使得燃料电池动力列车成为最实用和最环保的交通运输方式之一。

图6-19　氢燃料电池动力列车

6.2.5　燃料电池飞机

燃料电池无人机具有绿色环保、低工作温度、低噪声、维护方便等特点，非常适用于环境监测、战场侦察等领域。美国国家航空航天局设计并制造出燃料电池驱动的无人驾驶飞机"太阳神"(Helios)，该无人机同时配备了太阳能电池作为辅助动力系统，如图6-20所示。这架飞机在2001年8月缔造世界飞行高度的纪录，飞抵32160m高空。"太阳神"号外形是1个飞行翼，长82m，由前面至后面只有2.6m。2名飞行员在地面可以利用手提计算机遥控它。

2009年7月，世界第1架有人驾驶的燃料电池动力飞机在德国首飞成功，如图6-21所示。这架"安塔里斯"(Antares)DLR-H_2型机动滑翔机可连续飞行5h，航程达到750km。该飞机使用的燃料电池动力系统通过氢气和空气中的氧气发生化学反应产生电能，反应产物只有水，没有温室气体产生，燃料电池生产氢燃料的过程也能够使用可再生能源，使得这种飞机实现真正的零排放。

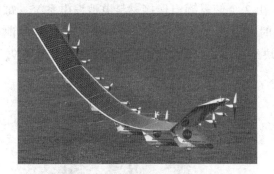

图6-20　无人驾驶飞机"太阳神"

图6-22　以燃料电池系统为动力
电源的有人驾驶燃料电池试验机

图6-21　"安塔里斯"DLR-H_2型机动滑翔机

2017年初，我国首架有人驾驶且以燃料电池系统为动力电源的试验机试飞成功，如图6-22所示。它采用国产20kW氢燃料电池为动力电源，配合小容量辅助锂电池组，储氢方式为机载35MPa氢储罐。这是我国燃料电池技术在航空领域应用的重大进展，也使我国成为除美国和德国外第3个掌握该项技术的国家。

6.3 燃料电池在储能发电领域的利用

6.3.1 固定式燃料电池发电

固定式燃料电池发电可应用于移动通信基站、家庭或者楼宇供电系统、野战医院、自然灾害应急电源等领域。不同类型的燃料电池均被尝试应用于固定式燃料电池发电系统，包括质子交换膜燃料电池、固体氧化物燃料电池、磷酸型燃料电池等。

（1）移动通信基站用燃料电池发电

当前，多数移动通信基站采用柴油发电机和铅酸电池作为备用电源。柴油发电机有安装条件受限及环境污染等问题；而铅酸电池能量密度过低，且因含重金属铅和硫酸，在制造和回收过程中有污染问题，因此均不适用于基站备用电源系统。燃料电池电源系统具有能量密度高、环境友好、过载能力强、比传统电池寿命长、可靠性高、易维护、运行维护费用低等优势，被认为是移动通信基站备用电源的理想选择。按照当前移动通信基站分布的密集程度，功率 3～5kW 的燃料电池即可完全满足基站备用电源的需求。

德国建立的新型自给式移动通信基站如图 6－23 所示。其供能系统包含光伏发电设备、风力发电设备、燃料电池发电系统和蓄电池储能系统等。当太阳能和风能发电量不足，且蓄电池的充电状态降低至低于配置值时，发电系统启动氢燃料电池设备发电，因此氢燃料电池被作为备用能源来保障移动通信基站持续可靠的运行。采用 Jupiter 公司生产的氢燃料电池发电设备，总额定功率为 40kW。由 2 个储氢罐组连接燃料电池发电系统，每组有 12 个高压储氢罐，当燃料电池单独供电时可以确保系统持续运行至少 5d。燃料电池发电系统由控制器、燃料电池模块和储能模块组成。每个燃料电池单元输出电压为 48V，输出功率为 2kW。

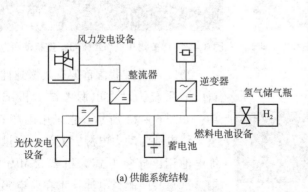

(a) 供能系统结构   (b) 燃料电池发电系统

图 6－23 德国开发的新型自给式移动通信基站的供能系统结构及其燃料电池发电系统

这一新型自给式移动通信基站供能系统的电能供应数据统计表明，燃料电池年发电量仅占系统总量的8%，不是系统供电的主电源。但是除了风机在一次大雪中出现故障外，该供能系统能够保障通信基站的持续稳定运行，其可靠性相对于多数其他类型的离网供电系统提高很多，同时对环境的影响非常小。

(2)燃料电池冷热电联供系统

美国、英国、加拿大和澳大利亚等国频繁发生的大规模停电事故给世界敲响了警钟，人们逐渐认识到传统的供电技术存在严重的技术缺陷。而以燃料电池为基础的冷热电联供系统具有安全可靠、效率高、分散度高和灵活性强等特点，得到大规模的研究和开发。随着燃料电池技术、微型燃机技术、吸收和吸附式制冷的发展，基于燃料电池与建筑物集成的冷热电联供系统逐渐得到推广和应用。

建筑物的能耗主要来源于建筑物的冷热系统。传统建筑物的冷热系统主要依靠电力驱动、而传统的发电方式主要利用化石燃料的燃烧。然而，化石燃料的燃烧会产生大量的污染气体。另外，传统的火力发电在长距离电能输送中会产生巨大的能量耗损，从而导致低的能量转换效率及严重浪费。而燃料电池的冷热电联供系统能摆脱传统能源的利用方式，提升能量使用效率，从而实现节能减排、可持续发展的目标。

燃料电池冷热电联供系统又称为集成式能源系统，是一种基于燃料电池能量梯级利用的分布式能源系统。该能源系统将氢气或富氢燃料的化学能高效地转化为电能进行发电，从而满足建筑物用电需求、同时在发电过程中产生的余热则通过回收设备(如换热器、吸附式制冷机、吸收式制冷机、余热锅炉等)进行回收，并用于建筑物供暖、提供生活热水和空调调节等。燃料电池冷热电联供系统如图 6-24 所示，包括燃料供应系统、燃料电池系统、电力电子系统和余热回收系统。

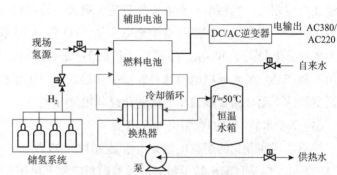

图 6-24 燃料电池冷热电联供系统

燃料电池冷热电联供系统具有供电可靠、噪声低、废气排放量低、高效节能和清洁环保等优点，得到世界各国政府的高度重视。美国的建筑物冷热电联供技术发展较早，早在2001 年，为了解决快速增长的能源需求和电力负荷不足问题，美国颁布了国家能源政策，将建筑物冷热电联供系统作为美国的基本能源政策，并制定详细的实施规划。到 2010 年，美国5%的已有建筑将改造为冷热电联供系统，20%的新建商用建筑使用冷热电联供系统；到 2020 年，这 2 项数据分别提升至 15%和 50%。美国分布式发电联合会预计，在未来 20年里发电量将增加20%，达到 35GW。

从目前的技术来看、建筑物冷热电联供技术还处在发展阶段。其中，固体氧化物燃料电池和熔融碳酸盐燃料电池还处在实验研发阶段，而磷酸燃料电池及热回收技术目前发展较成熟。

建筑物冷热电联供系统要被普通用户所接受，除了其能效高、环保等优势能吸引大众以外，尚面临最大的障碍，即经济性。Moussawi 等测算了住宅用 SOFC – CCHP（固体氧化物燃料电池 – 冷热电联产，纯氢为燃料）系统的最大能量转换效率为 65.2%，最低系统成本 1.5 元/（kW·h）。显然，这个成本价格还不具备竞争力，如何降低 SOFC 和燃料的成本是关键问题。当然，SOFC 可以使用天然气等价廉的燃料，是降低成本的有效方法，但还要依赖于化石燃料，其环保性问题仍然存在。

（3）其他用途固定式燃料电池发电

固定式燃料电池发电可应用于多种场景，如英国在苏格兰北部奥克尼群岛（Orkney）的柯克沃尔（Kirkwall）港口安装了 1 套 75kW 固定式燃料电池系统，为该港口供电。

此外，为了解决弃风、弃光、弃水电造成的电力损失，利用富余的电能电解水制氢，采用储氢的方式把能量储存起来，在电力短缺时使用燃料电池发电，也是值得探讨的能源利用方式。但是整条技术路线的经济性尚需认真分析和思考。

6.3.2　移动式燃料电池电源

充电宝是移动式燃料电池电源正在拓展的一个广阔市场。与目前市面上流行的锂离子电池充电宝相比，燃料电池充电宝能量密度更大，待机时间更长，安全性更高，可随身携带进入机舱。最早的商用燃料电池充电宝是 2009 年 10 月东芝公司推出的 Dynairo，以甲醇作为燃料，电量为 11W·h。随后新加坡的 Horizon 公司、日本的 Aquafairy 公司等也陆续推出类似产品。虽然燃料电池这种新型的移动式电源还存在一定的局限性，但仍有较大的发展空间。下面介绍 2 款典型的商业化燃料电池充电宝。

（1）基于水解制氢的燃料电池充电宝

较早实现商业化的燃料电池充电宝是 2012 年瑞典 myFC 公司推出的 PowerTrekk，如图 6 – 25 所示，也是目前出货量最多的微型燃料电池充电宝产品。

PowerTrekk 燃料电池充电宝分为 3 个功能区，包括制氢、发电和储电。它使用一种固体材料硅化钠（NaSi）作为燃料，该物质本身不含氢，一旦与水接触即可发生水解反应释放氢气，制得的氢气进入 PEM 燃料电池中发电；另还配置 1 个 1500mA·h 的锂离子电池储电。PowerTrekk 外观尺寸为 68mm×27mm×43mm，重 241g，燃料包 43g，便携性较好。

2015 年，该公司推出纯燃料电池模块 JAQ 产品，燃料盒可提供 2400mA·h 的电量，可将 1 部智能手机充满电，如图 6 – 25（c）所示。产品体积比 PowerTrekk 更小，主机约 200g，燃料盒约 40g，便携性更好。

需要关注的是，基于水解制氢的燃料电池电源中，燃料与水反应虽然可产生大量的氢气，但是水解反应是不可逆的，反应产物需要丢弃或者专门回收，大量使用后可能引起新的环境污染问题。

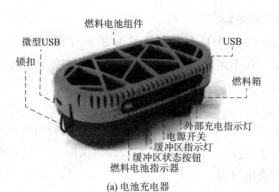

(a) 电池充电器

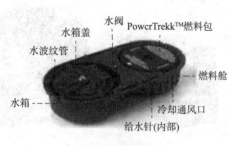

(b) 内部结构

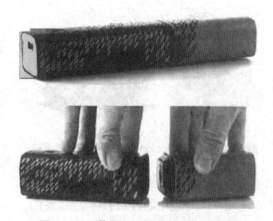

(c) JAQ燃料电池充电宝

图 6-25 PowerTrekk 微型燃料电池充电器、内部结构和 JAQ 燃料电池充电宝

（2）基于可逆气固储氢的燃料电池充电宝

2013 年，英国的 Intelligent Energy 公司推出一款小体积、低价格的 Upp 燃料电池充电宝，如图 6-26 所示。充电宝外观尺寸为 120mm × 40mm × 48mm，燃料棒尺寸为 91mm × 40mm × 48mm；充电宝外壳重 235g，燃料棒重 385g，总重 620g，售价 226 美元。

Upp 采用具有可逆吸放氢性能的储氢合金 LaN5 作为储氢介质，每个燃料盒充满氢气后，可产生 25000mA·h 的电量，可以为

图 6-26 英国 Intelligent Energy 公司推出的 Upp 移动电源

智能手机提供 1 周的电力，即 900h 待机时间，或 32h 通话时间。这款产品的优点是燃料棒可以反复使用，氢用完后燃料棒的更换费用仅 9 美元。但由于没有配套销售家用加氢机，消费者需要去 Intelligent Energy 公司特约的商店更换 Upp 燃料棒，使用便利性还有所欠缺。

6.3.3 微型燃料电池电源

微型燃料电池定义为几瓦功率的电池，用于日常微电器上。微型燃料电池可以是直接甲醇燃料电池，也可以是改型的质子交换膜燃料电池。

（1）手机和数码摄像机电源

美国 MTI Micro Fuel Cells(MTI Micro)公司于 2006 年设计出一款 95W·h 的燃料电池样品，如图 6-27 所示。在不到 1 年的时间里，该公司陆续开发出不同尺寸的样品，其最新样品总尺寸缩小 60%，且自带 1 个燃料盒，可为 1 部手机供电使用约 1 个月。

MTI Micro 公司为单镜头反光数码相机研发出手带式燃料电池样品，如图 6-28 所示。该燃料电池所提供的电量是相同尺寸的单反数码相机所用锂电池提供电量的 2 倍。此外，在移动状态下，可通过重新注入燃料甲醇为相机即时供电，这大大地延长了相机的使用时间，从而避免了烦琐的充电过程。

图 6-27   MTI Micro 公司的不同尺寸燃料电池   图 6-28   手带式燃料电池数码相机

图 6-29   内嵌 Mobion 燃料电池的智能手机

MTI Micro 公司还设计了一种可内嵌于智能手机中的 Mobion 技术概念模型，如图 6-29 所示。该公司利用 Mobion 技术试制了驱动三星智能手机的燃料电池，该燃料电池可获得约 1.6V 的电压，其中包含 4 个电池单元。

（2）笔记本电脑电源

日本电气股份有限公司 NEC 新推出的原型机笔记本电脑带内置燃料电池，它的输出功率密度为 40mW/cm^2，平均输出为 14W，最大输出为 24W。内置燃料电池是通过提供燃料电池功率和开发中的外设技术而开发的，开发中的外设技术可将燃料电池置于 PC 内。该燃料电池工作电压 12V，工作时间 5h，质量 900g（见图 6-30）。

图 6-30   NEC 新推出的带内置燃料电池的笔记本电脑

6.4 我国燃料电池发展前景

目前，氢燃料电池产业已经初步实现商业化，尤其是在欧、美、日、韩等发达国家。我国燃料电池产业也取得了可喜的成绩，部分指标与性能已经不输于发达国家水平，甚至还有反超。然而不能忽视的是，国内氢能和燃料电池产业链在部分关键材料与核心技术、燃料电池堆的系统可靠性与耐久性及行业标准等方面还存在不完善的地方，制约了氢燃料电池产业的发展。

6.4.1 自主知识产权的核心技术

我国氢燃料电池已经实现整车、系统和电堆的工业化，但是氢燃料电池系统中的关键零部件及材料，如催化剂、膜电极、双极板、空压机与氢气循环泵等仍主要依靠进口，批量生产的产业链尚未完全形成，制约了行业的整体发展。

我国在高活性催化剂、高强度高质子电导率复合膜、碳纸、低铂电极、高功率密度双极板等方面的技术水平已经取得了较好的成果，目前已达到甚至超过国外的商业化产品，但多停留于实验室和样品阶段，还未形成大批量生产规模。因此，需将关键材料及部件实现产业化，加快形成具有完全自主知识产权的批量制备技术，全面实现关键材料核心部件的国产化与批量生产。批量化生产不仅需要完整的工艺技术，还需要配套生产设备和建立产品生产线，这就需要更多相关行业参与燃料电池行业，形成合力。

6.4.2 电池系统的可靠性、功率密度及寿命

虽然我国氢能产业已取得重大进步，各大车企纷纷宣布燃料电池整车下线投入示范运营，但是不可忽视的是，燃料电池电堆及系统的可靠性和耐久性与国际先进水平仍有一定的差距，有待进一步提高。而系统的可靠性与寿命并不完全由电堆决定，还依赖于配套的辅助系统，如燃料供给、空气供给、水热管理和电控等，这些因素都会影响膜电极的性能，影响电堆的可靠性；辅助及控制系统布局不合理以及部分关键部件(如空压机等)体积大、集成度低，降低了电堆的功率密度；不合理的水热管理系统无法及时排除水和余热，对电堆的可靠性造成不可逆损失；另外，反应物的供给、启停冲击与异常运行都会对电池系统的可靠性造成影响。因此，需要从改进催化剂、膜电极、双极板等关键材料的性能，保障电堆的一致性，加强燃料电池系统整体过程机理及控制策略研究，提高系统的集成度等方面，提高燃料电池系统的可靠性、功率密度、寿命，促进产业化进程。

6.4.3 政策引导、技术标准及检测体系

近年来，我国对氢能燃料电池产业予以大力扶持，先后出台众多利好的行业政策。国家层面的扶持政策多以补贴、双积分等经济调节和产业规划、技术进展等宏观指导为主，地方层面的扶持政策涉及产业的诸多方面。但是，还要在统筹规划和全面发展方面做出努

力，使补贴政策向鼓励自主开发高性能、低成本燃料电池方面倾斜，以确保技术先进，形成激励燃料电池自主核心技术开发的局面。

随着燃料电池产业的不断发展，在行业各界的努力下，国内燃料电池行业的相关标准也基本搭建好框架。但是与国际标准相比较，国内在零部件、整车层面的安全要求与评价标准还不够完善，在氢制备、储运、加注及实际工况下，氢燃料电池从部件到系统的评价检测体系等仍不健全，使得产业全链条下的产品推广受到制约和限制。这就需要行业加大研发力度及产业链建设，在产业链的构建过程中促进技术链的逐步完善。同时，需要国家政策进一步的支持和引导，做好战略规划，推进我国氢能产业快速发展。

习题

1. 什么是燃料电池？简述燃料电池的用途。
2. 燃料电池的基本构造有哪些？
3. 简述燃料电池的基本原理。
4. 简述燃料电池的种类。
5. 与传统的火力发电、水力发电和原子能发电等技术相比，燃料电池具有哪些优势，存在哪些发展瓶颈？
6. 燃料电池车发电系统示意如下图所示，简述其工作流程。

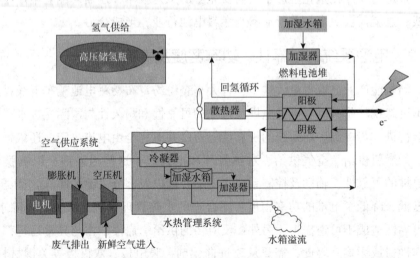

7. 燃料电池车系统包括哪些，各有何特点？
8. 燃料电池车用供氢系统可分为哪2大类？
9. 与传统汽车及纯电动汽车相比，燃料电池车存在哪些优势？
10. 请结合相关知识分析氢燃料电池车在未来是否具有发展前景。
11. 航空领域造成的温室气体排放迅速增加，航空公司正面临越来越大的"减碳"压力。请结合相关知识分析氢燃料电池在航空领域的应用前景。
12. 常用的固定式燃料电池发电系统包括哪些？

13. 建筑集成燃料电池系统如下图所示，试结合图中内容分析燃料电池的冷热电联供系统区别于传统能源的利用方式，以及如何实现节能减排、可持续发展的目标的？

14. 简述移动式燃料电池电源的特点。

15. 微型燃料电池电源包括哪些？

16. 我国氢燃料电池产业已经初步实现商业化，试从氢能和燃料电池产业链的核心技术、燃料电池堆的系统可靠性与耐久性以及行业标准等方面分析我国燃料电池的发展前景。

第7章　氢在能源化工领域的利用

氢气是现代炼油工业和化学工业的基本原料之一，它以多种形式用于能源化工领域，全世界每年工业用氢量超过 5500 亿 m^3。石油和其他化石燃料的精炼需要氢，如烃的增氢、煤的气化、重油的精炼等；化工中制氨、制甲醇也需要氢。其中，氢气在合成氨上用量最大。世界上约 60% 的氢是用在合成氨上，我国的比例更高，约占总消耗量的 80% 以上。石油炼制工业用氢量仅次于合成氨。在石油炼制过程中，氢气主要用于石脑油、粗柴油、燃料油的加氢脱硫，改善飞机燃料的无火焰高度和加氢裂化等方面。本章将对化工领域、石油化工领域及煤化工领域的氢利用进行扼要阐述。化学制药属于精细化工，在其生产过程中需要使用纷繁复杂的有毒、有害化学品，并且存在许多极易导致泄漏、火灾、爆炸、中毒的危险工艺，如化学制药过程中使用的加氢工艺。但是因其生产规模通常远远小于石油化工、煤化工等大化工行业，本章不再赘述。

7.1　化工领域的氢利用

7.1.1　合成氨工业的氢利用

目前氢在化工行业的最大用量是在合成氨工业。合成氨工业是基础化学工业之一，其提供的氨在工农业及日常生活中用途极其广泛，对国民经济的发展起到举足轻重的作用。合成氨是重要的无机化工产品之一，其产量居各种化工产品首位。

1901 年，法国化学家吕·查得里（Le Chatelier）第 1 个提出氨的合成条件是在高温、高压下，并采用适当的催化剂。德国化学家哈伯（Haber）提出在铁催化剂存在下，氮气和氢气在压力为 17.5 ~ 20MPa 和温度为 500 ~ 600℃ 下可直接合成氨，反应器出口氨含量达到 6%（目前已达到 15% 以上）。

$$N_2 + 3H_2 \longrightarrow 2NH_3 \qquad\qquad (7-1)$$

不同的合成氨厂，生产工艺流程不完全相同，但是无论哪种类型的合成氨厂，直接法合成氨生产均包括以下 3 个基本过程（见图 7-1）：原料气的制备、原料气的净化及氨的合成。

原料 → 原料气的制备 → 原料气的净化 → 氨的合成 → 产品

图 7-1　合成氨生产过程

氢气作为合成氨的原料气，主要由天然气、石脑油、重质油、煤、焦炭、焦炉气等制取。工业上通常先在高温下将这些原料与水蒸气作用制得含氢、一氧化碳等组分的合成气，这个过程称为造气。由合成气分离和提纯氢，即得到合成氨所需的氢气。原料气的净化工序是将合成氨粗原料气经脱硫、变换、脱碳、精炼等过程，除去原料气中的杂质以满足合成氨的需要。氨的合成工序是将符合要求的氢、氮混合气在高温、高压及催化剂存在的条件下合成氨。

7.1.2 合成甲醇工业的氢利用

甲醇是最简单的脂肪醇，是重要的化工基础原料和清洁液体燃料，广泛应用于有机合成、染料、医药、农药、涂料、交通和国防等工业中。甲醇是除合成氨之外，唯一由煤经气化和天然气经重整大规模合成的化学品，是重要的一碳化工基础产品和有机化工原料。

1923 年，德国两位科学家米塔许（Mittash）和施耐德（Schneider）试验了用 CO 和 H_2，在 $300 \sim 400℃$ 的温度和 $30 \sim 50MPa$ 的压力下，通过锌铬催化剂的催化作用合成甲醇，并于当年首先实现了甲醇合成的工业化，建成年产300t甲醇的高压合成法装置，这比合成氨工业生产迟了约10年。甲醇合成与氨合成的过程有许多相似之处。

目前工业上几乎都是采用 CO、CO_2 加压催化氢化法合成甲醇。碳的氧化物与氢合成甲醇的反应式如下：

$$CO + 2H_2 \Longleftrightarrow CH_3OH \tag{7-2}$$
$$CO_2 + 3H_2 \Longleftrightarrow CH_3OH + H_2O \tag{7-3}$$

以上反应是在铜基催化剂存在下，在压力 $(50.66 \sim 303.98) \times 10^5 Pa$，温度 $240 \sim 400℃$ 下进行的。显然，CO 与氢合成仅生成甲醇，而 CO_2 与氢合成甲醇需多消耗 1 份氢，多生成 1 份水。但 2 种反应都生成甲醇，工业生产过程中，CO 和 CO_2 的比例要视具体工艺条件而定。

氢与碳的氧化物合成甲醇的生产过程，不论采用怎样的原料和技术路线，大致可分为以下 5 个主要过程（见图 7-2），其中与氢利用直接相关的过程为：

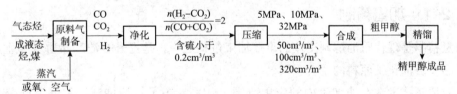

图 7-2 甲醇生产过程

（1）原料气的制备。合成甲醇，首先制备含有氢和碳的氧化物的原料气。由合成甲醇反应式可知，若以 H_2 和 CO 合成甲醇，其物质的量之比应为 $n(H_2) : n(CO) = 2 : 1$。H_2 与 CO_2 反应则为 $n(H_2) : n(CO_2) = 3 : 1$。一般合成甲醇的原料气中含有氢，CO 和 CO_2，所以应满足：$\dfrac{n(H_2 - CO_2)}{n(CO + CO_2)} = 2$。

天然气、石脑油、重油、煤、焦炭和乙炔尾气等含碳氢或含碳的资源均可作为生产甲醇合成气原料。天然气、石脑油在高温，催化剂存在下，在转化炉中进行烃类蒸气转化反应，重油在高温气化炉中进行部分氧化反应，以固体燃料为原料时，可用间歇气化或连续气化制水煤气，使其生成主要由 H_2、CO 和 CO_2 组成的混合气体。根据原料不同，原料气中一般还含有少量有机和无机硫的化合物。

(2)原料气的净化。该工序包括两方面内容：一是脱除对甲醇合成催化剂有毒害作用的硫的化合物。二是调节原料气的组成，使氢碳比例达到前述甲醇合成的比例要求。

(3)甲醇的合成。该工序是在高温、高压、催化剂的存在下进行碳的氧化物与氢的合成反应，由于受催化剂选择性的限制，生成甲醇的同时，还有许多副反应伴随发生，所以得到的产品是以甲醇为主和水及多种有机杂质混合的溶液，称为粗甲醇。

7.2 石油化工领域的氢利用

20 世纪 90 年代，环保问题越来越受到世界各国的重视，发达国家先后推出了高质量的清洁燃料标准，并分阶段逐年提高。近些年，我国汽油和柴油质量标准也在不断升级，并逐步向国际先进标准靠拢。但总体上我国石油产品质量与国外清洁燃料质量标准的差距还很大，未来的发展空间还很广阔，尤其是我国环保法规的普及实施，无疑将大大加快石油产品质量升级的步伐。清洁燃料的推广和普及已提到议事日程，加氢技术已成为生产清洁燃料的重要技术。

加氢技术，是指在炼厂加工过程中以石油馏分油为原料的加氢反应，其又可分为加氢精制和加氢裂化 2 个领域。

加氢裂化，是指通过加氢反应，使原料油中大于或等于 10% 以上的分子变小的一些加氢过程，如典型的高压加氢裂化、缓和加氢裂化及中压加氢改质等均属此列；而"加氢精制"过程是指在保持原料油分子骨架结构不发生变化或变化很小的情况下，将杂质脱除，以达到改善油品质量为目的的加氢反应，即"在有催化剂和氢气存在下，将石油馏分中含有硫、氮、氧及金属的非烃类组分加氢脱除，以及烯烃、芳烃发生加氢饱和反应"。

7.2.1 加氢精制

加氢精制是现代石油炼制工业的重要加工过程之一，是提升石油产品质量和生产优质石油产品及石油化工原料的主要手段。

加氢精制技术在石油加工中的应用范围，几乎涵盖了石油炼制过程的大部分石油产品。例如，气态烃类、直馏及二次加工汽油(催化裂化汽油、焦化汽油、热裂解及蒸汽裂解汽油)、煤油、直馏及二次加工柴油、各种蜡油(减压蜡油、轻粗柴油、焦化蜡油、溶剂脱沥青油)、石蜡及特种油品、润滑油、常减压渣油等各种油品，均可以选择合适的加氢精制或加氢处理工艺，以制取相应的石油产品和石油化工原料。下面简要介绍几种加氢精制应用实例。

(1)汽油加氢

汽油是各种馏分油当中最轻的组分，含有的硫、氮等杂质较少。杂质结构也比较简单。通常可以在较缓和的加氢工艺条件下加以脱除。汽油加氢大致可分为 2 种情况：一种是粗汽油(石脑油)深度加氢精制,如重整原料的预加氢;另一种是二次加工汽油的加氢精制,如焦化、热裂化汽油和催化裂化汽油的选择性加氢,其主要目的是将其中的大量容易缩合、生焦的烯烃和二烯烃加氢饱和,为下游工艺提供进料或用作车用汽油的调和组分。

1)重整原料预加氢

催化重整是以粗汽油为原料。在催化剂作用下发生脱氢环化反应,是制取芳烃(苯、甲苯、二甲苯及重芳烃)的重要加工过程。其产品既可作为高辛烷值车用汽油和航空汽油组分,又可将抽提出来的芳烃作为重要的化工原料。各种工艺的催化重整原料均需要经过深度的加氢精制方可作为装置进料。我国催化重整技术工业化已有60余年的历史,无论是重整工艺还是重整催化剂,都取得了长足的进步和发展。我国已完全掌握并具有独立研制、开发和生产多种重整催化剂的能力。为降低昂贵的催化剂成本,抚顺石油化工研究院成功开发出铂含量为0.15%的超低铂CB-8催化剂,并在国内多套工业装置应用。

2)焦化、热裂化汽油加氢

焦化和热裂化汽油均属热加工汽油,其特点是烯烃含量高且不安定。焦化汽油和热裂化汽油的诱导期分别为不大于300min和80~150min,辛烷值为52~58和56~67。此类汽油可以同直馏汽油按一定比例掺和,只有经深度加氢精制后,方可作为乙烯裂解料或重整进料;亦可经过选择性加氢,将二烯烃加氢饱和,使其辛烷值损失尽量减小,并改善安定性,作为车用汽油调和组分。

3)蒸汽裂解汽油加氢

在轻质烃类蒸汽裂解制乙烯过程中,生成15%~30%的汽油馏分。这种汽油不仅烯烃和二烯烃含量高,而且芳烃含量也高,研究法辛烷值大于95,这种汽油经过一段选择性加氢,将二烯烃加氢饱和,可作为高辛烷值汽油调和组分。若将其继续进行二段加氢,使单烯饱和,则生成油可用于抽提生产芳烃。

4)催化裂化汽油加氢

根据我国主要原油重质组分多和渣油含量一般都在50%左右的特点,重油轻质化的重要加工手段当属催化裂化,我国催化裂化装置的加工能力占国内主要炼油装置总加工能力的比例最大,一般为33%~35%。催化裂化汽油产率高达44%~55%,因此,我国催化裂化汽油产量相当大。据统计,在20世纪,我国车用汽油的80%来自催化裂化汽油。催化裂化汽油作为车用汽油调和组分,按当时的国家标准是可以出厂的。但在21世纪的今天,国家对汽车尾气排放标准做出日益严格的规定。因此,降低催化裂化汽油中的硫和烯烃含量,是亟待解决的重大课题。

(2)柴油加氢

我国原油重组分多、石油二次加工能力比重较大。二次加工柴油不仅数量大,而且油品质量很差。催化柴油具有烯烃、芳烃含量高的特点。安定性差,十六烷值低,而掺渣催化裂化柴油的油性就更差;焦化柴油来自以劣质渣油为原料的非临氢催化的热加工过程,质量很差,主要体现在硫、氮、烯烃、胶质含量高,安定性差,但十六烷值比催化裂化柴油的高。而国家公布的轻柴油标准也在不断升级。

解决上述诸多矛盾的最佳方案和最灵活的加工技术当属现代的加氢精制和加氢处理技

术。我国开发的 FH–5A、FH–98、FH–DS、FH–UDS 及 RN–系列等性能优异的催化剂，已在几十套催化裂化柴油、焦化柴油及其混合油等加氢精制过程应用，并取得了令人满意的效果，其加氢柴油符合国家标准。纵观发达国家的加氢能力占原油总加工能力的高数值比例(见表7–1)及每年递增的变化规律，不难看出，提高和发展柴油加氢技术是明智的必然选择。

表7–1　部分国家原油加工能力及加氢装置加工能力统计结果　　Mt/a

国别	原油总加工能力 $\sum A$	加氢装置加工能力 $\sum B$	$(\sum B/\sum A)$ /%
美国	831.165	602.380	72.47
中国	289.510	86.027	29.71
俄罗斯	271.174	101.274	37.26
日本	238.347	215.531	90.43
韩国	128.005	53.861	42.08
意大利	115.040	69.076	60.04
德国	113.355	87.590	77.27
加拿大	99.173	49.503	49.91
法国	95.175	46.135	48.47
英国	87.425	55.331	61.87

(3)重质馏分油加氢处理

重质馏分油加氢是增加二次加工油品产量和质量的重要手段。如经减压蒸馏得到的减压蜡油、焦化蜡油、溶剂脱沥青油等，均属劣质的重质馏分油。重质馏分油加氢处理可以为催化裂化、加氢裂化等工艺提供优质进料，如蜡油加氢处理作为加氢裂化的预精制过程也显示出极大的优势。由于加氢裂化具有对原料适应性强、产品方案灵活、产品质量优良、液体收率高和无公害等优点，故获得了近十几年的快速发展局面。

(4)渣油加氢处理

渣油是原油中最重的石油馏分，其油性因产地的不同而异。由于原油中的绝大部分杂质都富集在渣油中，与其他馏分油相比，渣油的特点是氢碳比低、凝点高、黏稠，残炭值、沥青质及金属含量都高。由于渣油中含有由稠环芳烃高度缩合形成的具有大分子三维结构的胶团，因此，渣油的分子结构极其复杂，给加工过程和合理利用带来许多麻烦。

20世纪60年代兴起的渣油加氢处理技术及其组合工艺，有效地解决了多年来一直困扰炼油界的难题。早期渣油加氢的目的是高硫渣油脱硫，以减少环境污染和对锅炉的腐蚀，至今相当数量的低硫燃料油仍通过渣油加氢来获得。进入90年代，由于燃料油的需求量相对减少，需要将渣油进一步轻质化以获取轻质油品。为此，渣油加氢又用来为重油催化裂化提供原料，因而其操作条件相对更加苛刻，对催化剂的活性和稳定性要求更高，以使该过程有更高的脱硫、脱氮及脱残炭率，同时发生一定的裂化反应以获取部分柴油和少量石脑油。

7.2.2 加氢裂化

加氢裂化过程属临氢加工过程之一。临氢加工过程是现代化炼油厂不能缺少的和应用最多的石油炼制过程。这类过程，除了加氢裂化过程之外，还包括加氢处理(加氢脱金属、加氢脱硫、加氢脱氮和加氢脱氧)、加氢饱和、加氢精制、催化脱蜡、加氢异构化、加氢转化和临氢减黏等过程。

现代加氢裂化过程几乎能够处理或加工任何石油馏分，除了能在催化剂存在下把大分子进料裂化成小分子产物(沸点比进料低，占进料的10%以上)之外，通过调整操作条件和催化剂系统，还能脱掉进料中的其他一些不纯物，如金属、硫、氮和高碳化合物等。如果采用结构适当的择形催化剂或催化剂系统，该过程不仅能裂化大分子烃，还能使长链脂肪烃异构化。这类反应不仅能够维持石脑油产品辛烷值，还能改善中馏分油和尾油的低温流动性和黏温性等特殊性能，如尾油的 BMCI(芳烃指数)和 VI(黏度指数)。

(1)加氢裂化过程类型

同其他石油炼制过程比，加氢裂化过程类型比较多。经过几十年发展起来的加氢裂化过程，没有固定的分类方法，大致可以按以下几种方法进行分类。

①按反应段数分类：一段加氢裂化过程、两段加氢裂化过程。

②按操作压力高低分类：高压加氢裂化过程、中压加氢裂化过程和缓和加氢裂化过程。

③按反应器内催化剂状态分类：固定床加氢裂化过程、移动床加氢裂化过程和流化床(沸腾床、膨胀床和悬浮床)加氢裂化过程。

在有关文献中，还有按过程所加工的原料类型分类，如轻质馏分油型加氢裂化过程和重质油(包括减压蜡油、常压渣油、常压重油和减压渣油等)型加氢裂化过程；按主要产品类型分类，如多产液化石油气的加氢裂化过程、多产石脑油的加氢裂化过程、多产中馏分油的加氢裂化过程和多产尾油的加氢裂化过程。

其中应用比较多的是前3种分类方法，即按反应段数分类、按操作压力高低分类和按反应器内催化剂状态分类。

在加氢裂化过程选型或设计过程中，选用哪种类型的流程主要取决于：原料性质、催化剂性能、产品的分布和质量。这些因素也是影响装置投资和操作费用的主要因素。

(2)典型加氢裂化过程

加氢裂化过程虽然类型多样，但流程类似。主要区别在于：过程的段数、催化剂系统的性能和状态、反应器的结构形式、内部构件性能和气液分离方式。

典型加氢裂化过程包括以下几个系统。

①原料的净化系统：能把原料中的颗粒状污染物除掉。

②原料和氢气加热系统：能把原料和氢气的温度和压力提高到所需的水平。

③加氢裂化系统：实现原料的转化，包括加氢脱金属、加氢脱硫、加氢脱氮、加氢脱氧和氨基化反应。

④换热系统：用于反应器流出物/原料换热，提高热利用效率。

⑤反应器流出物分离系统：分离循环瓦斯和降低产品温度和压力。

⑥循环瓦斯 – 胺洗系统：净化循环氢。

⑦产品分馏系统：把分离器流出物分为系列目的产品，如石脑油、煤油、柴油和尾油。

典型的馏分油加氢裂化过程流程见图 7 – 3 和图 7 – 4。这 2 张图的区别在于后者更强调过程的局部(如进料段和分离段)描述。

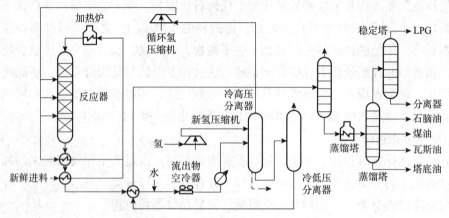

图 7 – 3 典型加氢裂化过程流程

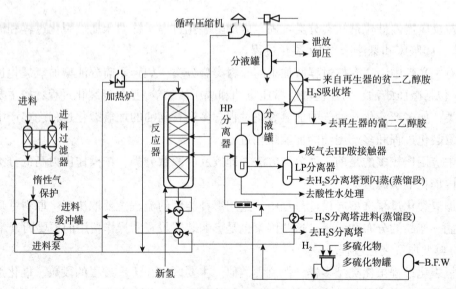

图 7 – 4 典型的馏分油加氢裂化装置流程

与其他临氢过程一样，加氢裂化过程也采用温度和压力均比较高的氢气，并在催化剂的存在下，完成原料的转化。

原料经换热和在加热炉中加热，把温度和压力提高到所需的水平。操作温度通常在 370 ~ 400℃，装置的操作压力通常在 10.3 ~ 20.7MPa。混氢方式多采用炉前混氢，新氢通常用作催化剂床层急冷介质，直接送入反应器。

随着原料一起进入反应器的氢气，在催化剂的作用下，同原料中硫化物和氮化物等污染物反应生成 H_2S 和 NH_3，大分子烃裂化成相对分子质量较小的烃。

加氢裂化过程通常使用一种或多种催化剂，使用的催化剂种类和数量取决于原料性质和对目的产品的质量要求和分布。

反应器流出物中除了有大量氢和烃混合物之外，还含有 H_2S 和 NH_3 等污染物。有时还可能有少量 HCl 和 H_2O。反应器流出物经换热后，在反应器流出物分离系统分出其中的轻质烃(1~4 个碳)、氢气和污染物(如硫化氢和氨)。在分离出来的 2 个碳的烃中含硫化氢和氨。这些氨和硫化氢可以用水洗的方法除去。由分离系统出来的烃混合物送产品分馏塔，分馏成目的产品。

由分离系统分离出来的气体中的 H_2S，如果不加处理直接返回氢气循环系统会影响系统氢分压和危害催化剂功能。因此，在有些例子中，这些气体在循环返回到反应器进料段之前，先在胺吸收塔中除掉其中的 H_2S。

在处理劣质原料的加氢裂化装置中，为防止在系统中产生堵塞管路的 NH_4HS 和 NH_4Cl 盐垢，通常在反应器或壳 – 管式换热器上游注水。如果是操作条件比较缓和的加氢裂化装置，由于处理的原料是比较干净的石脑油，通常不会产生盐沉积，可以不注水。如果装置运转过程中产生的盐数量较少，也可采用间断注水。在那些采用注水措施的装置中，经过水洗的流出物送入分离器，分成气体、液烃和酸性水。酸性水中含有一些盐类化合物，如 NH_4HS 和 NH_4Cl。

装置所用的新氢主要有 3 个来源：制氢装置(类似于甲烷蒸气重整)、催化重整装置(副产氢气，纯度较低)和煤或渣油气化装置(合成氢)。氢气的来源和生产方法对加氢裂化装置影响较大，主要是因为氢气中的氯化物会引起设备结垢和腐蚀。催化重整装置生产的氢气可能含氯。如果这种含氯氢气在进入加氢裂化装置之前没有被除掉，可能会在系统中产生氯化氢，影响装置操作。

氯化物的另一个来源是原料中的有机氯化物和无机氯化物。有机氯化物，如溶剂和清洗剂，如果在加氢裂化装置上游的某些加工装置中没有分解就会进入加氢裂化装置中。进入加氢裂化装置中的这些有机氯化物会在反应器中分解，生成 HCl。无机氯化物或盐通过反应器时可能是稳定的，但是这些盐的分解产物不可能都是安定的，可能产生严重的设备腐蚀问题。

(3)加氢裂化过程特点

加氢裂化过程是一种多用途石油炼制过程，与其他炼制过程比，主要有以下特点：

①能把各种原料，如直馏石脑油、煤油、柴油、常压瓦斯油、减压蜡油、轻粗柴油、焦化蜡油、溶剂脱沥青油和渣油等，转化成相对分子质量比较小的优质产品，如液化石油气、石脑油、煤油、柴油、润滑油基础油、催化裂化装置和蒸汽裂解装置原料。

②能够生产对辛烷值感受性较好的石脑油，丁烷馏分中含有较多的异丁烷。

③采用适当的催化剂，能生产优质(如低硫、低温性能和燃烧性能好的)中馏分油和高Ⅵ润滑油基础油。

④处理劣质原料(如渣油)时，通常需要对原料进行过滤和预处理，如加工的原料(如

渣油)含金属比较多时，需要在主催化剂上游，增加脱金属催化剂，目的是保护下游价格较贵的主催化剂。

⑤过程通常使用双功能(裂化功能和加氢功能)催化剂，双功能催化剂的裂化功能由多孔固体酸性载体承担，如果使用无定形载体，其成分由硅 – 铝、硅 – 氧化镁、硅 – 氧化锆、硅 – 氧化钛组成；如果使用结晶形的，其裂化功能主要由各种改性分子筛承担。加氢功能由 2 ~ 3 种金属(Ni、Co、Mo、W、Pd 和 Pt 等)组合承担，其中 Co – Mo、Ni – Mo、Ni – W 应用较多，价格也比较便宜。

⑥催化剂或催化剂系统的选择主要取决于原料性质、目的产品的质量和分布以及装置的运转周期。

⑦多数情况下，过程使用的不是单一催化剂，是由几种不同类型和不同规格组成的 2 种或多种催化剂组合而成的催化剂系统。在反应器尾部床层中也可以装填少量(约 10%)脱硫和脱氮催化剂。

⑧处理劣质原料时，有时会采用比较特殊的反应器，如有的反应器在其内外壳体之间设置能够通过热新氢(经过净化的)的环形空间，以便更好地维持反应器温度。

⑨通过改变操作条件能够比较灵活地调整产品分布。

⑩过程中发生的化学反应分为 2 类：脱硫和脱氮，聚芳烃和单环芳烃的加氢，这些反应由催化剂的加氢功能支持；加氢脱烷基、加氢脱环、加氢裂化和加氢异构化反应由催化剂的酸性(载体)功能支持，原料的氮含量影响载体功能。

⑪反应器中的催化剂通常被分为几个床层，床层之间打入急冷氢，以便限制由过程放热反应引起的温升。

⑫多数情况下，会在反应器入口和催化剂床层之间安装内部构件，目的是改善流体分布和控制催化剂床层温度。

⑬由于装置的操作是在高温高压条件下完成的，设备制造需要更多优质合金，因此建设费较高，与相同规模的 FCC 装置相当；由于反应过程需要消耗大量氢气，操作费用较高。

7.3 煤化工领域的氢利用

煤化工是以煤为原料，经过化学加工使煤转化为气体、液体、固体燃料及化学品，生产出各种化工产品的工业，是相对于石油化工、天然气化工而言的。从理论上来说，以原油和天然气为原料通过石油化工工艺生产出来的产品也都可以以煤为原料通过煤化工工艺生产出来。

煤化工主要包括煤的气化、液化、干馏，以及焦油加工和电石乙炔化工等。其中多个煤化工工艺均涉及氢方面的利用。

7.3.1 煤间接液化工艺中的氢利用

煤炭经过一系列的化学加工转化为液体燃料及其他化学产品的过程称为煤炭液化，主要包括间接液化与直接液化 2 种。

间接液化又称为一氧化碳加氢法。它是将煤首先气化得到合成气（H_2 和 CO），再经催化合成制取燃料油及其他化学产品的过程，是目前碳化工的重要发展方向。

目前，属于间接液化技术的费托合成（Fischer – Tropsch Synthesis，F – T）工艺和甲醇转化为汽油的 Mobil 工艺已经实现了工业生产。随着 F – T 合成反应器及工艺技术的不断进步，以 F – T 合成技术为核心的生产液体油品的技术路线已经具有较好的经济性。

费托合成是以合成气（H_2 和 CO）为原料，在催化剂的作用下生产各种烃类和含氧化合物的工艺过程，是煤间接液化的主要工艺。F – T 合成反应的产物可达到百种，主要有气体和液体燃料及石蜡、乙醇、丙酮和基本有机化工原料，如乙烯、丙烯、丁烯和高级烯烃等。其基本工艺流程如图 7 – 5 所示。

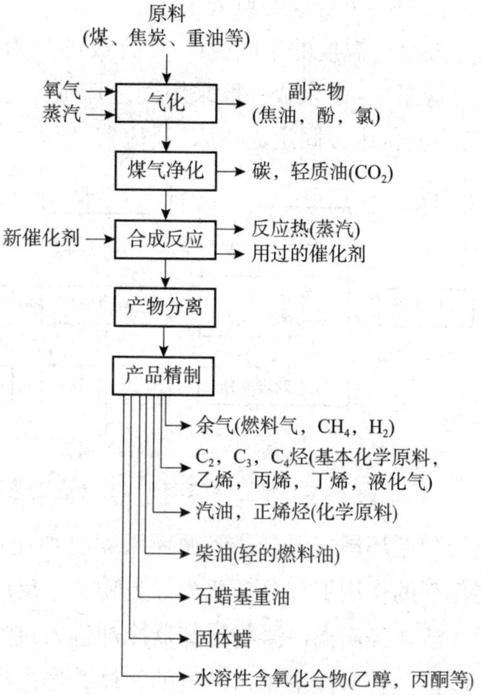

图 7 – 5　F – T 合成基本工艺流程

（1）合成原理

F – T 合成反应是 CO 加氢和碳链增长的反应，在不同的催化剂和操作条件下，产物的分布也各不相同。合成压力一般为 0.5 ~ 3.0MPa，温度为 200 ~ 350℃，过程主要反应如式（7 – 4）~ 式（7 – 13）所示。

烷烃生成反应：$nCO + (2n+1)H_2 \longrightarrow C_nH_{2n+2} + nH_2O$ (7 – 4)

烯烃生成反应：$nCO + 2nH_2 \longrightarrow C_nH_{2n} + nH_2O$ (7 – 5)

醇类生成反应：$nCO + 2nH_2 \longrightarrow C_nH_{2n+1}OH + (n-1)H_2O$ (7 – 6)

酸类生成反应：$nCO + (2n-2)H_2 \longrightarrow C_nH_{2n}O_2 + (n-2)H_2O$ (7 – 7)

醛类生成反应：$(n+1)CO + (2n+1)H_2 \longrightarrow C_nH_{2n+1}CHO + nH_2O$ (7 – 8)

酮类生成反应：$(n+1)CO + (2n+1)H_2 \longrightarrow C_nH_{2n+1}CHO + nH_2O$ (7 – 9)

脂类生成反应：$nCO + (2n-2)H_2 \longrightarrow C_nH_{2n}O_2 + (n-2)H_2O$ (7 – 10)

变换反应：$CO + H_2O \Longleftrightarrow CO_2 + H_2$ (7 – 11)

积碳反应：$CO + H_2 \longrightarrow C + H_2O$ (7 – 12)

歧化反应：$2CO \longrightarrow C + CO_2$ (7 – 13)

式（7 – 4）和式（7 – 5）为生成直链烷烃和 α 烯烃的主反应，可以认为是烃类水蒸气转化的逆反应，且都是强放热反应；式（7 – 6）~ 式（7 – 10）为生成醇、酸、醛、酮及脂等含氧有机化合物的副反应；式（7 – 11）是体系中伴随的水蒸气变换反应，对 F – T 合成反应过程有一定的调节作用；式（7 – 12）是积碳反应，能在催化剂表面析出碳单质而导致催化剂失活；式（7 – 13）是歧化反应。

可以看出，F – T 合成反应的过程产物种类与数量繁多，是一个非常复杂的反应体系。

（2）F－T合成的典型工艺

按反应温度的不同，F－T合成可分为低温（低于280℃）和高温（高于300℃）F－T合成。低温F－T合成一般采用固定床或浆态床反应器，而高温F－T合成一般采用流化床（循环流化床、固定流化床）反应器。

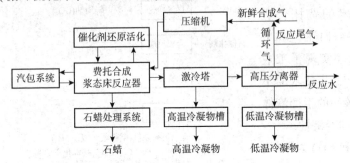

图7－6 低温浆态床F－T合成工艺流程框图

1）低温F－T合成工艺

低温F－T合成工艺采用三相浆态床反应器，使用铁基催化剂，工艺过程分为催化剂前处理、费托合成及产品分离3部分。工艺流程如图7－6所示。

来自净化工段的新鲜合成气和循环尾气混合，经循环压缩机加压后，被预热到160℃进入F－T合成反应器，在催化剂的作用下部分转化为烃类物质，反应器出口气体进入激冷塔进行冷却、洗涤，冷凝后，液体经高温冷凝物冷却器冷却进入过滤器过滤，过滤后的液体作为高温冷凝物送入产品储槽。在激冷塔中未冷凝的气体，经激冷塔冷却器进一步冷却至40℃，然后进入高压分离器，液体和气体在高压分离器中得到分离，液相中的油相作为低温冷凝物送入低温冷凝物储槽，水相送至废水处理系统。高压分离器顶部排出的气体，经过闪蒸槽闪蒸后，一小部分放空进入燃料气系统，其余与新鲜合成气混合，经循环压缩机加压，并经原料气预热器预热后返回反应器。反应产生的石蜡经反应器内置液固分离器与催化剂分离后排放至石蜡收集槽，然后经粗石蜡冷却器冷却至130℃，进入石蜡缓冲槽闪蒸，闪蒸后的石蜡进入石蜡过滤器过滤，过滤后的石蜡送入石蜡储槽。

2）高温F－T合成工艺

高温F－T合成工艺采用沉淀铁催化剂，工艺流程如图7－7所示。经净化后的合成气

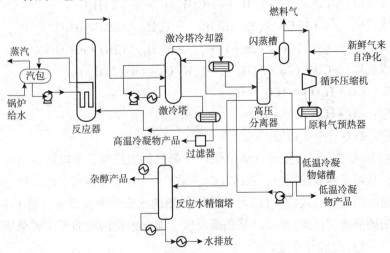

图7－7 高温液化中试装置工艺流程

在340～360℃温度下，在固定流化床中与催化剂作用，发生F–T合成反应，生成一系列的烃类化合物。烃类化合物经激冷、闪蒸、分离、过滤后获得粗产品高温冷凝物和低温冷凝物，反应水进入精馏系统，F–T合成尾气一部分放空进入燃料气系统，另一部分与新鲜气混合返回反应器。

7.3.2　煤直接液化工艺中的氢利用

煤直接液化也称加氢液化，是指煤在高温高压的条件下与氢反应，并在催化剂和溶剂作用下进行裂解、加氢，从而将煤直接转化为小分子的液体燃料和化工原料的过程。由于自然界煤炭资源远比石油丰富，石油的发现量逐年下降而开采量不断上升，世界范围内石油供应短缺业已显现。中国的状况则更为严峻。利用液化技术将煤转化为发动机燃料和化工原料的工艺在中国的成功运用，为大规模替代石油提供了一条有效的途径。煤直接液化技术和对液化产品深加工技术的研究和开发，对提高煤的利用价值，增加煤液化产品与石油产品的竞争力，具有重要意义。

(1)煤直接液化原理

煤是固体，主要由C、H、O 3种元素组成，与石油相比煤的氢含量更低，氧含量更高，H/C原子比低，O/C原子比高。从分子结构来看，煤的分子结构极其复杂，其结构主要是以几个芳香环为主，环上含有S、N、O的官能团，由非芳香部分($-CH_2-$、$-CH_2-CH_2-$或氧化芳香环)或醚键连接的数个结构单元所组成，呈空间立体结构的高分子化合物。另外，在高分子立体结构中还嵌有一些低分子化合物，如树脂树蜡等。随着煤化程度的加深，结构单元的芳烃性增加，侧链与官能团数目减少。从分子量来看，煤的分子量很大，可达到5000～10000，或者更大。

如果能创造适宜的条件，使煤的分子量变小，提高产物H/C原子比，那就有可能将煤转化为液体燃料油。为了将煤中有机质高分子化合物转化成低分子化合物，就必须切断煤化学结构中的C—C化学键，这就必须供给一定的能量，同时必须在煤中加入足够的氢。煤在高温下热分解得到自由基碎片，如果外界不向煤中加入充分的氢，那么这些自由基碎片就只能靠自身的氢发生分配作用，而生成很少量H/C原子比较高、分子量较小的物质(油和气)，绝大部分自由基碎片则发生缩合反应而生成H/C原子比更高的物质——半焦或焦炭。如果外部能供给充分的氢，使热解过程中断裂的自由基碎片立刻与氢结合，生成稳定的、H/C原子比较高的、分子量较小的物质，这样就可能在较大程度上抑制缩合反应，使煤中的有机质全部或大部分转化为液体油。

(2)煤加氢液化中的主要反应

现已证明，煤的加氢液化与热裂解有直接关系。在煤的开始热裂解温度以下一般不发生明显的加氢液化反应，而在煤热裂解的固化温度以上加氢时，结焦反应大大加剧。在煤的加氢液化中，不是氢分子攻击煤分子而使其裂解，而是煤首先发生热裂解反应，生成自由基碎片，后者在有氢供应的条件下与氢结合而得以稳定，否则就要缩聚为高分子不溶物。所以，在煤的初级液化阶段，热裂解和供氢是2个十分重要的反应。

1)煤热裂解反应

煤在液化过程中，加热到一定温度(300℃)时，煤的化学结构中键能最弱的部位开始断裂成自由基碎片。随着温度升高，煤中一些键能较弱和较高的部位也相继断裂成自由基碎片 R^0，其反应式可表示为：

$$煤 \xrightarrow{热裂解} 自由基碎片 \sum R^0 \tag{7-14}$$

研究表明：煤结构中苯基醚 C—O 键、C—S 键和连接芳环 C—C 键的解离能较小，容易断裂；芳香核中的 C—C 键和次乙基苯环之间相连结构的 C—C 键解离能大，难于断裂；侧链上的 C—O 键、C—S 键和 C—C 键比较容易断裂。

煤结构中的化学键断裂处用氢来弥补，化学键断裂必须在适当的阶段就停止，如果切断进行的过分，生成气体太多；如果切断进行得不足，液体油产率较低，所以必须严格控制反应条件。煤热解产生自由基及溶剂向自由基供氢、溶剂和前沥青烯、沥青烯催化加氢的过程如图 7-8 所示。

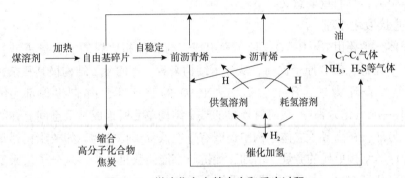

图 7-8　煤液化自由基产生和反应过程

2)加氢反应

煤热解产生的自由基"碎片"是不稳定的，它只有与氢结合后才能变得稳定，成为分子量比原料煤要低得多的初级加氢产物。其反应式为：

$$\sum R^0 + H = \sum RH \tag{7-15}$$

氢的来源主要有以下几个方面：

①溶解于溶剂油中的氢在催化剂作用下变为活性氢。

②溶剂油可供给的或传递的氢。

③煤本身可供应的氢。

④化学反应生成的氢，如 $CO + H_2O \longrightarrow CO_2 + H_2$。它们之间的相对比例随着液化条件的不同而不同。

研究表明：烃类的相对加氢速度，随着催化剂和反应温度的不同而不同；烯烃加氢速度远比芳烃大；一些多环芳烃比单环芳烃的加氢速度快；芳环上取代基对芳环的加氢速度有影响。加氢液化中一些溶剂也同样发生加氢反应，如四氢萘溶剂在反应时，它能供给煤质变化时所需的氢原子，它本身变成萘，萘又能与系统中的氢原子反应生成甲氢萘。

加氢反应关系着煤热解自由基碎片的稳定性和油收率的高低，如果不能很好地加氢，那么自由基碎片就有可能生成半焦，其油收率降低，影响煤加氢难易程度的因素是煤本身的稠环芳烃结构，稠环芳烃结构越密和分子强越大，加氢越难。煤呈固态也阻碍与氢相互作用。

采取以下措施对供氢有利：①使用有供氢性能的溶剂；②提高系统氢气压力；③提高催化剂活性；④保持一定的 H_2S 浓度等。

（3）反应历程

在溶剂、催化剂和高压氢气下，随着温度升高，煤开始在溶剂中膨胀形成胶体系统，有机质进行局部溶解，发生煤质的分裂解体破坏，同时在煤质与溶剂间进行分配，在350~400℃时生成沥青质含量很多的高分子物质，在煤质分裂的同时，存在分解、加氢、解聚、聚合及脱氧、脱硫、脱碳等一系列平行和相继的反应发生，从而生成 H_2O、CO、CO_2、H_2S 和 NH_3 气体。随着温度逐渐升高(450~480℃)，溶剂中的氢饱和程度增加，使氢重新分配程度也相应增加，即煤加氢液化过程逐步加深，主要发生分解加氢作用，同时也存在一些异构化作用，从而使高分子物质(沥青质)转化为低分子产物——油和气。

关于煤加氢液化的反应机理，一般认为有以下几点。

①组成不均一。即存在少量的易液化组分，如嵌存在高分子立体结构中的低分子化合物；也有一些极难液化的惰性组分。但是，如果煤的岩相组成较均一，为简化起见，也可将煤当作组成均一的反应物来看。

②虽然在反应初期有少量气体和轻质油生成，不过数量有限。由于在比较温和的条件下少，所以反应以顺序进行为主。

③沥青质是主要的中间产物。

④逆反应可能发生。当反应温度过高或氢压不足，以及反应时间过长，已生成的前沥青烯、沥青烯及煤裂解生成的自由基碎片可能缩聚成不溶于任何有机溶剂的焦油，焦油亦可裂解、聚合生成气态烃和分子量更大的产物。

综上，煤加氢液化的反应历程如图7-9所示。

从图7-9中可以看到，C_1 为煤有机质的主体，C_2 为存在于煤中的低分子化合物，C_3 为惰性成分。

（4）基本工艺流程

直接液化工艺旨在向煤的有机结构中加氢，破坏煤的结构产生可蒸馏液体。目前已经开发出多种直接液化工艺，但就基本化学反应而言，它们非常接近，基本都是在高温和高压条件下在溶剂中将较高比例的煤溶解，然后加入氢气和催化剂进行加氢裂化过程。煤直接液化的基本工艺流程如图7-10所示。

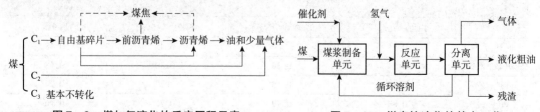

图7-9　煤加氢液化的反应历程示意　　　　图7-10　煤直接液化的基本工艺

将煤先磨成粉，与工艺过程产生的液化重油(循环溶剂)配成煤浆，在高温(450℃)和高压(20~30MPa)条件下直接加氢，将煤转化为液体产品。整个过程分为3个主要工艺单元：①煤浆制备单元。将煤破碎至0.2mm以下与溶剂、催化剂一起制备成煤浆。②反应单元。在反应器内高温高压下进行加氢反应，生成液体。③分离单元。分离反应生成的残渣液化油及反应气，重油作为循环溶剂配煤浆用。

直接液化工艺的液体产品比热解工艺的产品质量要好得多，可以不与其他产品混合直接用作燃料。但是，直接液化产品在被直接用作燃料之前需要进行提质加工，采用标准的石油工业技术，让从液化厂生产出来的产品与石油冶炼厂的原料混合进行处理。

一般情况下，根据将煤转化成可蒸馏的液体产品的过程，可将煤直接液化工艺分为单段液化和两段液化2大类。

1)单段液化工艺

通过一个主反应器或一系列的反应器生产液体产品。这种工艺可能包含一个合在一起的在线加氢反应器，对液体产品提质但不能直接提高总转化率。溶剂精炼煤法(SRC-Ⅰ和SRC-Ⅱ工艺)、氢煤法(H-Coal)与埃克森供氢溶剂法(EDS工艺)均属此类。

2)两段液化工艺

通过2个反应器或两系列反应器生产液体产品。第一段的主要功能是煤的热解，在此段中不加催化剂或加入低活性可弃性催化剂。第一段的反应产物进入第二段反应器中，在高活性催化剂存在下加氢生产出液态产品。主要包括催化两段液化工艺、HTI工艺、Kerr-McGee工艺与液体溶剂萃取工艺等。

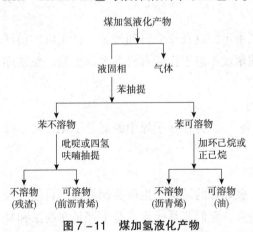

图7-11　煤加氢液化产物

(5)煤加氢液化的反应产物

煤加氢液化后得到的并不是单一的产物，而是组成十分复杂的产物，包括气、液、固三相的混合物。按照在不同溶剂中的溶解度不同，对液固相部分可以进一步分离，见图7-11。

残渣不溶于吡啶或四氢呋喃，由尚未完全转化的煤、矿物质和外加的催化剂构成。

前沥青烯是指不溶于苯但可溶于吡啶或四氢呋喃的重质煤液化产物，其组成举例见表7-2，平均分子量约1000，杂原子含量较高。

表7-2　溶剂精炼煤(SRC)中各组分的组成结构

结构参数[①]	组分			
	前沥青烯(36%)	沥青烯(45%)	树脂[②](15%)	油(4%)
$\omega(H_{ar})$/%	0.51	0.455	0.43	0.48
$\omega(H_a)$/%	0.34	0.36	0.30	0.18
$\omega(H_{al})$/%	0.15	0.16	0.27	0.24
$\omega(fc_{ar})$	0.84	0.79	0.75	0.76

结构参数[①]	组分			
	前沥青烯(36%)	沥青烯(45%)	树脂[②](15%)	油(4%)
M	1026	560	370	264
C_A	62.7	32.4	20.8	16.3
C_{RS}	12.6	7.4	4.1	2.7
C_N	1.4	1.4	1.9	1.9
示性式	$C_{74.45}H_{48.72}N_{0.70}O_{2.44}S_{0.70}$	$C_{40.8}H_{38.5}N_{6.22}O_{1.58}S_{0.03}$	$C_{27.71}H_{24.57}N_{0.22}O_{0.61}S_{0.11}$	$C_{20.1}H_{18.3}N_{0.08}O_{0.18}S_{0.05}$

注：①H_{ar}为芳香氢占总氢；H_a为芳环 a 位置侧链的氢占总氢；H_{al}为脂肪氢占总氢；fc_{ar}为碳的芳香度；C_A为分子中芳香碳原子数；C_{RS}为芳环上发生了取代反应的碳原子数；C_N为脂环中碳原子数。

②正己烷可溶物置于白土层析柱上，先以正己烷冲洗出油，再以吡啶冲洗，其冲洗物即为树脂。

沥青烯是指可溶于苯但不溶于正己烷或环己烷的、类似于石油沥青质的重质煤液化产物，与前者一样也是混合物，平均相对分子质量约为 500。

油是指可溶于正己烷或环己烷的轻质煤液化产物，除少量树脂外，一般可以蒸储，沸点有高有低，相对分子质量大致在 300 以下。

旨在得到轻质油品时，则用蒸储法分离，沸点 <200℃者为轻油或称石脑油，沸点为 200~325℃者为中油，它们的组成举例见表 7-3。总的来讲，轻油中含有较多的酚类，中性油中苯族烃含量较高，经过重整可以比原油的石脑油得到更多的苯类；中油含有较多的萘系和蒽系化合物，另外酚类和喹啉类化合物也较多。

表7-3 煤液化轻油和中油的组成举例

馏分		含量/%	主要成分
轻油	酸性油	20.0	90%为苯酚和甲酚，10%为二甲酚
	碱性油	0.5	吡啶及同系物、苯胺
	中性油	79.5	芳烃40%、烯烃5%、环烷烃55%
中油	酸性油	15	二甲酚、三甲酚、乙基酚、萘酚
	碱性油	5	喹啉、异喹啉
	中性油	80	2~3环烷烃69%、环烷烃30%、烷烃1%

煤液化中不可避免还有一定量的气体生成，包括以下 2 部分：

①含杂原子的气体，如 H_2O、H_2S、NH_3、CO_2 和 CO 等。

②气态烃，C_1~C_3(有时包括 C_4)。

气体产率与煤种和工艺条件有关，以伊利诺伊 6 号煤和 SRC-Ⅱ法为例，C_1~C_2 含量为 11.6%，C_3~C_4 含量为 2.2%，H_2O 含量为 6.0%，H_2S 含量为 2.8%，CO_2 含量为 1.0%，CO 含量为 0.3%(均对德尔菲法煤，以质量计)。生成气态烃要消耗大量的氢，所以气态烃产率增加将导致氢耗量提高。

习题

1. 直接法合成氨生产工艺流程如下图所示，试分析在合成氨的生产工艺中原料气的制备途径有哪些，各有何特点。

2. 试结合合成甲醇工艺与合成氨工艺对比分析 2 种工艺存在哪些异同。

3. 以碳的氧化物与氢合成甲醇的方法，在原料路线、生产规模、节能降耗、工艺技术、过程控制与优化等方面都具有哪些新的突破与进展？

4. 加氢精制的作用是什么？加氢裂化的作用是什么？

5. 汽油加氢精制包括哪些内容，试对比分析各自的工艺特点。

6. 渣油加氢装置的反应器主要有哪几种？

7. 加氢裂化过程包括哪些类型？

8. 典型的馏分油加氢裂化过程流程如下图所示，分析对比两图中工艺流程的不同之处，总结出 2 种流程的特点。

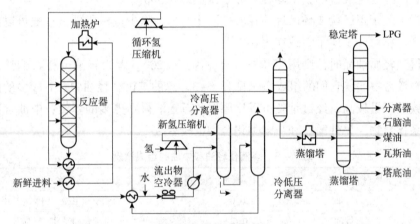

典型加氢裂化工艺流程

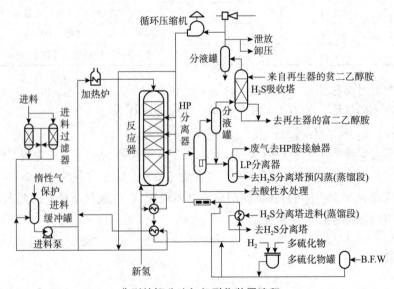

典型的馏分油加氢裂化装置流程

9. 简述加氢裂化过程的特点。

10. 什么是煤的间接液化，其与直接液化有何异同？

11. 简述间接液化技术的费托合成（Fischer – Tropsch Synthesis，F – T）工艺的合成原理，并列出其主要的过程反应式。

12. 煤间接液化工艺分为低温 F – T 合成工艺和高温 F – T 合成工艺，分析对比 2 种工艺流程，说明各流程具备的特点。

13. 煤直接液化的原理是什么？

14. 煤加氢液化中的主要反应有哪些？

15. 简述煤加氢液化反应中氢的来源。

16. 煤加氢液化的反应历程如下图所示，试结合本图分析煤加氢液化的反应机理。

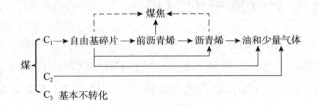

第8章 氢在其他领域的利用

氢除了被广泛应用在能源化工领域，还被应用在电子行业、炼铁、医疗健康和核聚变等领域，本章重点对这4个领域的氢利用进行详述。

8.1 氢在电子行业中的利用

半导体制造技术作为信息时代制造的基础，堪比工业时代的机床，是整个社会发展的基石和原动力。在国际产业分工格局重塑的关键时期，我国也提出了《中国制造2025》，以通过智能制造实现由制造大国向制造强国的转换。智能制造(工业4.0)的实现，以各种信息器件的使用为基础，半导体制造技术正是其制造的核心技术。而氢气作为半导体制造中的气源，在半导体材料及器件制备中起到至关重要的作用。可在光电器件、传感器、集成电路(Integrated Circuit，IC)制造中应用。在半导体工艺中氢气主要用于氧化、退火、外延和干蚀刻工序。

8.1.1 氢作为气氛气

氧化工序是在硅片表面形成氧化硅膜的工序，在大规模集成电路(Large Scale Integration，LSI)生产工艺中占有重要位置。为得到氧化所用的较高纯度的水蒸气，一般广泛使用氢和氧反应生成水蒸气的高温法。图8-1所示为代表性的高温法氧化装置。调节了流量和压力的氢和氧经过供气装置流入石英管，在点火部位点火产生氢氧焰，生成高纯水蒸

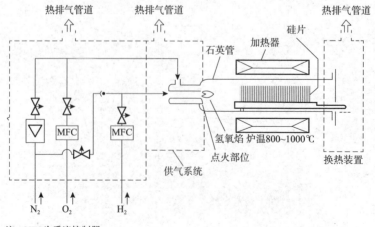

注：MFC为质流控制器。

图8-1　氧化装置

气。在这种水蒸气气氛中，硅片经高温（850~1000℃）处理，其表面形成数百至数千埃厚的氧化硅膜。用氮气清洗供气系统内的氢气管道和石英管，以保证氧化装置的洁净度。气体用量为：氢3~6L/min；氧2~7L/min；氮5~20L/min。在氧化工序中，随着大规模集成电路的微细化和高集成化，要求形成10~200Å厚的高质量薄膜，所以要求采用灰尘和金属杂质少、纯度高的氢、氧等气体。

退火工序中氢气用作气氛气体。其装置的结构与氧化装置大致相同。炉子的温度为400~500℃，使用的气体有氢和氮，主要用于元件布线用金属膜（Al、Mo）的热处理。

8.1.2　氢作为原料气

在大规模集成电路生产过程中外延工序用氢量最多，而且要求用高纯度的氢。在该工序中，由于用硅烷类气体（SiH_4、SiH_2Cl_2、$SiCl_4$）在高温下进行化学反应，以在单晶硅片表面形成同样的单晶硅膜，因此要用氢气作为还原或热分解反应气。作掺杂气用的微量砷烷和磷烷气的加入决定了与氢混合后所生成膜的电性能。

图8-2所示为普通圆筒形减压外延装置。该装置的处理能力很大，而且能得到均一的硅单晶膜。在圆筒形的石英反应管内将6~8个石墨感应器排列成倾斜的多角柱状，其上排放着硅片，从石英管的周围用灯泡加热器加热到1100℃左右。为改善温度分布，在晶体生长过程中石墨感应器在石英管内旋转。原料气（硅烷类气体＋掺杂气）与大量氢气（150L/min）混合从上部进入反应管，从下部排出废气。为使反应管内减压，用机械泵排气。此处用氮作置换气体，用HCl气作清洗气。在外延工序中，氢气中微量的水、氧和氮可使膜产生晶体缺陷，因此需要用99.9999%~99.99999%的高纯氢。

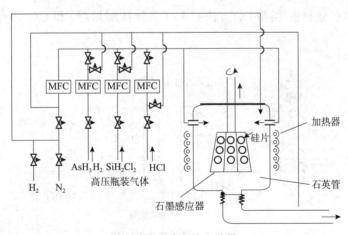

图8-2　减压外延装置

8.1.3　氢作为蚀刻气

在干蚀刻工序中，将所形成的氧化硅膜中不需要的部分用蚀刻的方法有选择地去除。可以使用反应性离子蚀刻法，它是采用惰性气体的物理离子蚀刻与反应性气体的化学等离子蚀刻相结合的方法。在有选择地蚀刻氧化硅膜的情况下，蚀刻气中可加入50%氢气，通

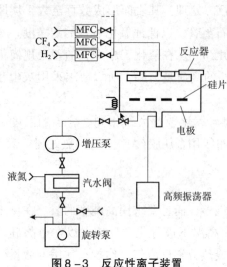

图8-3 反应性离子装置

过改变两者的配比可控制蚀刻速度。一般用 $CF_4 + H_2$ 作为氧化硅膜的蚀刻气。

图8-3所示为反应性离子蚀刻装置。在不锈钢反应器中，在平行平板电极的一侧排放着硅片，通过高频作用使反应器内的气体等离子化，生成氟游离基。对这种氟游离基增加电场，进行蚀刻。

8.1.4 氢气作为载气

大规模集成电路的原料单晶硅片一般是从各生产厂购入的。其生产也要用大量氢。图8-4所示为单晶的原料多晶硅的生产流程。硅粉、氯气和氢气按式(8-1)反应生成 $SiHCl_3$：

$$2Si + 3Cl_2 + H_2 \Longrightarrow 2SiHCl_3 \qquad (8-1)$$

该 $SiHCl_3$ 经过精馏可成为磷含量为 0.45×10^{-9}、硼为 0.13×10^{-9} 的物料。精制过的 $SiHCl_3$ 在多晶反应器中与作为载气的大量氢进行还原、热分解反应可得到高纯多晶硅。在多晶反应器中氢与气化了的 $SiHCl_3$ 的混合气体在加热到约1100℃的硅芯棒上，按式(8-2)反应，逐步在芯棒表面析出硅微粒而生成粗棒状多晶硅。

$$SiHCl_3 + H_2 \Longrightarrow Si + 3HCl \qquad (8-2)$$

此处所用的氢气纯度为露点 $-70 \sim -80℃$，$O_2 < 1 \times 10^{-6}$、烃类 $< 0.1 \times 10^{-6}$、$N_2 < 0.1 \times 10^{-6}$。用多晶硅制备单晶硅的方法有 FZ(悬浮区域熔融)和 CZ(切克劳斯基)等法，详见相关书籍。

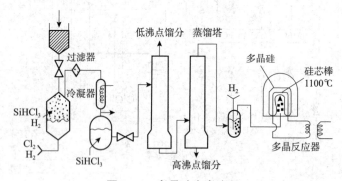

图8-4 多晶硅生产流程

8.2 钢铁行业的氢利用

传统高炉炼铁工艺强烈依赖冶金焦，能耗高、污染重，为了摆脱高炉工艺的固有缺点，开发清洁的钢铁冶金工艺，基于氢冶金的炼铁技术应运而生。发展氢冶金是炼铁技术的一场革命，将有效推动钢铁工业的可持续发展。目前，钢铁冶金领域的氢冶金研究主要包括气基直接还原和熔融还原。

8.2.1 氢气炼铁的原理

采用纯 H_2 代替碳作为炼铁还原剂时，产物为 H_2O，避免了碳还原产生的 CO_2，理论上可实现温室气体的零排放，为钢铁冶金的绿色发展提供了可能。因此，国内外对 H_2 还原铁氧化物的行为及机理进行了大量研究。

(1)热力学原理

目前，气基还原炼铁主要采用 H_2、CO 混合气体作为还原气，H_2、CO 还原铁氧化物时，热力学平衡图如图 8 - 5 所示，还原过程分为 Fe_3O_4 稳定区、FeO 稳定区和金属铁稳定区。反应温度小于 570℃ 时，铁氧化物的还原历程为 $Fe_2O_3 \rightarrow Fe_3O_4 \rightarrow Fe$；反应温度大于 570℃ 时，铁氧化物的还原历程则为 $Fe_2O_3 \rightarrow Fe_3O_4 \rightarrow FeO \rightarrow Fe$。

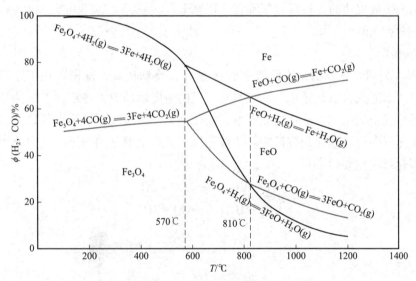

图 8 - 5 H_2、CO 还原铁氧化物平衡

在反应温度小于 810℃ 时，CO 还原平衡曲线位于 H_2 还原平衡曲线下方，相同温度条件下，还原铁氧化物生成金属铁所需 CO 平衡分压 $< H_2$，表明此温度范围内 CO 还原能力强于 H_2；而反应温度大于 810℃ 时，则 H_2 还原能力强于 CO。由于实际反应温度一般大于 810℃，因此，采用富氢或纯氢还原气体进行铁矿还原在热力学上具有一定的优势。

(2)动力学原理

H_2 对固态铁氧化物的还原过程，主要包括以下环节：

①H_2 从气流层向固 - 气界面扩散并被界面吸附。

②发生界面还原反应，生成气体 H_2O 和相应的固体产物。

③气体 H_2O 从反应界面脱附。

④随着反应的进行，固体产物成核、生长，并形成产物层，H_2O 需要穿过固体产物层从反应界面向气流层扩散，还原反应速率取决于速率最低的环节。

H_2 还原熔融铁氧化物为气 - 液反应过程，整体反应速率则主要由 3 个环节控制：

①气相中的质量传递速率。

②气－液界面反应速率。

③液相中的质量传递速率。

8.2.2 富氢气基直接还原炼铁技术

气基直接还原是在低于铁矿石熔点的温度下，采用还原气体将铁氧化物还原成高品位金属铁的方法，由于直接还原铁脱氧过程中形成许多微孔，在显微镜下观看状似海绵，又称为海绵铁。目前，气基直接还原炼铁已形成工业化应用，规模最大的 Midrex 工艺年产海绵铁达到 4500 万 t，采用的还原气体为含 H_2 和 CO 的富氢混合气体，因此，气基直接还原是一种基于氢冶金的炼铁技术。富氢气基直接还原流程生产的海绵铁约占世界海绵铁总产量的 75%，主要包括竖炉工艺、流化床工艺等。其中，基于竖炉法的 Midrex 工艺、HYL － Ⅲ工艺是最成功的 2 种富氢气基直接还原工艺。

（1）气基竖炉法

1）Midrex 工艺

由 Midrex 公司开发成功，流程如图 8－6 所示。将铁矿氧化球团或块矿原料从炉顶加入，从竖炉中部通入富氢热还原气，炉料与热风的逆向运动中被热还原气加热还原成海绵铁。富氢还原气由天然气经催化裂化制取，裂化剂为炉顶煤气。炉顶煤气经洗涤后部分与一定比例天然气混合经催化裂化反应转化成还原气，剩余部分刚与天然气混合用作热能供应，催化裂化反应主要包括：

$$CH_4 + CO_2 \longrightarrow 2CO + 2H_2 \tag{8-3}$$

$$CH_4 + H_2O \longrightarrow CO + 3H_2 \tag{8-4}$$

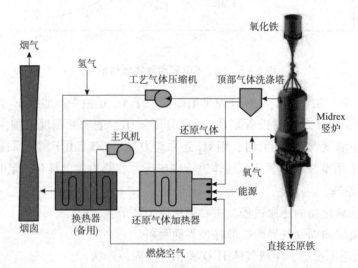

图 8－6 Midrex 工艺流程示意

产生的富氢还原气中，$V(H_2)/V(CO) \approx 1.5$，温度为 850～900℃。Midrex 工艺还原气中 H_2 含量较低，竖炉中还原气和铁矿石的反应表现为放热效应。

Midrex 工艺可得到最优铁金属化率达到 100%，但产量大幅降低，铁金属化率约为

96%时是最优生产条件,增加还原气体的 CO 比例可以提高产量。对 Midrex 工艺竖炉的模拟研究表明,在竖炉 7.0m 深度以下,随着还原气上行,H_2 体积分数迅速减少,而 CO 体积分数变化很小,直至 2.0m 深度以上 CO 的体积分数才显著降低,铁矿原料在炉内运行约 2.0m 即可完全变成浮氏体氧化亚铁。GHADI 等提出,赤铁矿在 Midrex 竖炉还原区上部完全转变为磁铁矿,运行到中部时被还原为方铁矿,在炉底部时方铁矿才被还原为海绵铁;采用双气体喷嘴,可提高铁矿还原率,每生产 1t 海绵铁可减少 H_2 用量 100m^3。

2)HYL – Ⅲ工艺

HYL – Ⅲ工艺由墨西哥 Hylsa 公司开发,工艺流程如图 8 – 7 所示。HYL – Ⅲ工艺使用球团矿或天然块矿为原料,原料在预热段内与上升的富氢还原气作用,迅速升温完成预热,随着温度升高,矿石的还原反应逐渐加速,形成海绵铁。富氢还原气采用天然气为原料,水蒸气为裂化剂,经催化裂化反应制取:

$$CH_4 + H_2O \longrightarrow CO + 3H_2 \qquad (8-5)$$

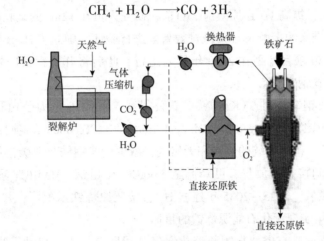

图 8 – 7 HYL – Ⅲ工艺流程示意

富氢还原气中 $V(H_2)/V(CO) = 5 \sim 6$,温度高达 930℃。该工艺还原气中 H_2 含量较 Midrex 工艺高,竖炉中还原反应则表现为吸热效应,因此对入炉还原气温度要求较高。

而后,Hylsa 公司又基于 HYL – Ⅲ工艺开发了 HYL – ZR 工艺,该工艺可以直接使用焦炉煤气、煤制气等富氢气体,为富煤缺气的地区发展气基直接还原工艺开辟了新路径。

与 Midrex 工艺相比,采用 $V(H_2)/V(CO) = 1$ 的煤制气生产 1t 海绵铁产品,还原气消耗量增加约 100m^3,而能量利用率提高约 3.3%。周渝生等认为,中国的能源结构适合发展以煤气为气源的气基直接还原炼铁工艺,并提出了现有煤气化设备与 HYL 竖炉结合的工艺方案。王兆才对煤制气 – HYL 直接还原工艺进行了系统研究,结果表明:采用 H_2 含量 30% ~75% 的煤制合成气,还原反应 2h 内,铁矿球团金属化率均可达到 95% 左右;还原气中 H_2 含量增加有利于还原反应的进行,但 H_2 含量达到 50% 后,H_2 对还原反应的增强作用逐渐减弱。

(2)气基流化床法

基于流化床法的直接还原炼铁工艺主要有 Finmet 和 Circored 工艺,Finmet 工艺由委内瑞拉 Orinoco Iron 公司和奥地利 Siemens VAI Metals Technologies 公司联合开发并运营。

Circored工艺由 Outotec 公司开发，采用天然气重整产生的 H_2 作为还原气体。相较于竖炉法，基于流化床法的直接还原铁生产规模较小。流化床法可直接采用铁矿粉原料，在高温还原气流中进行还原，反应速度快，理论上是气基法中最合理的工艺方法。但生产实践中，使物料处于流化态所需的气体流量远大于理论还原所需的气量，造成还原气利用率极低，气体循环能耗高；同时，"失流"等生产问题难以解决，阻碍了流化床法的进一步发展。

（3）气基直接还原炼铁技术新发展

2004 年，来自欧洲 15 个国家的 48 个企业、组织联合启动了 ULCOS（Ultra－low CO_2 Steelmaking）项目，并提出了基于氢冶金的钢铁冶金路线，通过电解水产氢，供给直接还原竖炉。该项目氢冶金技术的突破，可使钢铁冶炼碳排放从 $1850kgCO_2/t$ 粗钢降低84% 至 $300kgCO_2/t$ 粗钢。

2008 年，日本启动了创新性炼铁工艺技术开发项目（COURSE50），研究内容包括 H_2 还原炼铁技术开发，提高 H_2 还原效应。目前，研究人员在 $12m^3$ 的试验高炉上进行了多次试验，对吹入 H_2 带来的影响及 CO_2 减排效果等进行验证，确立了 H_2 还原效果最大化的工艺条件。COURSE50 项目计划在 2030 年投入运行，此后将开展钢铁厂外部供氢技术的开发，最终实现"零碳钢"目标。

2017 年，瑞典钢铁公司、LKAB 铁矿石公司和 Vattenfall 电力公司联合成立了合资企业，旨在推动 HYBRIT（Hydrogen Breakthrough Ironmaking Technology）项目，开发基于 H_2 直接还原的炼铁技术，替代传统的焦炭和天然气，减少瑞典钢铁行业碳排放。经估算，采用纯 H_2 还原，考虑间接碳排放量，可降低至 $53kgCO_2/t$ 粗钢。HYBRIT 项目计划于 2018—2024 年进行中试试验，2025—2035 年建立 H_2 直接还原炼铁示范厂，并依托新建的 H_2 储存设施，到 2045 年实现无化石能源炼铁的目标。

2019 年，德国蒂森克虏伯集团与液化空气公司联合，正式启动了高炉 H_2 炼铁试验，并计划从 2022 年开始，杜伊斯堡地区其他高炉均使用 H_2 进行钢铁冶炼，可使生产过程中 CO_2 排放量降低 20%。

2019 年 10 月，我国山西中晋矿业年产 30 万 t 氢气直还炼铁项目调试投产，该项目针对国内"富煤缺气"的资源特点，自主研发了"焦炉煤气干重整还原气"工艺，突破了气基竖炉直接还原技术在我国产业化的瓶颈，CO_2 排放量比传统高炉炼铁降低 31.7%。

由此可见，富氢气基直接还原炼铁已经进入技术成熟、稳步发展的阶段，并正在向纯氢气直接还原的方向发展。

8.2.3　富氢熔融还原炼铁技术

工艺将铁矿原料和助熔剂从炉顶加入，从还原炉中上部、中下部分别通入 O_2 和过量的 H_2，炉料下落过程中首先通过由过量 H_2 与 O_2 燃烧产生的火焰区被完全熔化，然后熔体通过还原区被 H_2 还原，最后熔体在还原炉底部实现渣铁分离。从炉顶将尾气回收，并利用尾气余热对 H_2 和 O_2 进行预热。

由于纯 H_2 熔融还原炼铁仍存在短期内难以实现大规模、低成本制氢的问题，近年来，上海大学提出铁浴碳－氢复吹熔融还原工艺路线，其基本路线是在熔融还原反应中以H_2为主要还原剂、以碳为主要燃料，达到降低能耗和CO_2排放的目标。碳－氢熔融还原工艺主要基于以下原理。

还原：

$$Fe_2O_3 + 3H_2(g) \Longrightarrow 2Fe + 3H_2O(g) \tag{8-6}$$

供热：

$$2C + O_2(g) \Longrightarrow 2CO(g) \tag{8-7}$$

制氢：

$$CO(g) + H_2O(g) \Longrightarrow H_2(g) + CO_2(g) \tag{8-8}$$

理论计算表明，采用H_2还原出$1molFe$消耗的热量仅为碳还原的$1/5$，且反应温度达到$1400℃$时，还原速率比CO高2个数量级。因此，在熔融状态下采用H_2还原铁矿具有速度快、能耗和CO_2排放均较低的优势。

碳－氢熔融还原铁矿实验研究表明：几分钟内可完成绝大部分铁氧化物的还原，且终渣TFe可达到1%以下；碳－氢熔融还原反应为一级反应，随着反应进行，还原速率降低，反应速率控制环节转变为铁氧化物的扩散。

对H_2取代碳进行熔融还原炼铁的可行性进行研究，结果表明：基于现有的熔融还原工艺，向熔炼炉喷吹H_2，通过减少喷煤量并增加H_2喷吹量，使$n(C):n(O) < 1$，可达到降低还原区所需热负荷的目的；铁矿熔融还原的吨铁能耗随$n(H_2)/n(H_2 + C)$提高而降低，全碳熔融还原的理论吨铁能耗达到$4 \times 10^6 kJ$，而全H_2熔融还原理论吨铁能耗仅约为$0.8 \times 10^6 kJ$，吨铁理论耗氢量为$980m^3$。

8.3　氢在医疗健康领域的应用

氢气对氧化性自由基(如羟自由基和氧自由基离子)具有很强的亲和性，是一种精准活性氧清除剂，可保留有益活性氧，去除有害活性氧。日本医科大学太田成男教授等研究表明氢气是有效的抗氧化剂。这是由于氢气可快速扩散透过细胞膜，与细胞毒性活性氧接触并发生反应，从而对抗氧化损伤。而且，分子氢可选择性清除细胞毒性最强的羟自由基，同时保留其他对细胞生理功能和内稳态都很重要的活性氧(如一氧化氮、过氧化氢)。基于氢气的抗氧化作用，氢气还具有抗炎、抗凋亡和抗过敏效应的作用。近期研究表明：氢气是细胞内第4个气体信号分子，其作用方式与一氧化氮、一氧化碳和硫化氢相似，可能调节基因表达或某些信号蛋白的磷酸化。这些关于氢气作用的重要发现，使得该领域在过去10年迅速崛起。本节将从氢气的生物安全性及利用氢气治疗疾病的各种方法进行概述。

8.3.1　氢气的生物安全性

氢气的生物安全性非常高，本节主要从潜水医学、内源性气体和生物安全研究3个方面进行论述。潜水医学领域，1789年著名化学家拉瓦锡和塞奎因曾经将氢作为呼吸介质进行动物实验研究，研究发现氢气对动物机体是非常安全的。1937年后，法国等国际潜水医学机构相继开展了氢气潜水的医学研究，一直到后来开展氢气潜水的人体试验，都证明氢气是一种对人体非常安全的呼吸气体。内源性气体领域，大肠埃希菌（大肠杆菌）是可以产生氢气的，正常人体的大肠内总会存在一定水平的氢气。从这个角度考虑，氢气是人体内的一种正常内部环境气体，这是其具有安全性的重要佐证之一。氢气生物安全性领域，随着氢气生物学研究的不断增加，关于氢气的临床研究也逐渐增多。到目前为止，没有任何证据表明氢气对人体存在危害性。欧盟和美国政府出版的关于氢气生物安全性资料显示，普通压力下氢气对人体没有任何急性或慢性毒性。尽管这样，任何对人体可以产生生物学效应的物质都存在破坏内环境稳态，危害机体的可能。虽然氢气的安全性非常高，但我们仍无法断言氢气对人体没有任何副作用。

8.3.2　氢气治疗疾病概况

2007年，太田成男教授发表了氢气选择性抗氧化作用的论文，启动了氢气分子生物学的研究热潮。目前，国际上发表的相关研究论文所涉及领域从各类器官缺血再灌注损伤，到糖尿病、动脉硬化、高血压、肿瘤等各类重大人类疾病，再到各类颇具新意的研究设想和假说，更有若干初步的临床研究报道（见图8-8）。在这些研究中，大家比较公认的前提是把氢气作为一种新型的抗氧化物质，推测其对哪些氧化应激和氧化损伤相关疾病可能具有治疗作用。当然，在研究上述疾病过程中，关于氢气的抗细胞凋亡、抗炎症反应等也有许多研究结果。由于氧化应激几乎涉及所有细胞、组织和器官类型，几乎和所有疾病都存在程度不同的联系，因此国际上各类基础和临床研究单位相继去验证各自所关注的疾病。

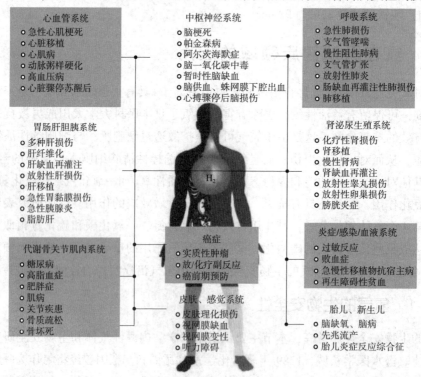

图8-8　氢气可治疗的人体各种疾病

8.3.3　利用氢气治疗疾病的方法

用氢气治疗疾病的方法主要包括：呼吸氢气、饮用电解水、氢气溶解水、氢气溶解盐水、氢气注射、皮肤扩散和诱导大肠细菌产生氢气等。在这些方法中，电解水作为一种功能水，已经在国际上应用多年。氢气饱和水作为一种新型的功能水产品，也开始在日本、韩国、东南亚等多个国家和地区迅速发展。氢气生理盐水作为一种研究氢气的手段，具有非常明显的优点，也是中国学者在这个领域最为突出的贡献之一。作为一种临床治疗手段，氢气生理盐水尚需大量前期的基础和临床研究工作。不过作为一种非常具有潜力的治疗手段，注射法必然成为将来氢气临床应用最具有前景的方式。通过皮肤扩散、局部注射氢气、使用药物和食物诱导大肠细菌产生氢气有很强的实用价值，也非常值得研究。

（1）通过呼吸给氢

呼吸给氢气最早在潜水医学中使用，而且进行了大量的人体试验。氢气呼吸必须克服的一个问题是氢气和氧气混合后可能发生燃烧和爆炸问题。在纯氧环境中，氢气的可燃极限为 4.1% ~94%；在空气中氢气的可燃极限为 4% ~75%。这样的氢气体积分数是否具有生物学效应是必须确定的。2007 年的实验结果表明，动物呼吸 1% 或 2% 的氢气 35min 可以有效治疗脑缺血再灌注损伤。后来又有大量的研究表明呼吸低体积分数氢气对多种疾病的治疗效果。这些研究给呼吸氢气治疗疾病奠定了非常重要的基础和前提。尽管呼吸低体积分数的氢气是操作安全的方法，但仍不可掉以轻心，因为在混合氢气的过程，局部的氢气高体积分数几乎无法避免，这对使用氢气时安全操作提出了比较高的要求。另外，即使达到可燃烧体积分数，只要温度不超过 500℃，也不会发生燃烧。静电火花就可以达到这样一个温度，因此防止静电是氢气操作比较关注的问题之一。

通过呼吸摄取氢气另一个比较大的缺点是剂量不确定。表面上看呼吸氢气可以确定呼吸氢气的体积分数和时间，但呼吸氢气的剂量受到许多因素影响。氢气进入体内需要依靠呼吸循环功能来实现，一切影响患者呼吸循环功能的因素都可以影响氢气的实际剂量，从而有可能影响氢气的效果。患者和研究对象本身的心肺功能自然是一大影响因素。不同患者的心肺功能有非常大的区别，这必然造成氢气的实际摄取数量存在明显的个体差异。

（2）饮用氢气水

通过饮用氢气水摄取氢气是目前应用最广泛的方法，也是氢气健康产品最常见的形式。饮用氢气水的制备方式包括电解水、氢气溶解水、金属镁反应水等类型。使用饮用氢气水作为氢气摄取的方法也经常用于许多实验研究中。人体实验中使用该方法容易进行剂量的控制，如可在规定时间内饮规定体积的氢气水。在动物实验中难以控制剂量，多采用自然饮用，或者随意饮用。这必然带来一些影响实验结果稳定性的因素和问题，如饮用的吸收过程多变、饮用量的误差、氢气从容器中挥发导致氢气体积分数不稳定等问题。为克服这一缺陷，有研究者采用限制动物饮水，在固定时间段给动物固定体积氢气水的方法，也能取得剂量控制的理想效果。

1）电解水

电解水通常是指含盐(如氯化钠)的水经过电解之后所生成的产物，电解过后的水本身是中性，但是可以加入其他离了，或是可经过半透膜分离而生成 2 种性质的水：一种是碱性水，另一种是酸性水。以氯化钠为水中所含电解质的电解水，在电解后会含有氢氧化钠、次氯酸与次氯酸钠(如果是纯水经过电解，则只会产生氢氧根离子、氢气、氧气与氢离子)。1994 年，日本癌症防治中心发表报告"自由基是致癌的诱因"，并证实电解水确实能祛除人体内的自由基。关于电解水治疗疾病的原理并不清楚。最近学术界普遍认为，电解水治疗疾病的根本原因是电解水含有氢气，该结论仍需要大量的实验验证。

2)金属镁反应氢气水

利用金属镁和水在常温下产生氢气和氢氧化镁的缓慢化学反应，制备出方便使用的氢气水。许多金属如铁、铝和镁都可以和水反应产生氢气，但铁和铝存在口感不理想、反应速度太慢和明显毒性等原因，不适用于氢气饮用水的制备，最终选择金属镁作为制备氢气水的最佳材料。为了使用方便和消毒等目的，有的在材料中加入电气石和纳米白金等材料。但从氢气产生角度，金属镁是其核心材料，氢气是产生效应的关键。

3)饱和氢气水

饱和氢气水是目前公认摄取氢气最理想的手段，制备方法主要包括 4 类，分别为曝气、高压、膜分离和电解水技术。在饱和氢气水的生产和保存过程中，至关重要的是防止氢气从容器中泄漏的技术。我们一般采用的碳酸饮料包装，可以限制 CO_2 从容器中释放，但氢气可以非常容易地从瓶口释放，甚至穿过瓶壁泄漏出去。因此，氢气水的包装是该领域的核心技术。蓝水星公司和环贯公司的氢气水产品，包装都是采用金属铝，方式包括软包装铝袋或铝罐，声称可以便氢气稳定保存半年到一年以上。台湾汉氢科技有限公司选择玻璃瓶包装取得了比较满意的效果。简单充气产生氢气溶液是气体溶液研究中最经典传统的手段。该技术就是简单地把氢气通入水中吹泡，持续 10min 或以上时间，依靠氢气简单的物理溶解，就可以制备出一瓶可以对身体有好处的保健水。

(3)注射氢气生理盐水

从制备和有效物质氢气本身角度考虑，氢气生理盐水和饮用的氢气水没有本质区别，也是通过氢气在盐水中溶解的方法。当然，用于临床则必须达到无菌无热源的注射液要求。制备氢气生理盐水技术的关键是利用氢气具有极强大的扩散能力，把普通的聚乙烯材料的袋装生理盐水在氢气饱和溶液中浸泡8h，利用氢气的扩散能力，氢气透过聚乙烯材料进入生理盐水，这种获得氢气饱和生理盐水的方法已经用于临床试验，初步结果证明这种方法是可行的。用这种氢气饱和生理盐水给患者静脉注射，对脑干缺血的治疗效果优于传统的治疗药物依达拉奉，对系统性红斑狼疮具有显著的治疗效果。

(4)利用氢气的其他技术

除上述 3 类摄取氢气的技术外，国际上氢分子生物学研究中也采用另外一些非经典技术。这些技术虽然使用较少，但从理论上也直接或间接涉及氢气的作用，故在这里一并列举。

1)局部利用氢气的技术

局部利用氢气的技术包括利用氢气滴眼液，该技术曾经被用于视网膜缺血的研究，通过反复滴眼，证明对视网膜缺血再灌注损伤具有明显的治疗作用。尽管只有这一项研究，但该研究提示，氢气滴眼液在眼科疾病治疗方面具有潜在而广泛的应用前景。

2) 氢气水皮肤涂抹和沐浴

由于氢气的扩散能力非常强，氢气沐浴可以作为经过皮肤摄取氢气的手段，有学者曾经结合饮用和局部涂抹氢气水治疗皮肤炎症损伤，大部分在 1~2 周内获得显著的治疗效果。除氢气水局部使用外，身体局部摄取气体的方法曾经用于 CO_2 的吸收。如果将身体局部甚至大部分密闭在氢气环境中，依靠氢气的巨大扩散能力，也可以作为一种使用氢气的方法。不过目前这种方法尚未见报道。

3) 氢气注射

中山医科大学黄国庆等对比了腹腔注射氢气和氢气盐水对全脑缺血的治疗效果。由于氢气在水中的溶解度较低，直接注射氢气可以获得相当于同样体积液体 60 倍以上的该气体摄取量，因此理论上这种注射方法可以大大提高其利用率。注射氢气的缺点是可能引起注射部位的气肿或感染，因此这种方法的安全性和有效性尚需更多研究。

4) 诱导肠道细菌产生氢气

口服人体小肠不吸收的药物和食物，由于小肠不吸收，这些成分被运输到大肠，可以被大肠内细菌吸收。大肠内有许多可以产生氢气的细菌，这些细菌利用这些能量物质制造大量氢气。有学者曾经证明，口服阿卡波糖、变性淀粉、牛奶、姜黄素、乳果糖等可以促进体内氢气的产生。另外可以促进大肠细菌产生氢气的可能食物成分包括棉籽糖、乳糖、山梨糖醇、甘露醇、寡聚糖、可溶性纤维素等。诱导肠道细菌产生氢气的方式产生的氢气数量巨大，尽管有一部分氢气可以被另外一些细菌，如甲烷细菌利用掉，但仍有许多被大肠黏膜吸收进入血液循环，并被运输到其他器官发挥氢气治疗疾病的作用。这种手段已经有一些研究，但效果目前尚难以确定。

5) 口服可以产生氢气的药物

金属镁曾经作为治疗胃炎的药物。金属镁经口服进入胃以后，在胃酸的作用下，迅速产生氢气，这种方法是否可以达到利用氢气治疗疾病的目的，目前尚未有实验证据。有人开发出一种氢负离子的产品，氢负离子，是指氢气作为氧化剂，氧化某些金属或非金属的产物，如氢化镁、氢化钙和氢化硅等。这些金属或非金属氢化物，具有非常活泼的化学性质，很容易和水发生反应。在使用过程中，只要这种物质与水接触，会迅速发生反应并释放出大量氢气。因此，氢负离子的本质作用应该是氢气。他汀类药物可以抑制甲烷菌，而甲烷菌可利用氢气生产甲烷，即抑制细菌代谢氢气，从而间接增加肠道内氢气含量。因此，推测肠道中氢气含量的增加是这类药物产生心脏保护作用的原因之一。

6) 电针和直流电

电针的本质是直流电，在使用电针时，机体组织会被电极电解，在电针的正极，会由于失去电子发生氧化反应，水被电解会产生一定的氧气，而由于组织液的成分复杂，在电针的正极非常容易产生各种活性氧。因此在电针过程中，正极可能会发生一定的氧化损伤。而在阴极，氢离子接受电子变成氢原子，氢原子结合成氢气被组织摄取。有研究表明，直流电或电针可以使组织内氢气浓度升高。

电针疗法是从中医理论出发开发出的现代中医治疗方法，许多人也开展了电针治疗疾病机制的研究。由于电针可以造成组织内氢气的浓度增加，不得不考虑氢气在电针治疗中的作用。许多研究表明，电针具有抗氧化和抗炎症作用，这恰好是氢气被反复证明的生物学效应。如果能证明电针治疗疾病的作用是通过氢气实现的，不仅对氢气的研究有价值，而后对研究电针治疗疾病的机制也提供了一种非常有说服力的解释。

8.4 氢核聚变

大自然自己创造了核聚变。宇宙大爆炸的1亿年以后，由无数的原始氢云形成了巨大的气态球体，气态球体超高密度氢气和超高温度的核心，导致第1次核聚变反应的发生，由此产生了第1颗恒星。此后一直到今天，仍然有几十亿的恒星不断地诞生。在可观测的宇宙范围内，核聚变是物质的最主要形态。以我们所在的太阳系为例，太阳系质量的99.86%都集中在太阳，并且都正处于核聚变的状态。

8.4.1 氢核聚变的原理

核聚变是指由质量轻的原子(主要是指氢的同位素氘和氚)在超高温条件下，发生原子核互相聚合作用，生成较重的原子核(氦)，并释放出巨大的能量，如图8-9所示。1kg氘全部聚变释放的能量相当于11000t煤炭燃烧释放的能量。其实，利用轻核聚变原理，人类早已实现了氘氚核聚变——氢弹爆炸，但氢弹是不可控的爆炸性核聚变，瞬间能量释放只能给人类带来灾难。如果能让核聚变反应按照人们的需要，长期持续释放，才能使核聚变发电，实现核聚变能的和平利用。因此，后续小节主要围绕受控核聚变装置展开。

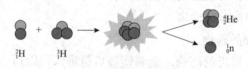

图8-9 核聚变微观示意

8.4.2 氢核聚变的设备

核聚变等离子体温度极高，达到1亿℃以上，任何容器都无法承受如此高温，必须采用特殊的方法将高温等离子体约束住。由于等离子体是带电粒子，而带电粒子在磁场中运动时将受到洛仑兹力的作用。这样，科学家可以利用磁场和带电粒子的相互作用来控制和约束等离子体。现在实验室使用人工方法——惯性约束和磁性约束来约束高温等离子体。而太阳靠其引力约束等离子体维持核聚变。

磁性约束就是利用磁场将高温等离子体约束在一定的区域，惯性约束则是用激光束或电子束。离子束作用于尺寸极小的聚变材料靶，使之在极短的时间内达到高温和高密度，发生核聚变。

根据上面的原理，科学家研制出各种各样的设备来研究核聚变，如图8-10所示。

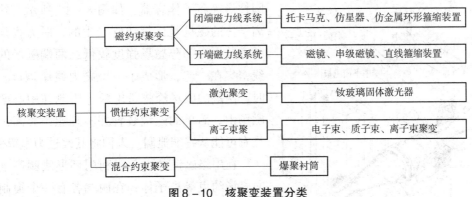

图 8-10 核聚变装置分类

从图 8-10 中可见，主要有磁约束核聚变、惯性约束核聚变及混合约束聚变 3 种方法。现分述如下。

(1) 磁约束核聚变

磁约束聚变是利用一定位形的磁场来约束热核等离子体。利用这一原理的装置很多，其中最成功的是苏联科学家提出的托卡马克装置。

早在 20 世纪 50 年代初，苏联著名物理学家塔姆曾提出用环形强磁场约束高温等离子体的设想。托卡马克这一名称由莫斯科库尔恰托夫研究所的前苏联物理学家阿奇莫维奇 (Artisimovich, Lev Andreevich) 命名，是俄文"环流磁真空室"的缩写。

托卡马克的原理如图 8-11 所示。容纳高温等离子体的环形容器围绕着变压器的铁心，当变压器初级输入强电流脉冲时，等离子体(氘和氚混合气体，并先使其电离形成等离子体)中就感应出强的电流(轴向)，这电流一方面加热等离子体(等离子体有电阻，类似电热器，因此叫作欧姆加热)，另一方面又形成一环绕等离子体的角向磁场。另外，在等离子体的环形容器周围再布置许多线圈(叫作环形线圈)，通以电流后将产生一个沿着等离子体容器轴向的封闭磁场，即环形磁场。角向场和环形场叠加就形成了一个以螺旋形状绕着等离子体的闭合磁场。这个闭合磁场能够把高温等离子体很好地约束起来，这就是托卡马克的磁瓶。图 8-12 所示为我国 HT-7U 托卡马克结构。

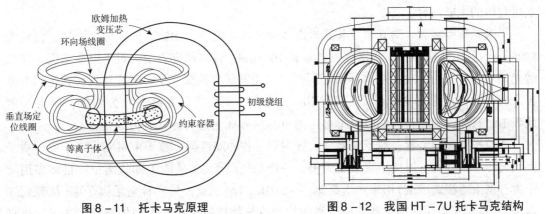

图 8-11 托卡马克原理　　　　　图 8-12 我国 HT-7U 托卡马克结构

利用磁场原理研究受控热核反应的另一类装置是"磁镜"。简单的磁镜装置是一个直的

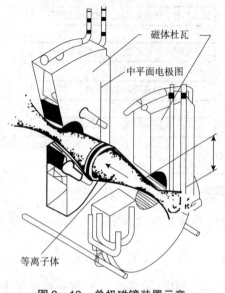

磁体杜瓦

中平面电极图

等离子体

图 8 - 13 单极磁镜装置示意

圆柱形等离子体容器,如图 8 - 13 所示。约束等离子体的磁场是由螺线管产生的,磁力线是敞开的。其中心部分磁场强度较低;两端磁场的磁力线密集在一起,形成了一个磁力线瓶颈口。运行时,两端的磁场峰将带电粒子限制在中心部分的磁场中。简单的磁镜装置并不理想,等离子体还是有可能从终端泄漏。人们将其改进为串级磁镜。

在串级磁镜的中部,利用环形线圈产生的轴向磁场约束等离子体;在两端各有一个扼制场磁体。等离子体中的离子由于扼制磁体产生的磁场峰而被捕集、约束在中部容器内。实际上同简单磁镜装置一样,是由磁场瓶颈处反射回来的,瓶颈起类似镜子的作用。从镜子漏出去的离子容易在阴阳磁体内的静电势的峰值处反跳回来。等离子体中的电子在过渡区静电势凹谷处被排斥回来。这样,用两端增加的辅助装置,改善串级磁镜约束等离子体的条件。目前美国利弗莫尔实验室的串级磁镜装置(简称 TMX - U)取得了较好的结果。

(2)惯性约束核聚变

与磁约束聚变不同,惯性约束聚变利用外力如激光把轻核聚变燃料制成的小球极快地压缩到高密度和高温,使其释放巨大的热核聚变能。轻核燃料小球不能大,不然需要的外力太大,无法满足;另外,大的轻核燃料球一旦发生聚变,相当于 1 颗氢弹。一般燃料小球半径约 1mm,内装轻核燃料约 10^{-3} g。惯性约束聚变要求输入的能量并不大,估计不超过 $0.28 \sim 2.8 kW \cdot h$,相当于 $0.28 \sim 2.8$ 度电。但是能量传递时间极其短暂,要求在 10^{-9} s 内将这些能量送到小球上,则功率相当于 $10^{15} \sim 10^{16} W$ 水平,而美国目前全国所有电厂总的发电能力也不过 $10^{12} W$,还相差 1000 倍。可见,实现惯性约束核聚变也非容易的事。这里用的外力,主要是高能激光或高能粒子束,因此,激光聚变和粒子束聚变是惯性约束聚变研究中的主要内容。

①激光聚变装置。激光聚变装置也有各种各样的类型,如钛玻璃固体激光器,波长为 $1.06 \mu m$;另一种是 CO_2 气体激光器,波长 $10.6 \mu m$。许多研究表明:对于聚变来说短波长激光是显著有利的。现在基本不用 CO_2 气体激光器研究核聚变了。研究还发现直接用激光轰击燃料球,它的吸收率不高,只有 $20\% \sim 40\%$。而先将激光束变为 X 射线,再用 X 射线轰击燃料球,则燃料球的吸收率可达到 $40\% \sim 75\%$。这种方式称为间接驱动。

②粒子束聚变装置。粒子束聚变装置主要是各种加速器。粒子束聚变有电子束、质子束、离子束聚变等。以离子束聚变为例,一种是轻离子束(从质子到碳离子,目前多用质子束、氘束或锂离子束)用来产生高能(1~10MeV)离子束。另一种是重离子束(从氙到铀离子)。重离子束用的加速器类似于高能物理或核物理研究用的大型加速器,如射频或直线感应加速器和储存环等。重离子束能量要求达到 $10 \times 10^9 eV$。粒子束聚变要求注入能量

的量级为 20MJ/g。轻离子束加速器造价较便宜，因此在其上已经开展了不少实验研究。重离子加速器造价昂贵，实验工作很少，主要是理论工作。

（3）混合约束聚变

目前采用惯性约束和磁约束混合的装置，叫作"爆聚衬筒"，这是集合惯性约束和磁约束特点的装置。其基本结构是：将脉冲大电流通入一薄的金属圆筒壳（或液体金属，或金属丝阵列，或预先形成的等离子体），其初始半径约 0.2m，厚 3mm，高 0.2m。脉冲电流本身产生的磁场使衬筒（上述圆筒壳）以高速（约 10^4m/s）爆聚，并压缩衬筒内预先注入的低密度等离子体（温度约 0.5keV，密度为 10^{18}/cm^3，氘氚等离子体）。衬筒爆聚为 20~40μs，对其中等离子体进行绝热压缩，使其升温到热核燃烧的温度。在爆聚和以后热核燃烧的过程中，燃料受到金属衬筒和两端堵塞壁的惯性约束。加入的磁场起绝缘层的作用，阻止径向和轴向的热传导。

爆聚衬筒方案也存在一些问题，如爆聚过程中流体力学不稳定性，衬筒与电源输入的匹配问题及每次实验后衬筒和导线必须更换等。这些问题都尚待研究解决。

8.4.3 托卡马克装置实例

中国环流器二号 M（HL-2M）托卡马克装置，采用先进的结构与控制方式，其等离子体电流能力从国内现有的 1MA 提升到 2.5MA 以上，将大幅提升装置运行能力，开展面向 ITER 乃至未来聚变堆的等离子体科学技术问题的研究。本节主要对中国环流器二号进行系统介绍。

（1）装置主机

装置主机主要包括主机部件、主机辅助系统及主机辅助工程，如厂房、屏蔽、基础等。主机是 HL-2M 装置的核心，主机的设计原则是确保装置的使命、设计原则和工程目标的实现。因此尽量具有高的等离子体参数运行能力，再依照结构紧凑、运行灵活、位形多变、工程可行的要求，确定装置结构，即极向场（PF）线圈位于环向场（TF）线圈内。再经过反复迭代，顺序确定装置的支撑和稳定系统；基本参数和尺寸链；线圈和真空室的工程参数和结构；运行和控制；系统之间的相互关系。上述基本元素得到确认后，进入工程设计。最终 HL-2M 装置主机的主要参数见表 8-1，为确保设计目标，工程设计时对部件的力、电和热载荷校核预留了裕度，反映装置的幅值运行潜能。主机的设计结构见图 8-14。

表 8-1 HL-2A 和 HL-2M 的参数对比

装置	HL-2A	HL-2M
大半径/(R/m)	1.65	1.78
小半径/(a/m)	0.4	0.65
环径比/A	4.1	2.8
伏秒数/Vs	5	>14
等离子体电流/(I_p/μA)	0.45	2.5(3)
环向磁场/(B_t/T)	2.8	2.2T(3)

续表

装置	HL-2A	HL-2M
三角形变	<5(DN)	>0.5
拉长比	<3(DN)	2
偏滤器零点	SN	Flexible

注：括号中的参数是工程设计校核值。

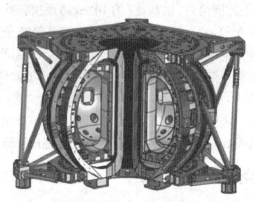

图8-14 HL-2M装置设计结构

（2）主机部件

HL-2M装置的主机各部件见图8-15，主要部件包括线圈、真空室和支撑结构。线圈是重要部件，分为TF、PF和CS线圈。

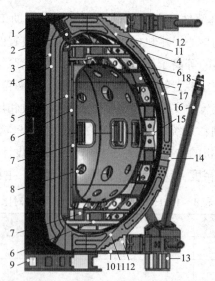

图8-15 HL-2M装置等离子体截面图

1/10—上/下板；2—TF线圈指形接头；3—TF线圈（内段）；4—TF线圈水冷管；
5—CS线圈；6—上下拉紧螺杆；7—PF线圈；8—真空室；9—重力支撑环；
11—TF线圈斜面连接；12—TF线圈液压预紧；13—基础连接；14—TF线圈匝间连接；
15—真空室支撑；16—防扭斜拉梁；17—TF线圈（外段）；18—斜拉梁长度调节

1) TF 线圈

PF 线圈放置在 TF 线圈之内，可拆卸。各 PF 线圈和真空室各自作为整体吊装后，再最终连接 TF 线圈。由于 TF 线圈的电磁和力学载荷极大，其设计制造难度大大增加。TF 线圈的制造、连接、安装和支撑成为工程难点。较高的 I_p 需要较高的环向磁场 B_t，TF 线圈总电流达到 20MA 以上。还需结构确保等离子体可近、方便开展实验，尽量降低拆卸接头数量和 TF 纹波。最终 TF 线圈分为 20 饼，每饼 7 匝，合计 140 匝。单匝线圈电流为 140kA 时，在等离子体中心 B_t 为 2.2T，中平面弱场侧的 TF 纹波为 0.67%。单匝 TF 线圈由内直段(内段)、上横段(上段)和外弧段(外段)3 段铜板组成。

捆扎成中心柱。中心柱上绕制中心螺线管(CS)线圈，整体成为中心柱组件。中心柱组件所携带的中平面和中心轴成为所有部件安装的基准。TF 线圈电流大、力学载荷大。外段的上下端分别连接上段和内段(斜面连接)，斜面连接处实施液压水平向心预紧抵抗平面内力。采用精密指形接头结构，经精密机械加工对上段实施特别力学保护，这是设计、加工和运行的难点。

外段铜板经加工实现匝间跳接，设置一电流回线。每饼外段的 8 个铜板断面采用绝缘螺杆紧拉固定以加强刚度，防止侧向力引起匝间错动。安装顺序为：上段、外段、饼间跳线。TF 线圈安装后立即进行接触电阻测量。运行时采用惯性水冷却带走焦耳热。TF 线圈的运行时间主要决定于储能能力及焦耳热，进而决定装置的放电时间，降低参数可实现数十秒的等离子体放电。

2) PF 和 CS 线圈

PF 和 CS 线圈位于真空室和 TF 线圈之间，可产生垂直拉长比为 2、三角形变系数大于 0.5 的常规单、双零和孔挡位形，并具有建立其他平衡位形的能力，如反三角形变、雪花偏滤器等。PF 线圈由 8 对上下对称共计 16 个线圈组成。PF7 线圈采用斜截面更贴近等离子体，匹配真空室和 TF 线圈之间的缝隙。PF 线圈距离等离子体近，自身耗能降低，自感较小更容易对其电流实施快速控制，且由于在等离子体区产生的磁场定位性更好，有利于等离子体截面的形变，更好开展偏滤器和边沿物理方面的科学研究。

等离子体击穿时，所有线圈维持击穿区零场。真空室环向电气连通，环向涡流可被 PF 线圈有效补偿。为实现灵活控制，所有线圈采用独立电源。此外，上、下 PF7 线圈各另配一快速电源，CS 和 PF 线圈合计 19 套电源。

CS 线圈绕制在 TF 线圈中心柱组件上，CS 线圈大电流少匝数，再采用 2 组铜导体并绕、并联运行，进一步降低其自感，增加电流的可控性。CS 线圈每组内外 2 层共 48 匝，各自载流最大 110kA，并联电流最大 220kA 时产生极向磁通 4.8Wb，正负电流变化可提供 9.6Vs 的伏秒驱动。放电时 PF1-8 也提供伏秒，使总伏秒大于 14Vs。

运行时 PF 线圈的引线穿过 B_t，电磁力极大，因此引线结构需确保能精确定位后被支撑结构紧固。线圈匝数多者水回路长，因此除线圈端头外需另布水冷回路的引入/引出口。PF1-4 线圈半径小、尺寸相对较小，该 8 个线圈整体缠绕固化为一桶形线圈体，安装时整体套装中心柱组件，再做精确支撑和固定。PF 线圈铜导体截面较大，绕制时所需驱动力较大且易于回弹形变；对误差场要求极为苛刻，因此对铜导体的精确定位提出了极高要求；绕制中的导体焊接需确保机械和电导性能及内外表面的光洁；PF 线圈对等离子体实施控制，自身电流响应较快，线圈电压较高，尤其是等离子体破裂时感应出较高电压，因此 PF 线圈的绝缘要求较高。

为满足导体的导电率、力学、传热性能，TF 和 PF 线圈的导体材料均为铜合金。PF 线圈的安匝由伏秒需求、I_p 驱动和等离子体平衡确定，匝数则尽量兼顾电路解耦、同规格导体、电流密度和焦耳温升等因素。等离子体实验中，线圈的主要载荷是电气载荷、垂直和径向电磁力及焦耳热引起的热应力。

3）真空室

真空室是等离子体的运行空间，外界通过真空室研究、控制等离子体。在结构和平衡允许的情况下，容积应尽量大，以便容纳内部件和等离子体。真空室窗口数量及其运行的灵活性，确保等离子体可近和装置实验、运行的灵活性。在此原则下，工程上需解决烘烤时的温度分布和热应力问题，以及实验期间的热、电磁、压力等载荷，并同时承受内部件及其载荷。

HL-2M 装置的真空室采用高镍合金材料，以增加电阻率和机械强度。真空室本体"D"形截面，最大高度 3.02m，最大外直径 5.22m，体积约 42m³，总重量约 16t。双曲面双层金属薄壳全焊接，每层 5mm 厚度，层间缝隙 20mm，层间用加强筋板增加机械强度，同时兼顾层间的流体回路特性。烘烤时，层间流体回路通以热氮气，烘烤温度达到 300℃。真空室外表面包裹绝热材料阻止对外换热。放电实验时层间流体回路通水实施冷却。

真空室共计 20 个环向扇段，为加工跨扇段的大窗口满足 NB 束线的切向注入，20 个扇段的结构和加工不再均匀对称。扇段焊接成环，整体环向电阻约 145μΩ。等离子体击穿时，真空室壁上感应出环向涡流。真空室具有位置、形状各不相同的窗口共计 130 个。真空室主要的载荷是电磁力、热应力、大气压力和重力，内壁附着所有内部件，承受内部件的热、电磁力和重力载荷。真空室通过 5 个径向耳轴支撑在中平面位置，耳轴置于 PF 线圈支撑，允许真空室的径向位移。耳轴焊接至基座，基座再和真空室焊接。

HL-2M 真空室真空运行在 $10^{-4} \sim 10^{-6}$Pa 范围内，属超高真空容器。该真空室制造难度较高，如材料、成形、焊接量、焊接难度、焊接形变、残余应力、精密加工等。真空室全焊接，夹层、窗口、支撑、流体回路及其出入口等之间的结构各不相同，加之扇段结构的不对称均匀，使得焊接类型多、焊接量特别大，且夹层也是真空运行，真空要求特别高。真空室运抵现场后，进行尺寸检测、真空检漏，再外敷绝热层以利烘烤，然后实施整体吊装。

真空室位置是等离子体运行的基准，因此对其加工尺寸要求十分严格，对合金金属薄壳全焊接的结构件，具有极大挑战；此外对安装就位精度要求极高。真空室吊装后，将装置的工程基准迁移到真空室内部，方便内部件及等离子体加热、诊断、控制等设备的定位。真空室就位后，内表面焊接螺柱用以支撑内部件。

4）支撑结构

支撑结构用以支撑装置整体及各部件的电磁力、重力，降低热应力。部件载荷各不相同，需逐一分析开展结构设计。HL-2M 装置的支撑系统分为重力支撑、PF 线圈支撑和防扭支撑3个部分。装置水泥基座上浇筑内4外5共9根水泥支撑柱。内侧4根水泥柱固定连接不锈钢圆环的重力支撑件,上敷绝缘后放置中心柱组件。外侧5根水泥支撑柱允许一定水平位移以传递TF线圈的扭力。基座和支撑柱的水平抗剪强度消化地震载荷。PF线圈支撑结构是多维的刚性支架,真空室和PF线圈均支撑在该支架上。大环内侧PF1-4线圈和CS线圈之间用40根高强度的长螺杆拉紧成为支架的中心部分。支架承受不同位置的PF线圈和真空室的巨大的垂直电磁力,支架的垂向刚度和环向抗拉刚度予以确保。PF线圈焦耳热和径向电磁力的作用都驱使其半径增加,因此实施限位,使其径向滑动后回复原位。真空室、PF线圈及其支撑的净重力通过TF线圈饼间缝隙传递到重力支撑环。

TF线圈承受的侧向力使每匝(每饼)线圈有沿中平面发生倾覆的趋势。设置防倾覆结构,由上下水平支撑板以及两板之间的斜拉钢梁组成,见图8-16。每饼TF线圈的侧向位移刚性传递到上下水平板,水平板用斜拉梁连接,将倾覆力变为防倾覆结构内力。上下水平板具有较强的环向和径向刚性,液压机构一端作用在每饼TF线圈外段的端头,另一端作用在水平板上。TF线圈垂向刚度较大,垂直方向无支撑预紧。

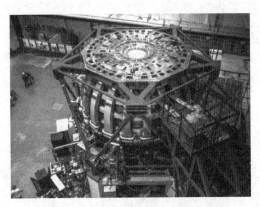

图8-16　HL-2M装置的现场安装

习题

1. 调研氢气在半导体材料表面改性领域的应用。

2. 分析题:调研氢气还原铁氧化物过程中的主要影响因素,并分析各因素对氢气还原铁氧化物的影响规律。

3. 简述氢气炼铁的优势与难点。

4. 分析题:调研目前富氢饮用水生产厂家及其包装,分析不同包装材料对氢泄漏的阻碍机制及效果。

5. 什么是核聚变?

6. 什么是可控核聚变?

7. 人造太阳指的什么装置?

8. 简述HL-2M装置的主机的设计过程?

9. TF、PF和CS线圈分别指什么?

10. 真空室的作用是什么?

11. 中国核聚变发电的发展路线是什么?

12. 调研 EAST 托卡马克制冷系统的制冷剂是什么物质。

13. 调研人造太阳最新研究进展。

14. 在核聚变装置种类图中选择一种本章未详细介绍的氢核聚变装置,对该装置相关原理、结构及应用进行调研,并撰写调研报告。

15. 中国第一颗氢弹空投爆炸试验成功是什么时间?

16. 太阳发生的核聚变为什么没有炸毁地球?

17. 分析冷屏系统的作用。

18. 外真空杜瓦为超导托卡马克主机的内部件提供了什么环境?

19. 超导托卡马克主机的地面支撑起到什么作用?

20. 相同当量情况下,氢弹的威力是原子弹的几倍?

第9章 氢安全

不论是制氢、储氢、输氢或用氢，也不论是气氢、液氢或固体金属氢化物，人们在接触、使用过程中都不免碰到氢的安全问题。氢的安全性与氢本身特有的危险品质、外界的使用环境和使用方法、氢能系统的结构及材料等因素有关，此外，它还与使用人员对氢的规律认识等因素有关。

氢气在空气中具有较宽的燃烧范围，最小点火能极低，且氢气具有易泄漏和易扩散等性质，容易使金属材料产生氢脆。因而，氢能利用中的各个环节存在较大的火灾、爆炸及材料氢脆失效等风险。对于氢气管理，目前主要参考原国家安全生产监督管理总局发布的《危险化学品目录》(2015年版)作为危险化学品进行管理。《危险化学品目录》(2015年版)列出了2828项化学品，其中氢的序号为1648。其危险性类别为易燃气体，类别1，加压气体。

早期氢气主要用于工业原料，并按照危险化学品进行管理，对氢气生产的地点、规模，氢气的输运和使用都有严格的管理要求。

目前，氢气在能源领域得到快速的推广应用，出现越来越多的氢能示范和商用，氢气已成为能源的新品种。比如，国家统计局宣布从2020年起单独统计全国的氢气产量，标准普尔全球普氏能源资讯(S&P Global Platts)宣布发布全球第1个氢价评估产品，这表明和石油、天然气一样，氢气在国际上已经享受大宗能源商品的待遇。

由于石油、汽油、柴油和天然气作为能源被广泛应用，国家能源局、工业和信息化部等对石油和天然气都有专项法律法规、规章及规范性文件，使得石油、汽油、柴油和天然气虽列于《危险化学品目录》(2015年版)，但仍以能源的管理要求输送到工厂、企业和千家万户。氢气则不然，氢不在现有的能源法律法规、规章及规范性文件中，因此，目前氢的生产、储运和应用只能按照危险化学品进行管理，极大地限制了氢能源应用。许多氢能工作者呼吁有关部门给作为能源使用的氢气以能源管理模式。相信未来我国氢气也会像汽油、柴油和天然气一样，虽然列于危险化学品目录，但同时也能作为能源应用，按照能源管理，这将有利于推动氢能产业的快速发展。

本章将对氢的危险性进行分析，简要介绍氢能利用的安全风险及预防，罗列国内外关于氢安全的相关标准，并对氢事故应急预案进行简要介绍。

9.1 氢的危险性分析

9.1.1 氢的危险性

氢通常的单质形态是无色无味的、最轻的气体，氢气在空气中容易点燃，但由于氢气很轻，其泄漏时往往扩散很快，通风环境下一般不发生爆炸，在密闭空间中，氢气在氧气或空气中点火时，可以燃烧甚至会有爆炸的风险。由于氢分子最小最轻、氢气易燃易爆的特性，避免氢气泄漏是行之有效的氢安全防护措施。氢的常见安全风险和事故原因可以归纳为以下几个方面：

①未察觉的泄漏；

②阀门故障或阀门漏泄；

③安全爆破阀失灵；

④放气和排空系统事故；

⑤氢箱和管道破裂；

⑥材料损坏；

⑦置换不良、空气或氧气等杂质残留于系统中；

⑧氢气排放速率过高；

⑨管路接头或波纹管损坏；

⑩氢输运过程中发生撞车和翻车等事故。

以上这些风险因素和事故诱因一般与着火补充条件相结合才能酿成灾祸。这2个条件是：第一，存在点火源；第二，氢气与空气或氧气的混合物处于当时、当地的着火和爆炸极限。实际上，通过严格的管理和认真执行安全操作规程，绝大部分的事故都可以消除。结合氢的特性，其安全与否可从物理危险性、化学危险性和健康危险性3个角度进行分析。

（1）物理危险性

由于氢的原子半径小，加速了向金属材料中的渗透，造成临氢或富氢设备发生氢脆及氢损伤，同时，氢在低温下储存也会引起设备的低应力破坏，这些因素均会引起临氢或富氢设备的物理危害。

1）氢脆

氢脆是金属因暴露于氢而变脆并产生微小裂纹的过程，呈现沿晶断裂的断口形貌（图9-1所示为氢脆沿晶脆性断口形貌，图9-2所示为低熔点脆性沿晶断口形貌），一般而言，氢脆发生的周期较长，是临氢或富氢设备长期工作在氢的氛围中，而使金属或非金属材料的机械性能退化和失效，导致泄漏和爆炸，并对周围环境造成危害。氢脆引起的爆炸大多数是由设备因氢脆破裂后，泄漏的氢气在非开放空间被点燃而引起。因此，从安全角度出发，临氢或富氢设备及管道在设计、维修和改造中均需给予充分考虑，避免出现上述问题。

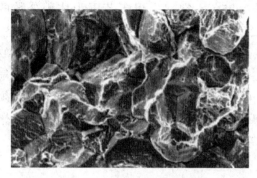

图9-1　氢脆沿晶断口形貌

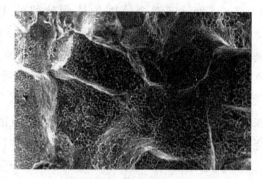

图9-2　低熔点脆性沿晶断口形貌

尽管氢脆机理在学术界尚未形成统一的认识，但氢的浓度、纯度、工作压力和环境温度、材料的应力状态、物理机械性能、微观结构、表面条件和材料裂纹尖端的性质等诸多因素都会影响氢脆速率。

2）低温脆化和热收缩

低温下由于晶体结构会发生相变，从而导致材料的机械和弹性性能发生变化，还可能出现材料性能由韧性到脆性的转变，在极低温区还会出现非常规塑性变形。在盛装液氢设备的选材上，要充分考虑材料的低温脆化和热收缩性能。

材料的低温脆化是指在较低的温度下，特别是在极低温区，材料由韧性变为脆性的现象。这种变化可使储氢容器或管道在低温下发生脆性断裂而导致事故发生。图9-3所示为几种金属材料在不同温度下的夏比冲击功，9%镍钢的延展性随着温度的降低逐渐丧失，201不锈钢在280K（7℃）以下、C1020碳钢在120K（-153℃）以下逐步脆化，说明这些材料不适合液氢环境。尽管2024-T4铝合金在低温下的塑性变化不大，但其强度较低，因此作为储氢材料仍然不能满足要求，304不锈钢的夏比冲击功随着温度的降低而增加，这表明它是一种适合建造液化储氢容器和管道的材料。

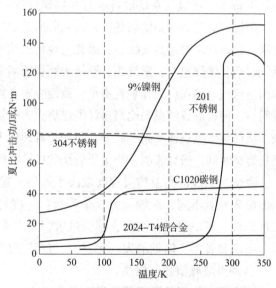

图9-3　不同材料随温度变化的夏比冲击功

此外，在低温下使用，应考虑不同材料的热收缩量不同，材料在温度变化时会产生热胀冷缩的特性，不同的结构材料具有不同的热收缩系数，设计时应给予充分考虑，否则可能会出现因热收缩量不同而引发的泄漏事故。一般来说，大多数金属从室温到接近氢液化温度（-252.8℃）的收缩率小于1%，而大多数普通结构塑料的收缩率为1%～2.5%。

（2）化学危险性

化学危险性与氢的特点紧密相关，大气压力下空气中点火的气态氢的最小能量约为

0.017mJ，空气中燃烧范围为体积分数的 4% ~ 75%，空气中爆轰范围为体积分数的 18.3% ~ 59%，空气中火焰温度可达到 2045℃，空气中最容易点燃的体积分数为 29%[①]。氢的点火能量低，使得逸出的氢气很容易被点燃，一般撞击、摩擦、不同电位之间的放电、各种引爆药物的引燃、明火、热气流、烟、雷电感应、电磁辐射等都可点燃氢与空气混合物。氢气(作为燃料)要着火，需要与空气(氧气作为氧化剂)混合，并且混合物必须在可燃极限内，因此，技术层面上避免氢气泄漏，并严格控制点火源存在是防止氢发生燃烧、爆炸引发高温灼烫和冲击波峰值超压损伤等化学危害的重要举措。

1)高温灼烫

氢气在空气中的燃点为 585℃，与空气混合可燃范围非常广，氢气与空气、氧气或其他氧化剂混合物的可燃极限取决于点火能量、温度、压力、氧化剂等环境因素，以及设备、设施或装置的尺寸等空间特征。氢气燃烧的条件必须满足燃烧三要素，即氢气、氧化剂、点火源。氢气排出多少就燃烧多少，不会爆燃，就像燃气灶燃烧燃气一样。在 101.3kPa 和环境温度下，氢气在干燥空气中向上传播的可燃极限为 4% ~ 75%。在 101.3kPa 和环境温度下，氢气在氧气中向上传播的可燃极限为 4.1% ~ 94%。当压力降低到 101.3kPa 以下时，可燃极限范围会明显缩小。氢气燃烧的主要因素是点火源的存在，为保证安全，含有氢气系统的建筑物或密闭空间内要消除或安全隔离如明火、电气设备或加热设备等，在氢气系统设备运行和操作过程中也应确保不能出现不可预见的点火源。

氢燃烧火焰的高温辐射热被人体吸收所造成的身体伤害称为高温灼烫，由于氢燃烧时不含碳，且燃烧产物水蒸气吸热，因此与烃类火焰相比，氢火焰的辐射热要小得多。辐射热与燃烧时间、燃烧速率、燃烧热、燃烧表面积等诸多因素成正比。氢燃烧引发高温灼烫的主要原因是氢气火焰在白天几乎看不见，致使受害者猝不及防。相对而言，氢燃烧火灾持续燃烧时间短，使得造成的损失比当量烃类燃烧火灾引发的损失小，主要原因是氢的火焰蔓延速度快，从而导致燃烧速率高，此外，氢的浮升速度大，如果是液氢，液氢蒸气的产生率高也会缩短燃烧时间，研究表明，当量氢燃烧的持续时间只是烃类燃烧持续时间的 1/10 ~ 1/5。

燃烧所造成的高温灼烫程度取决于灼伤位置、深度及体表面积。不同深度高温灼烫创面的临床特点不同，一般分为 3 个等级：一度灼伤达表皮角质层，红肿热痛，感觉过敏；二度灼伤达真皮浅层，剧痛，感觉过敏，有水疱；三度灼伤达皮肤全层，甚至伤及皮下组织，肌肉和骨骼，痛觉消失，无弹力，皮肤坚硬如皮革样，蜡白焦黄或炭化。

2)冲击波峰值超压损伤

通常所说氢气的爆炸是爆燃、爆轰的合并现象。氢气爆燃是指氢气混合物在一定条件下以极高速度燃烧，瞬间放出大量能量，同时产生巨大声响的现象。以亚音速传播的燃烧波，其速度低于冲击波，破坏力巨大。发生爆燃的条件是首先满足浓度，然后达到点燃条件。在一定条件下，爆燃将向爆轰转变，氢气的爆轰是爆燃的进一步扩大。爆轰发生的条件是氢气的量要比爆燃时充足，其次环境应使冲击波有反射的条件，在恒定体积内产生爆轰压力可猛增20倍，如氢气系统中运行的某些玻璃监测仪器往往在爆轰中炸得粉碎。综

---

① 数据来自《中国工业气体大全》。

上，氢气与空气或氧气的混合物是十分危险的，在一定的密闭状态下更危险。在工程上，一般通过安装氢气探测警报器与排风扇来共同控制氢气浓度，使其保持体积浓度在4%的可燃下限以下。

氢气爆轰是一种氢气与助燃气体混合物比氢气爆燃更强烈燃烧的现象。特征是火焰传播速率超过冲击波速度（燃烧系统中的音速），并在未反应介质中以超声速传播的过程，火焰传播速率最高可达到2000m/s，最大压强建压时间为2～7ms，爆轰波两侧的压强比为20，当爆轰冲击波撞击障碍物时，障碍物受到的压强比会增大2～3倍，当爆燃转化为爆轰时，局部地区的压强可达到起始压强的300倍。爆轰是化学反应区与诱导激波①耦合，诱导激波加热、压缩并引发化学反应，化学反应释放的能量支持诱导激波并推动其在反应气体中传播，所以爆轰具有很大的破坏力。

在高压液氢储存时遇到的爆炸现象是沸腾液体膨胀蒸气爆炸，典型的诱导原因是外部火焰烧烤液氢容器壳体，导致容器壳体失效而突然破裂。高压液氢释放到大气中，迅速汽化并被点燃形成近乎球形的燃烧云，即所谓的火球（见图9-4）。

冲击波对人体的损伤分为直接损伤和间接损伤。直接损伤主要是压力突然增加，会导致人体的肺部和耳朵等对压力敏感的器官受损，人体受冲击波的伤害程度取决于冲击

图9-4　氢气爆炸形成的球形燃烧云

波峰特性和相对于冲击波位置。间接损伤主要是爆炸事件产生的碎片、弹片和碎片对人体的冲击、倒塌的结构或由于爆炸产生的冲力和随后与坚硬表面的碰撞而导致的身体剧烈移动等。爆炸产生的冲击波由于超压和爆炸持续时间的组合而造成超压伤害或死亡。

（3）健康危险性

健康危险性是指人暴露于火焰、辐射热、极低温度引起的伤害或死亡，如氢的积聚导致空气中氧浓度下降，进而导致缺氧性窒息。直接接触冷的气态或液态氢会引起皮肤麻木和发白导致冻伤。液氢温度较低，导热系数较高，其危险性高于液氮，在氢气与空气混合物发生泄漏、着火或爆炸时，产生的化学危害也可能会使在场人员受到多种类型的伤害。

1）窒息

氢是无毒的，不会造成人体急性或长期的生理危害。氢在生理学上是惰性气体，仅在高浓度时，由于空气中氧分压降低才引起窒息，在很高的氢分压下，氢气可呈现麻醉作用。当空气中由于氢气的积聚使得氧气的体积分数降至19%以下时，则存在缺氧性窒息危险。如发生缺氧性窒息应及时将窒息人员移至良好的通风处，对于轻型人员采用通风输氧，对于不能呼吸和心跳停止的人员需进行人工呼吸，并迅速就医。

---

① 激波：超声速气流被压缩时，一般不能像超声速气流膨胀时那样连续变化，而往往以突跃压缩的形式实现，把气流中产生的突跃式的压缩波称为激波。

2）体温过低

在未采取适当的预防措施的前提下接触大量液态氢泄漏可能导致体温过低。体温下降到35℃以下即可定为体温过低，下降到32.2℃以下将危及生命。体温过低，会导致机体代谢缓慢、精神状态萎靡不振、懒言，身体会出现明显的不舒服症状。如果体温过低，可能会引发器官功能性危险，如血液循环受到影响，危害脏器功能，甚至可能出现一些电解质紊乱、血流速度减慢、瘀血、栓塞等症状危及生命。如果出现体温过低的情况，应注意保暖，建议给予适当的复温，不要使体温持续下降。同时，要多喝一些温开水，可以有效地促进血液循环，改善各组织器官的供血情况。

3）低温灼烫

低温灼烫也称冻伤，是由于接触极冷的液体或容器表面造成的人体内细胞破坏而造成的组织损伤。一般采用双壁、真空夹套、超绝缘容器等来储存液氢等低温和超低温液体，设计时充分考虑内外壁泄漏的安全泄放，设计阶段充分考虑避免冻伤的可能性。与高温灼烫类似，按损伤的不同程度分为3个等级：一度冻伤伤及表皮层，又称红斑性冻伤，局部红肿、充血，感觉热痒、刺痛，症状可自行消失，不留瘢痕。二度冻伤伤及真皮，又称水疱性冻伤，有红肿，伴有水疱形成，皮肤可能变得冻结和坚硬，愈后可能会有轻度的疤痕。三度冻伤伤及皮肤全层，又称坏死性冻伤，有时可以达皮下组织、肌肉、骨骼，甚至整个肢体坏死等。治愈后可能会有功能障碍或者残疾等。

9.1.2　典型氢事故案例

（1）氢燃料"兴登堡号"飞艇焚毁事件

氢的安全事故中最引人注目的可追溯到1937年德国齐柏林"兴登堡号"焚毁事件（见图9-5）。1931年，编号为LZ-129的飞艇由德国齐柏林公司设计建造，是一艘德国早期的大型载客硬式飞艇，"兴登堡号"飞艇全长244.75m，最大直径41.4m，艇体内部的16个巨型氢气囊，全重110t，载重19t，最大时速135km。也是迄今为止人类历史上最长、体积最大的飞行器。1936年3月4日，"兴登堡号"飞艇正式开始客运业务，主要用来载客、货运及邮件服务。1937年5月6日下午7点25分左右，充满氢气的"兴登堡号"飞艇在新泽西州莱克赫斯特着陆过程中，在距离地面约300英尺的空中起火燃烧。从尾部开始燃烧的"兴登堡号"飞艇，尾部发生了2次爆炸，在美国新泽西州莱克赫斯特海军基地300英尺的上空降落时仅用34s火势就横扫了整个飞船，造成36人遇难。

图9-5　"兴登堡号"飞艇爆炸起火

美国探索频道的《流言终结者》通过实验，得出一个结论："兴登堡号"飞艇的起火失事与其表面的铝热剂涂层有一定的关系，它是氧化铁外加防潮功能的醋酸纤维制造而成的，这种高度易燃的混合物几乎等同于火箭的燃料，覆盖在醋酸纤维上的漆料是靠铝粉硬化的，而铝粉也是高度易燃的物质，内部填充的氢气是此次失事事件的罪魁祸首。美国探索频道一期节目分析此次失事事件的另一个可能性：由于"兴登堡号"飞艇晚到，艇长急于降落，在错过降低时机后大幅度转向，导致结构破坏，一根固定钢缆断裂划破气囊，氢气外泄，然后因为静电火花引燃了氢气导致的事故。"兴登堡号"飞艇的焚毁是人类航空史上的一大悲剧，它结束了飞艇作为载人工具进行洲际飞行的历史，氢气之后不再用于载客飞船，之后的飞船气囊填充被氦气取代。

（2）太阳能制氢装置测试中氢气罐爆炸

近几年，随着氢的大规模发展，在制氢、储氢、输氢、用氢的整个产业链中氢气引发的事故各国也频有报道，2019年5月23日傍晚18：20韩国江原道江陵市大田洞科技园区，一家利用太阳能制氢的创新型中小企业，正在进行氢气生产和使用等测试。工人对容量为400L的氢气罐进行测试，不料氢气罐发生爆炸（见图9-6），事故造成2人死亡6人受伤，工厂3栋楼破损，附近1处建筑物倒塌，钢筋严重弯曲。爆炸声传播至8km之外，不仅是工业园区，附近的商店也成了一片废墟（见图9-7），该次事故是自21世纪以来全球多国发展氢燃料电池的进程中，首次发生在氢储存过程中的大规模爆炸事故，同时也是韩国国内首次发生的涉及氢燃料的爆炸事故。虽然爆炸没有引发火灾等后续事故，但该事件向氢的业界敲响了警钟，储罐贯穿氢气制、储、运、用各个环节，必须引起高度重视。

图9-6 氢气罐爆炸　　　　　　　图9-7 爆炸现场破损情况

（3）加氢站爆炸和起火

在氢的应用领域，加氢站起火和爆炸时有发生，2019年6月10日，挪威奥斯陆郊外桑维卡加氢站爆炸并起火（见图9-8）。所幸爆炸没有产生直接伤亡，仅烧毁了加氢站背后黑色的栅栏设备，并触发了附近汽车的安全气囊导致2名人员被送往急诊室。因为爆炸威力大，加氢站附近的E16和E18公路双向封闭。爆炸的原因是高压储罐的一个特殊插头的装配错误，导致发生了氢气泄漏，泄漏产生了氢气和空气的混合物，并被点燃爆炸。事故引发的问题反馈出应明确加氢站和加氢站合建站的标准规范，形成一套加氢、氢能及燃料电池安全运行和监控的机制。

图 9 - 8　加氢站爆炸并起火

（4）公路运输氢气长管拖车爆燃

在氢的输运领域，安全事故也不容忽视，2021 年 8 月 4 日 9 时 25 分，沈阳经济技术开发区一家企业内的氢气长管拖车发生了爆燃（见图 9 - 9）。幸亏沈阳市消防救援支队的官兵及时赶到，疏散附近居民并且及时展开现场处置，最终现场无人员伤亡。事故原因为氢气罐车软管破裂。

图 9 - 9　氢气罐车软管破裂引发爆燃

（5）氢燃料电池汽车燃烧

氢在燃料电池汽车领域的应用安全性备受争议，甚至有人认为氢燃料电池汽车就是移动的炸弹，但与实验测得的结果大相径庭，只要不是密闭空间，氢燃料电池汽车在露天发生交通事故碰撞的情况下，相比燃油车和纯电动车发生爆炸的可能性更低，安全系数也相对更高。氢燃料电池汽车在车载储氢罐上设有氢传感器和泄压阀，氢传感器能够检测周围氢气含量，当氢气发生泄漏时，传感器读数偏高，这时如果是微量泄漏的话会警报，如果是大量泄漏，则会强制关闭储氢罐阀门，使氢气密封在储氢罐内，车身周围的碰撞传感器在检测到碰撞时，同样也会关闭储氢罐阀门。韩国现代的 Nexo 车就做过一个试验（Euro - NCAP），用枪把储氢罐打一个孔，着火之后火焰也是往天上喷，并没有发生爆炸。汽油车因为汽油比空气重，容易在空气里堆积，在发生燃烧后，会在车底形成一个大火球，直到把车烧光为止。纯电车整车烧毁发出黑色浓烟（详见图 9 - 10）。所以在开放空间，氢燃料电池汽车的安全系数更高。

(a) 氢燃料电池汽车　　　　　(b) 汽油车　　　　　　(c) 纯电车

图9-10　汽车燃烧性能测试

由此可见，氢就其本质而言，在合理利用的前提下是安全的，但氢气引发的安全事故不可小觑，未来人类要想大规模用氢，必须在制、储、运和用等环节掌握氢安全技术规范和安全技术要求，并严格遵守，才能让"氢"更好地服务人类。

9.2　氢能利用的安全风险及预防

氢的状态不同，风险性存在差异，安全防护也应按照氢的特性针对性提出，本节重点从气态氢生产及使用中的安全风险、液态氢生产及使用中的安全风险、氢的安全处理及风险预防等方面来阐述氢能利用的安全风险及预防。

9.2.1　气态氢利用中的安全风险

高压氢气可能发生的安全风险主要集中在受限空间内输氢管道及容器泄漏、高压氢气的密封泄漏、明火及静电积累、系统置换不彻底、通风不良或排空不当等问题。

（1）受限空间内输氢管道及容器泄漏

氢与其他气体相比，它不仅分子量最小，而且它的黏度也是最小的，而更小的黏度意味着各种气体中氢更容易泄漏。氢气和液氢输送过程的泄漏往往是造成灾祸的重要原因。不论是系统中氢的外漏或者是外部空气经管道裂缝漏入系统，都会在封闭的容器内或容器的外部形成可燃的气体混合物，从而潜伏着燃烧和爆炸的危险。为避免外部空气混入系统，管道及容器内的输氢压力必须大于外界的大气压力。各类燃料中氢的黏度最小，最易泄漏，但氢还具有另外一种特性，即它极易扩散，氢的扩散系数比空气大3.8倍，若将2.25m³液氢倾泻在开放空间的地面上，仅需经过1min之后，就能扩散成为不爆炸的安全混合物，所以微量的氢气泄漏，可以在空气中很快稀释成安全的混合气，这又是氢燃料一个大的优点，氢燃料泄漏后不能马上消散才是最危险的。

（2）高压氢气密封泄漏

高压氢气瓶的密封泄漏是非常危险的，因为氢是一种非导电物质，在高压氢气泄漏时一定在漏隙处产生很高的流速，高速流动的氢气，不可避免地会出现气流内自身的摩擦或气流和管壁的摩擦现象，这使得氢气带电，氢气流的静电位升高，形成高电位氢气流，进而使带电氢气在空气中着火燃烧。高压氢气瓶泄漏引起的火灾，大多是因为高电位的氢气流着火引起的。

（3）明火及静电积累

周围环境中火源或高温热源的存在是酿成氢事故的最大危害。不论是在制氢、储氢、输氢或用氢的场合，哪怕是小量的明火、摩擦、静电、雷击、系统突变或环境失火均有可能引发氢的爆炸。

（4）系统置换不彻底

管道、容器内的氢气用完时需要重新加充，而加充氢气或液氢时首先要严格、彻底地抽空管道或容器内部的残存气体并加以置换。如置换不良，让空气或含有污染杂质的成分进入氢箱，则空气或杂质容易在受热的条件下和氢气形成可燃混合物，当受到摩擦或静电等作用时，将会发生爆炸。

（5）通风不良或排空不当

氢气泄漏和排放到大气中并不可怕，在露天现场结霜的液氢输送管中，即使有时在法兰接头处有氢喷漏，但维护操作人员也可接近泄漏处进行现场检修，而不致产生危险。危险的是在通风不良的车间、试验现场或实验室中，有氢气泄漏且对流排空不当的情况。结果造成局部地区有氢和空气的可燃混合气积累，其成分和含氢浓度落入着火极限的范围，这样一旦遇到火源就会导致着火和燃烧。

储液氢容器中的氢气或在系统置换时形成的氢气必须及时对空排放。但若氢排放管设置不当或排空的氢气流速过高，有时也会在氢排放管出口处着火，甚至使氢焰返入管道系统的内部，造成事故。为此，对现场通风和排气的放空问题必须足够重视。

其他如系统的仪表与监视系统失灵、操作不当、液氢罐内液氢充装过量、输氢途中发生撞车、翻车，或者由于罐内液面振荡导致氢气压力快速增高等情况，都属于使用及操作不当的危险作业因素。

高压氢气主要存在于高压容器中，高压储氢安全技术需要根据储存的容器类别分类遵循相应的准则，制定泄漏应急处理方案，确保消防措施有效，符合操作使用与储存操作使用的安全注意事项等。

（1）分类遵循相应的准则

在设计氢气储存容器时，应充分考虑在正常工作状态下大气环境温度条件对容器壳体金属温度的影响，其最低设计金属温度不应高于历年来月平均最低气温的最低值。氢气储存容器的支承和基础应为非燃烧体并确保牢固，容器的接地要求应符合 GB 50177《氢气站设计规范》的规定。固定式氢气储罐、氢气长管拖车及其零部件的涂敷与运输包装应符合 JB/T 4711《压力容器涂敷与运输包装》的规定和图样的技术要求。固定式氢气储罐的设计应符合 TSG 21《固定式压力容器安全技术监察规程》、JB 4732《钢制压力容器——分析设计标准》等相关规范标准的规定。固定式氢气储罐应设有压力表、安全泄放装置、氢气泄漏报警装置、吹扫置换接口等安全附件。固定式氢气储罐顶部最高点宜设有氢气放空管，底部最低点宜设有排污口。

氢气长管拖车的设计应符合 TSG 23《气瓶安全技术规程》，TSG R0005《移动式压力容器安全技术监察规程》等相关规范标准的规定，使用应符合 T/CCGA 40003《氢气长管拖车安全使用技术规范》。长管拖车的每只钢瓶上应装配安全泄压装置，钢瓶的阀门和安全泄压装置或其保护结构应能够承受本身 2 倍重量的惯性力。钢瓶长度超过 1.65m，并且直径超过 244mm 应在钢瓶两端安装易熔合金加爆破片或单独爆破片式的安全泄压装置，直径为 559mm 或更大的钢瓶宜在钢瓶两端安装单独爆破片式的安全泄压装置；在充卸装口侧，每只钢瓶封头端设置的阀门应处于常开状。安全泄压装置的排放口应垂直向上，并且对气体的排放无任何阻挡；长管拖车的每只钢瓶应在一端固定，另一端有允许钢瓶热胀冷缩的措施；每只钢瓶应装配单独的瓶阀，从瓶阀上引出的支管应有足够的韧性和挠度，以防止对阀门造成破坏。长管拖车钢瓶应定期检验，使用前应检查制造和检验日期，不得超量充（灌）装。氢气长管拖车应按 GB 2894《安全标志及其使用导则》的规定设置安全标志，并随车携带氢气安全技术周知卡。长管拖车钢瓶使用时应有防止钢瓶和接头脱落甩动措施，拖车应有防止自行移动的固定措施。长管拖车停放充（灌）装期间应接地。氢气长管拖车的汇流总管应设有压力表和温度表，每只钢瓶均应装配安全泄放装置。钢瓶连接宜采用金属软管，应定期检查。使用时应避免长管拖车上压差大的钢瓶之间通过汇流管间进行均压，防止对长管气瓶产生多次数的交变应力。长管拖车上应配置灭火器。

氢气瓶的设计应符合 TSG 21《固定式压力容器安全技术监察规程》、GB 5099《钢制无缝气瓶》、TSG 23《气瓶安全技术规程》等相关规范标准的规定。氢气储气瓶组的气瓶、管路、阀门和其他附件应可靠固定，且管路、阀门和其他附件应设有防止碰撞损坏的防护设施。车载高压气态储氢安全防护措施包括过温报警、起火防护、过电压保护、过电流保护及氢气泄漏监控等。储氢瓶上安装的温度传感器用来检测瓶内气体温度，传感器将温度信号发送到驾驶室仪表盘上，从而判断瓶内氢气是否超温。当储氢瓶处于起火环境中时，温度传感器和压力传感器会检测到瓶内气体温度和压力之异常并切断氢气供应。同时，氢气瓶阀上安装有压力泄放装置。当储氢瓶中氢气压力过高时，能通过压力泄放装置自动泄压，保证储氢瓶在安全的工作压力范围内。当供氢管道断裂，溢流阀开启，进行过电流保护，截断气体泄漏。储氢瓶电磁阀与氢气泄漏报警系统联动，当泄漏氢气浓度达到保护值时将自动关闭，从而切断氢气供应。

（2）泄漏应急处理

氢气瓶或储罐出现泄漏时应采取如下的应急处理：判断漏气部位和漏气程度，在确保人身安全的情况下，切断泄漏源。迅速关闭氢气瓶阀，消除周围明火，并关闭附近的所有发动机和电气设备。停止周围一切可能产生火花的作业，疏散人员，避开气流，往上风处迅速撤离。如果漏气无法中止，在确保安全的前提下，将氢气瓶转移到室外安全的地方，让其排空。不得将气体排放到通风条件差、密闭或者具有着火危险的地方。注意：排空氢气瓶或氢气储罐时，应控制氢气流速，避免因氢气流速过快而导致氢气着火事故；排空氢气的过程中，现场应准备适量的灭火器并有人在现场监控，以确保安全。对漏气场所进行隔离，避免无关人员入内。进入漏气地段之前，应事先对该地段进行合理通风，加速扩散，确保人身安全。漏气储罐要妥善处理、修复、检验后再用。

（3）消防措施

氢气极易燃烧，燃烧时，其火焰无颜色，肉眼无法看见。与空气或氧气混合能形成爆炸性混合物,遇热或明火即会发生爆炸。氢气瓶或氢气储罐内存在压力,当温度升高时,气瓶或储罐内的压力也随着升高,它们在火灾中存在爆裂的可能性。应配备雾状水、泡沫、二氧化碳、磷酸铵干粉等灭火剂。当氢气储罐/氢气瓶出现火灾时,在确保人身安全的情况下,切断气源。疏散人员远离火灾区,并往上风处撤离。对着火区进行隔离,防止人员入内。如果可能的话将仍处在火灾区附近、未受火直接影响的氢气瓶转移到安全地段。如果氢气无法切断,假设火势可以控制,可让气体燃烧,直到气瓶、储罐内的氢气烧完为止,而且,氢气燃烧过程中,应持续用水对气瓶、储罐进行冷却,避免气瓶、储罐因过热而发生爆炸事故。如有可能,站在安全位置上进行灭火,并用水对着火的气瓶/储罐,以及着火区附近的所有压力容器进行冷却,直到其完全冷却为止。不得设法搬动或靠近被火烘热的气瓶/储罐。如果火势很大或者失去控制,应立即向消防队报告,告知对方着火的详细地点及着火的原因。火灾解除后,不得使用遭受过火灾的氢气瓶,禁止使用受到火灾影响的储罐。

(4)操作使用与储存操作使用安全注意事项

操作处置瓶装氢气时必须保证工作场所具备良好的通风条件、空气中的氢气含量必须低于1%。应妥善保护氢气瓶和附件,防止破损。无论任何时候,应将氢气瓶妥善固定,防止倾倒或受到撞击。凡是与氢气接触的部件/装置/设备,不得沾有油类、灰尘和润滑脂。氢气瓶的最高使用温度为60℃。国产40L、公称工作压力15MPa氢气瓶的最高使用压力为18MPa。在使用时,不得将氢气瓶靠近热源,距离明火应在10m以上。氢气瓶禁止敲击、碰撞或带压紧固/整理;不得对氢气瓶体施弧引焊。氢气瓶的任何部位禁止挖补、焊接修理。选用减压阀时应注意减压阀的额定进口压力不得低于氢气瓶压力。氢气瓶中断使用或暂时中断使用时,瓶阀应完全关闭。氢气瓶内气体禁止用尽,必须留有不低于0.05MPa的剩余压力。氢气瓶阀应缓慢打开,且氢气流速不可过快。

搬运、装卸氢气瓶的人员至少应穿防砸鞋,禁止吸烟。搬运氢气瓶时,应使用叉车或其他合适的工具,禁止使用易产生火花的机械设备和工具。需要人工搬运单个氢气瓶时,应将手扶住瓶肩并缓慢滚动气瓶,不得拖、拽或将气瓶平放在地面上进行滚动,禁止握住瓶阀或瓶阀保护罩来直接滚动气瓶。装卸氢气瓶时,应轻装轻卸,不得采取拖、拽、抛、倒置等野蛮行为,禁止将氢气瓶用作搬运其他设备的滚子。装卸现场禁止烟火。吊装时,应将氢气瓶放置在符合安全要求的容器中进行吊运,禁止使用电磁起重机和用链绳捆扎,或将瓶阀作为吊运着力点。

氢气瓶应储存在干燥、通风良好、凉爽的地方,远离腐蚀性物质,禁止明火及其他热源,防止阳光直射,库房温度不宜超过30℃。禁止将氢气瓶存放在地下室或半地下室内。库房内的照明、通风等设施应采用防爆型,开关设在仓外。配备相应品种和数量的消防器材。空瓶和实瓶应分开放置,并应设置明显标志。应与氧气、压缩空气、卤素(氟、氯、溴)、氧化剂等分开存放。切忌混储混运。应定期(用肥皂水)对氢气瓶进行漏气检查,确保无漏气。气瓶放置应整齐,立放时,应妥善固定;横放时,瓶阀应朝同一方向。

9.2.2 液态氢利用中的安全风险

根据 GB 6944《危险货物分类和品名编号》的规定，液氢的危险货物编号为 UN1966，属于第二类气体中易燃气体。液态氢是无色液体，在压力 101.33kPa 下沸点为 20.27K(对于 99.79% 仲氢的成分)。液氢具有低温危险性，没有腐蚀性，但可有液氢汽化超压、液氢设备大温差导致局部应力超标、液氢低温导致人体冻伤、杂质固化导致液氢低温设备冻堵、液氢泄漏引发着火和爆炸等安全风险。

(1)液氢汽化超压

由于储存液氢的容器内的温度很低，而液氢储罐外的环境温度较高，故容器内外之间形成一个很大的传热温差。热流会从周围环境不断传入容器内部，促使内存的液体不断气化。假如液氢挥发所产生的氢气不断积压在一个密闭的容器上部而不流出，则封闭管道或容器内的压力就会随着储存时间的延长而越来越高。如液氢汽化为气氢时，容积的膨胀比可高达 850 倍左右，在长期积压储存而不让排放的条件下，罐内建立的理论最高压力可达到 200MPa 左右，如果没有特殊的安全保护装置，则会使液氢储罐超压破裂，酿成巨大事故。

(2)液氢设备大温差导致局部应力超标

低温的环境对容器及管道等材料也有影响。材料强度通常随着温度降低而有所增加，但其延展性则常随温度降低而显著下降。在液氢系统启动时的预冷工况中，温度的大幅度变化会引起系统材料的局部应力集中。管内的两相流动和系统的不均匀冷却可以引起输氢管道的过度弯曲，这些都是系统运行中大温差导致的危险因素。

(3)液氢低温导致人体冻伤

液氢的低温冷冻特性对人体生理也有危害，当人体皮肤接触到深冷液氢或液氢的输送管道时，或者接触到刚开始挥发出的气氢时，会造成皮肤组织的冻伤或损坏。特别危险的是，当人体表皮与深冷液氢管壁相接触时，由于深冷液氢管壁温度很低，且深冷器壁与皮肤之间又没有液氢蒸发时的气膜来隔离，结果使皮肤直接冻结在深冷器壁上，造成皮肤和人肉的冻坏与撕离。没有绝热保温的液氢管路和设备，外表面冷凝的液态空气滴落或飞溅也会导致低温冻伤。

(4)杂质固化导致液氢低温设备冻堵

除了氦气以外，所有其他气体，包括氧气或空气也都要凝结成为固体。当液氢中混有空气或氧气等杂质时会在液氢储箱或管道、阀门中凝结成为固态的空气或固氧，造成设备冻堵，从而引发设备超压风险。

(5)液氢泄漏引发着火和爆炸

当液态氢发生泄漏时会快速蒸发并与空气混合，形成可燃爆炸的混合物。含有液态氢的容器中，含氧沉淀物累积后，固态的空气或固氧在受热时又会先挥发成气体，并与挥发的液氢构成易爆的可燃混合物，在管道或容器内部或者在其排放口造成燃烧或爆炸的风险。

此外，液氢在空气中汽化扩散的过程中，大量扩散不易察觉，会造成人员的窒息。液氢泄漏在密闭空间内时，当空气中氧含量低于19%时，会造成人员窒息。

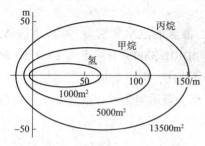

图9-11 3m³液化燃料溢出后产生可燃气体混合物的面积(风速4m/s)

尽管液氢存在上述风险因素，但与其他液化的气体燃料相比，液氢挥发快，有利于安全。假设3m³的液氢、甲烷和丙烷分别溅到地面上并蒸发，假设周围是平坦的，风速为4m/s，图9-11所示为它们影响的范围，丙烷、甲烷和氢的影响范围分别为13500m²、5000m²和1000m²，可见液氢的影响范围最小。

基于液氢的风险因素，从材料安全、低温储运容器设计参数安全、流程及管路设计安全、对液氢系统管路阀门的致密性要求、超压泄放安全、绝热性能的安全、安全操作压力与手动泄放、防火及安全距离要求等方面提出应对措施。

(1)材料安全

对于长期处于超低温工况下的液氢容器，需要考虑其低温韧性及与氢介质的兼容性，否则内容器开裂导致液氢大量泄漏，将导致严重的危害。CGA H-3《低温氢储存》中规定，不推荐采用铝作为内筒体材料，9%镍因其弱延展性也不宜使用。储运液氢用的容器材料推荐采用低含碳量的奥氏体不锈钢材料或液氢专用奥氏体不锈钢材料。

(2)低温储运容器设计参数安全

作为低温压力容器，参数的合理选择与整体结构的正确设计至关重要。液氢储罐内容器的最低设计金属温度不应高于-253℃；储罐内容器的工作压力宜为0.10~0.98MPa，设计压力不应小于安全阀的整定压力；液氢储罐应采用高真空多层或其他高性能真空的绝热形式，绝热材料应符合现行国家标准GB/T 31480《深冷容器用高真空多层绝热材料》的规定，且应满足液氢条件下的使用要求，可能与氧气或富氧环境接触的材料应与氧相容，相容性试验方法与试验结果判定应符合现行国家标准GB/T 31481《深冷容器用材料与气体的相容性判定导则》的规定，内外容器间的支撑件宜选用导热率低、具备真空下放气率低、有良好低温韧性等性能的材料；液氢储罐的内外容器间的夹层中不得有法兰连接接头、螺纹连接接头和膨胀节。液氢储罐设计既要保证设备的安全使用，又要保证设备的保温性能，否则将有可能导致液氢容器静态蒸发率过高，进而导致介质经常排放，损耗过大。容器设计压力的上限取值应低于液氢的临界压力，额定充满率为0.9，最大充满率应不大于0.95。在支撑结构设计上，要充分考虑低温冷收缩带来的位移对内容器的影响。

(3)流程及管路设计安全

低温压力容器的流程和管路设计对设备的使用至关重要，管路设计是否合理直接影响容器的使用性能。如加液管线和泵吸入、回气管线由于与液氢直接接触，管子和阀门均应设计成真空夹层结构。另外CGA H-3《低温氢储存》中要求：所有夹层管路应采用奥氏体不锈钢无缝管路，夹层中所有管件连接采用对接焊，内外筒体间所有管路应具备充分的柔度承受热胀冷缩引发的变动，在夹层空间中不得使用法兰接头、螺纹接头、波形膨胀接头或金属软管。也就是说，液氢容器管路设计时对于夹层管路应充分考虑容器充液后管线的热胀冷缩，外部管路则应该按真空绝热管路和非真空绝热管分别进行设计。

(4)对液氢系统管路阀门的致密性要求

阀门应在全开和全闭工作状态下经气密性试验合格。真空阀门进行氦质谱检漏试验时，要求其外部漏率小于 1×10^{-9} Pa·m³/s，内部漏率小于 1×10^{-7} Pa·m³/s。

(5)超压泄放安全

液氢容器实际运行时可能发生失控或受到外界因素干扰，从而造成容器超压或超温，为保证容器安全，容器上必须设置超压泄放装置。若升温至0℃，换算成标准大气压下体积将增大约800倍，因此超压泄放装置的正确选择显得尤为重要。根据 TSG 21《固定式压力容器安全技术监察规程》、NB/T 47058《冷冻液化气体汽车罐车》和 NB/T 47059《冷冻液化气体罐式集装箱》中对于内容器超压卸放装置的要求，内容器安全阀不应少于2个(组)，其中1个(组)应为备用，每个(组)安全阀的排放能力应满足储罐过度充装、环境影响、火灾时热量输入等工况产生的氢气排放需要，如每组超压卸放装置应设置1个全启式弹簧安全阀作为主卸放装置，且并联1个全启式弹簧安全阀或爆破片作为辅助卸放装置。一旦爆破片出现爆破现象，氢气会大量泄漏，氢气和空气的混合物点火能量很低，爆破片失效有氢气自燃的风险，移动式液氢容器爆破片的更换将是个大问题。因此，移动式液氢容器上应选用2组安全阀并联的配置。内容器安全阀的整定压力为 P_0，不应大于1.08MPa，安全阀的最大泄放压力不应大于 $1.1P_0$，液氢储罐内容器应设置泄压管道，管道上应设可远程控制操作的阀门。安全阀的性能和质量应符合现行国家标准 GB/T 12241《安全阀一般要求》和 GB/T 12243《弹簧直接载荷式安全阀》的规定，外容器超压泄放装置的开启压力不应大于外容器的设计压力；爆破片安全装置爆破时不允许有碎片，当爆破片安全装置与安全阀串联时，两者之间的腔体应设置压力表、排气口及报警指示器等。安全阀与储罐之间应设置切断阀，切断阀在正常操作时应处于铅封开启状态或在连接使用安全阀与备用安全阀的管道上设置三通切换阀，保证至少有50%的安全阀始终处于使用状态；氢气超压排放管应垂直设计，其强度应能承受1.0MPa的内压，以承受如雷电引发燃烧产生的爆燃或爆炸。管口应设防空气倒流和雨雪侵入及防凝结物和外来物堵塞的装置，并采取有效的静电消除措施。排放管口不能使氢气燃烧的辐射热和喷射火焰冲击到人或设备结构，从而发生人员伤害或设备性能损伤，经常检查安全阀及其他安全装置，防止结霜和冻结。

(6)绝热性能的安全

系统绝热不良，会加速容器内液氢的蒸发和挥发损失，箱内压力积聚过高时，容易引起事故。液氢容器的绝热性能是判断其质量并确保其安全可靠使用的最主要指标之一，而衡量绝热性能最重要的参数是静态蒸发率和维持时间，或静态日升压速率。静态蒸发率过高则维持时间短，损耗大。在罐体主体结构、真空度指标都满足设计要求的前提下，在初始充满率为90%的前提下，当安全阀达到开启压力，同时罐内液体容积达到最大充满率95%的情况下，高真空多层绝热的40ft(1ft=0.3048m)液氢罐箱在液氢蒸发率为0.73%/d时的维持时间可达到12d，降低充满率可达到15～20d的维持时间，完全可以满足国内公路物流运输的周期要求。而当移动容器水路运输时，由于运输距离远，运输周期较长，则需要考虑高真空多屏绝热方式,它的绝热性能更加优越,热容量小、质量轻、热平衡快,但结构比较复杂,成本也更高。带金属屏和气冷屏的高真空多屏绝热可以满足20d以上维持时间的需求。如果再增加液氮冷屏,高真空多屏绝热的静态蒸发率可以做到多层绝热的0.5倍以下,维持时间可以提高到35d以上,可以实现海上长途运输。

(7)安全操作压力与手动泄放

由于液氢的临界压力只有1.3MPa,因此当饱和压力超过0.5MPa时,液氢的汽化潜热开始明显减小,饱和气体密度显著增加,这时液氢容器气相空间的升压速度会大幅度提高并很快逼近其安全泄放压力,而大量氢气的瞬间快速泄放极易引发氢气燃烧。液氢容器设计最高工作压力的提升并不能有效延长安全不排放的维持时间。因此当液氢储运容器压力超过0.5MPa时,应通过手动阀排空的方式释放压力,以提高液氢储运安全性。

(8)防火及安全距离要求

液氢储存区为一级防火区,并设安全标志,液氢超压泄放系统不允许安装阻火器。安装阻火器会增加排气管道的阻力,对安全泄放阀造成回压,从而可能引发严重的安全问题。液氢容器应设置在敞开、通风良好的地方。储存容器、输送管道及有关设备均应设置防静电接地装置,接地端子与接地体之间电阻应小于4Ω,并经常检查其完好性。液氢储存容器要有专人负责操作、维护保管,定期检查。

液氢储存库房与居民建筑、公路、铁路和不相容储存场所的安全距离见表9-1。

表9-1 液氢储存库房与居民建筑、公路、铁路和不相容储存场所的安全距离表[①]

液氢储存量/kg	居民建筑、公路、铁路和不相容储存场所的间距/m		另一个液氢储存场所距离/m
	无防护墙	有防护墙	
≤45.4	185	25	10
45.4~227	185	40	15
227~454	185	45	20
454~4540	185	75	30
4540~22700	370	100	35
22700~45400	370	110	40
45400~136200	550	140	50
136200~227000	550	150	55
227000~454000	550	170	65

注:不相容储存场所是指强氧化剂,包括氧、硝酸、四氧化二氮等的储存场所。

9.2.3 氢的安全处理及风险预防

为了消灭事故,防患于未然,建议采用保持密封,严防泄漏、隔离和控制火源、保持良好的通风环境、彻底置换、建立严格的清洗制度、装置可靠的放气与防爆系统、规定安

---

① 表格数据来源于 QJ 2298—1992《用氢安全技术规范》。

全距离，构筑防护区域，采用专列运输、选用合适材料、保证装配工艺、防止材料变质、配备准确可靠的安全检测仪表、建立安全操作规程并严格执行、操作人员的保护及培训等安全措施。

(1)保持密封，严防泄漏

大量的氢气着火与爆炸事故，往往是由于系统中毫无察觉的漏氢或系统内部残存有空气或氧气所造成的。漏氢的典型地点是阀门、法兰及各种密封和配接之处。为此，必须对这些有可能漏氢的地方装设有固定的氢敏器件进行严密检查或随时由保安工作人员用灵敏的监察仪表巡回检查。要特别注意阀门的工作是否正常，垫料是否严密；低温下的"O"形环和气套是否有收缩、器件的装配地方是否保持正确；管道及容器有无发生新的裂缝等。务求及早发现设备中的缺陷，严防氢的泄漏。

(2)隔离和控制火源

单纯的漏氢尚不是构成氢气着火和爆炸的充要条件。只有当氢和氧化剂构成可燃混合物之后，附近又有火源存在和激发时，才会进一步酿成事故。星星之火，可以燎原。为此，隔离和控制火源是氢能系统使用中杜绝危险的重要措施。由于氢在空气中着火和爆炸范围宽广、点火能量很小，因此对火源的控制要求非常严格，表9-2中列举了各种需要隔离的火源。

表9-2　各种需要隔离的火源

热点火源	电点火源
各种明火	电气短路
可爆炸的药物	电火花或电弧
管道、容器破裂所产生之冲击波	金属断裂(如钢丝绳等)
容器爆炸之碎片	静电(包括两相流)
焊接火炬或火星	静电(固体质点)
高速射流携带的能量	电灯
振荡火源(流动系统中重复出现的冲击波)	设备运行时产生的电火花
各种烟火(严禁现场吸烟，携带火柴等)	开关操作时产生的电火花

静电成为危险的火源，这在国内外事故中已屡见不鲜，但许多人对此尚不重视。为了消除产生静电和积聚静电及静电释放的条件，工作人员在进入现场之前首先要换上防静电的工作服和鞋靴，禁止穿用丝制、尼龙及合成纤维类的工作服。导去人体内积存的静电，如让工作人员先触摸接地棒等，电气设备都需采用防爆型保护结构，系统设备要接地，让地面导电化，重要危险作业的地面可铺设导电橡胶板等。车间或有氢系统要装设良好的避雷设施，氢的排放口要与避雷针间距大于20m。控制放氢速度，对最大液氢流速加以限制。液氢及氢气的两相流排放速度最好不要使 Ma=0.2，必要时在排氢管口装置静电消除器。为了防止万一、控制火灾，必须在车间或现场附近布置灭火器材及消防用具(包括消防车辆)。一旦氢气着火，首先必须切断氢源，然后用干粉灭火器或水龙灭火。

（3）保持良好的通风环境

氢气本身的密度很小，而扩散速度很快。因此，如果能保持良好的通风环境，则即使有氢泄漏，也很容易自动飘散。如果再能加以强制通风，则更可防止可燃混合物滞留于设备现场或形成窒息的有害环境。防止漏氢、消灭火源及保持通风，这是保障安全使用氢气的3大要求。而对于液氢来说，尚需对管道、容器彻底清除其中的空气和氧气等杂质。液氢储罐要尽量安置在开阔的场地中；避免在封闭的房间内储存液氢或氢气，如果条件许可，则可以采用露天作业。

（4）彻底置换，建立严格的清洗制度

无论是对液氢或气氢系统都要尽可能避免管道、容器内部形成氢与空气或氧气的可燃混合物。因此，在每次对系统输氢之前，必须把设备中残存的空气或氧气彻底清洗出去。在系统运行后，力求把系统内部遗留的氢清除。对于长径比小的设备，如球形储氢杜瓦罐，宜经常把容器抽成真空，使其中的残存压力不超过 10^{-4} MPa 的数值，然后再用氢气或惰性气体(如氮气或氦气)回充，假如直接用氢回充，则容器必须抽到足够低的压力，务必确信在清洗过程中内部不会产生可燃混合物。另一种清洗方法是利用惰性气体充入容器、使其中压力提高，然后，把生成的混合物排放到容器外，重复置换，直至达到满意的清洗要求为止。对于长径比大的设备，如输氢管路，最好采用流通清洗法，即边冲洗，边放出。注意管路系统中不要形成死角，否则需将清洗的气体从旁路端或死角放出。为了检查清洗是否达到要求(含氧量 $< 30 \times 10^{-6}$，含氮量 $< 100 \times 10^{-6}$)，要定时从系统的几个关键点取样，以分析空气的残杂量。决不可依赖了计算出来的清洗程度，而要严格依据抽样试验的结果。为防止液氢系统中混入空气等含氧杂质，产生固态空气或固氧形成易爆的混合物，要求对液氢容器每年至少升温一次，以驱除残存的空气和氧气。

（5）装置可靠的放气与防爆系统

在液氢的储存容器中，由于液氢不断挥发变为气氢，故在容器中会产生过高的封闭压力。为保证容器安全，必须在容器顶部安装安全阀和爆破片。这样，当容器内气压超过规定界限时，系统就会自动把部分挥发的高压氢气释放到大气中，或在紧急的情况下促使爆破片破裂，将氢放走。安全阀和爆破片必须工作可靠，定期检验，以免失灵。液氢和气氢的排空宜尽量采用高管排放，排气管的出口需高出建筑物 5～8m。氢气从排空管放出时，速度不要过高。需要时，可让氢气在排放管口点燃、烧掉。在排放管中还应设置捕焰器，以杜绝返火。排空管在排空阀关闭时，可充加氮气保护，使管内氢气达不到爆燃极限。在处理排氢量大的情况时，可以设置燃烧池，让氢从池水内变成气泡排出，并在水面燃烧。氢杜瓦罐不宜充装过满，充装系数不宜大于0.9。

（6）规定安全距离，构筑防护区域，采用专列运输

高压容器最严重的危险是爆炸，特别是高压液氢储箱中的液氢还是高能燃料，增加了爆炸引发后果的严重度。即使容器不发生爆炸，仅仅由于容器局部破裂、接头损坏、密封失灵等所引起的液氢两相流喷漏，也足以引发严重的火灾风险。因此，不论是高压储氢瓶或液氢储存容器都需尽量离开居住建筑和厂房，在规定的安全距离内放置。安全距离对大型液氢杜瓦罐来说非常重要。液氢杜瓦罐与住房建筑或相邻几个液氢罐之间的安全距离与

多种因素有关，首先，液氢的储存容量起着首要作用，其次，发生的火球大小、火焰辐射、冲击波压力、建筑物的材料，以及储存现场的可使用位置等也都属于需要考虑的因素。

另一种保证安全的方法是在储存液氢的现场，在液氢的杜瓦罐之下构筑防护区，用通常约1m高的防护墙把杜瓦罐彼此分隔开，或把它与其他地区隔开。也可在杜瓦罐的下部挖一条槽道以疏导溅出的液氢，使之不让液氢溅到其他需要保护的安全区。对于现场的危险区域必须给出明显的警告牌并告知现场的安全规定。无关工作人员应一律撤离现场，以减少干扰和损失。

液氢的铁路或公路槽车运输必须采用专列并配备足够消防措施。要指派有经验的技术人员专门押送。途中若发现有漏氢事故，应将液氢车辆驶离居民区和输电线路后进行处理。

(7)选用合适材料、保证装配工艺、防止材料变质

选择合适的结构材料使其在有氢的工作温度下具有足够的强度和抗氢脆性能。材料安全性上的另一考虑因素是材料的热膨胀系数和导热系数。热膨胀系数越大，则结构部件在热胀冷缩条件下的相对位移越大，导热系数大的材料不宜用于高梯度的传热场合。在反复启动的交变工况下，材料在低温下的延展性能也必须考虑，否则材料几经伸缩及塑性变形会失去弹性并且氢脆变质。膨胀接头及真空夹套、支座等处的装配及焊接工艺要仔细检查。在工作温度和压力范围内，容器绝不容许有微细裂纹。这些材料特性在设计初期应予以充分考虑并始终贯彻于运行、监视、检测和检修中。

(8)配备准确可靠的安全检测仪表

系统的自动监视仪表犹如人的眼睛，对深入观察系统内部的工作过程和机件的安全运行起着十分重要的作用。除了漏氢自动检测外，还需要有精确的压力表、温度计、流量计、液氢的液面高度计、取样分析仪器及各种精确的报警器。重要的工作参数，如重要地段的漏氢报警等，需要采用双重监察以防止仪表失灵、假报等造成的误判。应当尽量采用先进的技术，选用新的遥控装置、工业电视或录像机等进行观察和监控。

(9)建立安全操作规程并严格执行

制定及执行标准的操作规程和安全法规是保证设备安全可靠运行的重要举措。大至一国、一省，小至车间或某一设备，在制氢、储氢、输氢和用氢方面都应建立一整套完善的操作规程和安全法规，使操作及检查人员有法可依、有规可循。

(10)操作人员的保护及培训

操作人员应注意加强自我保护措施，戴防寒、防冻伤的纯棉手套，防止液氢冻伤，被液氢冻伤的皮肤，只能用凉水浸泡慢慢恢复，不能用热水浸泡；穿防静电的工作服，禁止穿着化纤、尼龙、毛皮等制作的衣服进入工作现场；穿电阻率在 $10^8 \Omega \cdot cm$ 以下的专用导电鞋或防静电鞋。经过培训合格的操作人员既要执行标准的操作规程，又要熟悉氢的特性与规律，以及氢系统的设计意图和具体现场的工作条件，同时，操作人员还需具备敏捷的头脑和灵活处理事故的能力。所以，培训合格的操作人员是保证氢系统安全运行必不可少的措施。

在离氢环境较近的建筑物或实验室内，应设有送风机。送风机可以增加气流的紊流度以改善通风环境。同时，房顶不允许有凹面、锅底形的天花板，这样的天花板容易积存由于各种结构微量泄漏的氢气。

一般的氢着火可采用干粉、泡沫灭火器灭火，若用 CO_2 灭火方法，要注意氢能在高温下将 CO_2 还原成 CO 而中毒。一旦发生着火，应立即切断氢源，在系统设计上应考虑既有遥控切断氢源开关，亦有手动应急切断开关。

氢 – 空气爆轰时，冲击波对人体有严重的伤害。据文献介绍，人的伤害程度与各人所在位置不同，经受的超压程度也不同，伤害可由爆炸产生的冲击波直接造成，也可由人体摔在其他物体上间接造成，爆炸压力对人的生理影响见表 9 – 3。

表 9 – 3　爆炸压力对人的生理影响

最大超压		对人的影响
lb/in^2	MPa	
1	0.00717	把人打倒
5	0.0358	耳鼓膜损伤
15	0.1076	肺损伤
35	0.251	开始有死亡
50	0.3585	50% 死亡
65	0.466	99% 死亡

总之，大量的国内外用氢经验证明：氢有着良好的安全使用记录，并不比其他可燃物或可爆物更加可怕、更为危险。氢的基本特性和行为规律已为科技界所深入掌握。世界上已积累了许多处理用氢和储氢、输氢事故的宝贵经验。过去出现的种种事故，多数都是对氢的特性和工作规律认识不足，或是思想上的疏忽和操作上的失误所造成的。因此，严格依据氢安全技术规范在事故发生前制定有效的应急预案对于减少事故发生具有重要的意义。

9.3　氢安全技术规范

9.3.1　国内氢安全标准

我国氢能和燃料电池的相关标准主要由国家标准管理委员会(Standardization Administration of the People's Republic of China，SAC)管理。该机构是国务院授权履行行政管理职能、统一管理全国标准化工作的主管机构。其所管辖的数百个分技术委员会中，有 4 个分技术委员会负责制定、审议和实施与氢有关的国家标准。它们分别是全国氢能标准化技术委员会(编号 SAC/TC 309)、全国燃料电池及液流电池标准化技术委员会(编号 SAC/TC 342)、全国汽车标准化技术委员会(编号 SAC/TC 114)和全国气瓶标准化技术委员会(编号 SAC/TC 31)。经过多年的努力，我国一共发布百余项氢能国家标准，涉及氢制取、氢储运、加氢基础设施、燃料电池及应用、氢系统等诸多方面。其中与氢能安全有关的现役代表性国家标准见表9-4。

表9-4　与氢能安全有关的标准

标准号	标准名称
GB 4962—2008	《氢气使用安全技术规程》
GB/T 19774—2005	《水电解制氢系统技术要求》
GB/T 34540—2017	《甲醇转化变压吸附制氢系统技术要求》
GB/T 34539—2017	《氢氧发生器安全技术要求》
GB/T 29411—2012	《水电解氢氧发生器技术要求》
GB/T 34544—2017	《小型燃料电池车用低压储氢装置安全实验方法》
GB/T 40060—2021	《液氢储存和运输技术要求》
T/SHJNXH 0008—2021	《镁基氢化物固态储运氢系统技术要求》
GB/T 31139—2014	《移动式加氢设施安全技术规范》
GB/T 34583—2017	《加氢站用储氢装置安全技术要求》
GB/T 34584—2017	《加氢站安全技术规范》
GB/Z 34541—2017	《氢能车辆加氢设施安全运行管理规程》
GB/T 29124—2012	《氢燃料电池电动汽车示范运行配套设施规范》
GB 50156—2021	《汽车加油加气加氢站技术标准》
GB 50516—2010	《加氢站技术规范》
GB/T 27748.1—2017	《固定式燃料电池发电系统　第1部分：安全》
GB/T 31037.1—2014	《工业起升车辆用燃料电池发电系统　第1部分：安全》
GB/T 23751.1—2009	《微型燃料电池发电系统　第1部分：安全》
GB/T 33983.1—2017	《直接甲醇燃料电池系统　第1部分：安全》
GB/T 36288—2018	《燃料电池电动汽车燃料电池堆安全要求》
GB/T 31036—2014	《质子交换膜燃料电池备用电源系统　安全》
GB/T 30084—2013	《便携式燃料电池发电系统　安全》
GB/T 26916—2011	《小型氢能综合能源系统性能评价方法》
GB/T 24549—2020	《燃料电池电动汽车　安全要求》
GB/T 29123—2012	《示范运行氢燃料电池电动汽车技术规范》
GB/T 26990—2011/XG1—2020	《燃料电池电动汽车　车载氢系统技术条件(第1号修改单)》
GB/T 34537—2017	《车用压缩氢气天然气混合燃气》
GB/T 40045—2021	《氢能汽车用燃料　液氢》
MSA—2021	《氢燃料动力船舶技术与检验暂行规则》
GB/T 29729—2013	《氢系统安全的基本要求》
GB/T 40061—2021	《液氢生产系统技术规范》

9.3.2　国际氢安全标准

国际氢安全标准有 GTR（Global Technical Regulation）法规体系，GTR 法规体系是在 1998 年联合国框架下，由美国、日本和欧盟发起，31 个国家缔结的全球汽车技术法规协定。该协定旨在统一和协调全球范围内轮式车辆的安全使用技术规范。截至 2019 年底，GTR 共发布了 20 条技术法规，其中《氢和燃料电池汽车全球技术法规》是 GTR 发布的第 13 号法规，编号为 GTR13。GTR13 的最终目的是使得氢和燃料电池车辆达到与传统汽油动力汽车同等的安全水平，把可能发生的人员伤害降到最低限度。

美国在承压设备管理法规方面，大多数州要求承压设备必须按照美国机械工程师协会（American Society of Mechanical Engineers，ASME）锅炉、压力容器规范制造并在国家锅炉压力容器检查协会（Boiler Pressure Vessel Inspection Association，NB）注册。NB 现在的主要工作包括向各州立法机关推荐其制定的《锅炉与压力容器安全管理法案》，促使其成为各州法规。NB 还负责对全国锅炉压力容器检查员及修理员进行培训并颁发资格认证。各类氢气储罐，包括固定式和便携式的储罐，其设计、制造、检测、定期检查、维修等各个方面都需在 NB 相关标准和法规的框架下进行。在美国的标准体系及氢安全标准制定和实施方面。美国国家标准化学会（American National Standards Institute，ANSI）成立于 1918 年，是非营利性质的民间标准化组织，受政府的委托发布和管理美国国家标准，并代表美国参加国际标准化组织的活动。该机构致力于协调民间自愿型标准体系，并将反映整个国家利益的企业标准或行业标准上升为国家标准，同时它也对国家标准开发组织（Standard Development Organizations，SDOs）的资格提供认证。涉及氢能领域的主要 SDOs 组织包括美国石油研究院、美国气体协会、高压气体协会等 18 个组织。在 SDOs 组织与私营部门、科研机构、政府及相关部门的合作下，除已提到的相关法规外，共发布了 49 项与氢安全相关的标准和法规，如 ASME 831.12《氢气管路与管道标准》、ANSI/CSA HGV 4.1《加氢系统》等。除此之外，美国交通部已批准采用 GTR13 第一阶段作为美国联邦机动车安全标准（氢燃料电池车辆）的一部分。

欧洲的氢相关标准化体系的构成主要包括欧洲标准化委员会（European Committee for Standardization，CEN）、欧洲电工标准化委员会（the European Committee for Electrotechnical Standa，CENELEC）及欧洲电信标准化协会（European Telecommunications Standards Institute，ETSI）、欧洲各国的国家标准机构以及一些行业和协会标准团体。CEN、CENELEC 和 ETSI 是目前欧洲最主要的标准化组织，也是接受委托制定欧洲协调标准的标准化机构。CEN 由欧洲经济共同体、欧洲自由贸易联盟所属的国家标准化机构组成，其职责是贯彻国际标准，协调各成员的标准化工作，加强相互合作，制定欧洲标准及从事区域性认证，以促进成员之间的贸易和技术交流。欧盟标准大多数是自愿执行的，CEN 负责对行业参与者进行评估和认证，以确认其是否采用欧洲标准，并颁发相应的资质认证证书。获得认证的行业参与者能够在欧盟单一市场内进行无差别化的生产、贸易活动。

日本的标准体系由日本工业标准化、日本农林物资标准化及日本医药标准化 3 个部门组成，氢能领域属于日本工业标准化责权范围。日本工业标准（Japanese Industrial Standards，JIS)的制定主要有 2 条路径：一是由各主管大臣自行制定标准方案，再交由日本工业标准委员会(Japanese Industrial Standards Committee，JISC)审议，审议通过后即成为日本工业化标准；二是相关利益关系人或民间团体可以根据各个主管省厅的规定，以草案的形式，将应制定的工业标准向主管大臣提出申请，该主管大臣认为应制定与该申请有关的标准时，须将该工业标准方案交付日本工业标准委员会讨论审议，审议通过后即成为日本工业化标准。目前日本绝大部分标准的制定是通过第二条路径实现的。日本氢能领域相关标准直接引用 ISO 和 IEC 相关标准，国际标准化组织(International Organization for Standardization，ISO)和国际电工委员会(International Electro Technical Commission，IEC)未能覆盖的领域主要由各个行业协会向日本经济产业省主管大臣提出草案，并交由日本工业标准委员会审议的方式发布，主要涉及的行业协会有：日本电器制造商协会、日本汽车制造商协会、日本高压气体安全协会、日本高压技术协会以及由日本经济产业省牵头成立的日本氢能与燃料电池战略协会等。

此外，还有 ISO，ISO 下设的氢能标准技术委员会 TC197 成立于 1990 年，秘书处位于加拿大，负责氢的生产、储存、运输、测量、使用系统和装置领域的标准化工作。TC197 设置了 12 个工作组，工作内容主要涉及制氢、储氢、运氢、加氢设备及氢气品质要求。截至目前，ISO TC197 已发布了 18 项标准，待发布的标准有 17 项，其中有许多标准中都融入安全方面的规定，还针对氢安全专门制定 2 项标准，表 9 - 5 列出了 TC197 主导的现役标准。ISO 制定的标准被很多国家直接部分或全文引用作为本国标准。

表 9 - 5   ISO TC197 氢能技术委员会主导的标准

标准编号	标准名称
ISO 13984：1999	Liquid hydrogen—Land vehicle fueling system interface 液氢——车辆加注系统接口
ISO 13985：2006	Liquid hydrogen—Land vehicle fuel tanks 液氢——车辆储氢罐
ISO 14687 - 1：1999	Hydrogen fuel—Product specification—Part 1：All applications except proton exchange membrane (PEM)fuel cell for road vehicles 氢燃料——产品规范——第 1 部分：除道路车辆用质子交换膜(PEM)燃料电池外的所有应用
ISO 14687 - 2：2012	Hydrogen fuel—Product specification—Part 2：Proton exchange membrane(PEM)fuel cell applications for road vehicles 氢燃料——产品规范——第 2 部分：道路车辆用质子交换膜(PEM)燃料电池的应用
ISO 14687 - 3：2014	Hydrogen fuel—Product specification—Part3：Proton exchange membrane (PEM)fuel cell applications for stationary appliances 氢燃料——产品规范——第 3 部分：固定装置用质子交换膜(PEM)燃料电池的应用
ISO/TR 15916：2015	Basic considerations for the safety of hydrogen systems 氢气系统安全标准
ISO 16110 - 1：2007	Hydrogen generators using fuel processing technologies—Part 1：Safety 使用燃料处理技术的制氢装置——第 1 部分：安全
ISO 16110 - 2：2010	Hydrogen generators using fuel processing technologies—Part 2：Test methods for performance 使用燃料处理技术的制氢装置——第 2 部分：性能测试方法

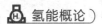

标准编号	标准名称
ISO 16111：2018	Transportable gas storage devices—Hydrogen absorbed in reversible metal hydride 移动式氢气储存装置 可逆金属氢化物吸收氢
ISO 17268：2020	Gaseous hydrogen land vehicle refulling connection devices 车辆氢气加注连接装置
ISO 19880 - 1：2020	Gaseous hydrogen—Fueling stations—Part 1：General requirements 气态氢——加氢站——第 1 部分：一般要求
ISO 19880 - 3：2018	Gaseous hydrogen—Fueling stations—Part 3：Valves 气态氢——加氢站——第 3 部分：阀门
ISO 19881：2018	Gaseous hydrogen—Land vehicle fuel containers 气态氢——车辆储氢容器
ISO 19882：2018	Gaseous hydrogen—Thermally activated pressure relief devices for compressed hydrogen vehicle fuel containers 气态氢——车载压缩氢气储罐热激活泄压装置
ISO/TS 19883：2017	Safety of pressure swing adsorption systems for hydrogen separation and purification 氢分离和净化用变压吸附系统的安全性
ISO 22734 - 1：2008	Hydrogen generators using water electrolysis process—Part 1：Industrial and commercial applications 水电解制氢装置——第 1 部分：工业和商业应用
ISO 22734 - 2：2011	Hydrogen generators using water electrolysis process—Part 2：Residential applications 水电解制氢装置——第 2 部分：住宅应用
ISO 26142：2010	Hydrogen detection apparatus Stationary applications 氢气探测仪器——固定式应用

9.4 氢事故应急预案

氢的特点决定了氢事故后果的灾难性、毁灭性和伤害性。听天由命、被动地面对事故是不可取的。积极开展氢事故应急管理，通过事前计划和应急措施，充分利用一切可能的力量，做好应对氢灾害事件的心理和物质准备，是各级管理人员必须考虑和实施的工作。由于氢属于危险化学品，现有国家标准、行业标准对危险化学品应急救援做出了明确规定，因此，本节将重点介绍氢事故应急预案基本概念、氢事故应急预案的基本内容，为氢事故的应急管理与救援提供借鉴。

（1）氢事故应急预案基本概述

氢事故应急预案是指针对氢能相关，由于各种原因造成或可能造成的众多人员伤亡及其他具有较大社会危害的事故，为迅速、有序地开展应急行动，降低人员伤亡和经济损失而预先制订的有关计划或方案。

应急预案的基本原则是开展应急救援行动的行动计划和实施指南，是一个透明和标准化的反应程序，使应急救援活动能够按照预先周密的计划和有效的实施步骤有条不紊地进行，这些计划和步骤是快速响应和应急救援的基本保证。由于事故发生突然、扩散迅速、危害途径多、作用范围广，因此，事故发生后救援行动必须迅速、准确和有效。编制氢事故应急预案在遵照预防为主的前提下，应该贯彻统一指挥、分级负责、区域为主、单位自救与社会救援相结合的原则。

值得注意的是，编制事故应急预案是一项涉及面广、专业性强的工作，靠某一部门很难完成，必须把各方面的力量组织起来，形成预案编制小组。在应急预案实施过程中，需要成立统一的救援指挥部，并在指挥部的指挥下，与救灾、公安、消防、化工、环保、卫生、劳动等部门紧密配合，协同作战，迅速有效地组织和实施事故应急预案，才能最大可能地避免和减少损失。

编制氢事故应急预案的基本任务包括5个方面，具体内容如表9-6所示。

表9-6 编制氢事故应急预案的基本任务

序号	任务	内容
1	控制危险源	及时控制危险源是编制氢事故应急预案的首要任务。只有及时控制危险源，才能从源头上有效预防氢事故的发生，并在事故发生后控制事故的扩展和蔓延，实施及时有效的救援活动
2	抢救受害人员	抢救受害人员是实施氢事故应急预案的重要任务。在实施事故应急预案行动中，快速有序地进行现场急救和安全转送伤员是降低伤亡率、减少事故损失的关键行动
3	指导群众防护和撤离	根据氢事故的类型和性质，及时指导和组织群众采取各种措施进行自身防护和互救工作，并迅速从危险区域或可能受到伤害的区域撤离
4	清理现场，消除危害	对事故产生的有毒、有害物质及可能对人体和环境继续造成危害的物质，及时组织人员予以清除，防止进一步的危害
5	查找事故原因，估算危害程度	事故发生后，及时做好事故调查与处理工作，并估算出事故的波及范围和危险程度

(2)氢事故应急预案的内容

根据《中华人民共和国安全生产法》《危险化学品安全管理条例》《生产安全事故应急预案管理办法》《生产经营单位生产安全事故应急预案编制导则》等文件的有关规定，氢事故应急预案的主要内容应包括以下几个方面：

①基本情况。基本情况主要包括单位的地址、经济性质、从业人数、隶属关系、主要产品、产量等内容，周边区域的单位、社区、重要基础设施、道路等情况；危险化学品运输单位运输车辆情况主要包括运输产品、运量、运地、行车路线等内容。

②危险目标及其危险特性、对周围的影响。可根据生产、储存、使用危险化学品装置、设施现状的安全评价报告，健康、安全、环境管理体系文件，职业安全健康管理体系文件，重大危险源辨识结果等材料辨识的事故类别、综合分析的危害程度，确定危险目标，并根据确定的危险目标，明确其危险特性及对周边的影响。

③危险目标周围可利用的安全、消防、个体防护的设备、器材及其分布。

④应急救援组织机构、组成人员和职责划分。依据危险化学品事故危害程度的级别设

置分级应急救援组织机构。组成人员包括主要负责人及有关管理人员、现场指挥人员。

⑤报警、通信联络方式。依据现有资源的评估结果，保证24h有效的报警装置；24h有效的内部、外部通信联络手段；运输危险化学品的驾驶员、押运员报警及与本单位、生产厂家、托运方联系的方式、方法。

⑥事故发生后应采取的处理措施。根据工艺规程、操作规程的技术要求，确定采取的紧急处理措施；根据安全运输卡提供的应急措施及与本单位、生产厂家、托运方联系后获得的信息而采取的应急措施。

⑦人员紧急疏散、撤离。依据对可能发生危险化学品事故场所、设施及周围情况的分析结果，提出事故现场人员清点、撤离的方式、方法；非事故现场人员紧急疏散的方式、方法，抢救人员在撤离前、撤离后的报告；周边区域的单位、社区人员疏散的方式、方法。

⑧危险区的隔离。依据可能发生的危险化学品事故类别、危害程度级别，确定危险区的设定；事故现场隔离区的划定方式、方法；事故现场隔离方法；事故现场周边区域的道路隔离或交通疏导办法。

⑨检测、抢险、救援及控制措施。依据有关国家标准和现有资源的评估结果，确定检测的方式、方法及检测人员防护、监护措施；抢险、救援方式、方法及人员的防护、监护措施；现场实时监测及异常情况下抢险人员的撤离条件、方法；应急救援队伍的调度；控制事故扩大的措施；事故可能扩大后的应急措施。

⑩受伤人员现场救护、救治与医院救治。依据事故分类、分级，附近疾病控制与医疗救治机构的设置和处理能力，制定具有可操作性的处置方案，应包括：接触人群检伤分类方案及执行人员；依据检伤结果对患者进行分类现场紧急抢救方案；接触者医学观察方案；患者转运及转运中的救治方案；患者治疗方案；入院前和医院救治机构确定及处置方案；信息、药物、器材储备信息。

⑪现场保护与现场洗消。包括事故现场的保护措施，明确事故现场洗消工作的负责人和专业队伍。

⑫应急救援保障包括内部保障和外部救援。内部保障依据现有资源的评估结果，其内容包括确定应急队伍，如抢修、现场救护、医疗、治安、消防、交通管理、通信、供应、运输、后勤等人员；消防设施配置图、工艺流程图、现场平面布置图和周围地区图气象资料、危险化学品安全技术说明书、互救信息等存放地点、保管人；应急通信系统；应急电源、照明；应急救援装备、物资、药品等；危险化学品运输车辆的安全、消防设备、器材及人员防护装备。外部救援依据对外部应急救援能力的分析结果，确定单位的互助方式；请求政府协调应急救援力量，应急救援信息咨询；专家信息。

⑬预案分级响应条件。依据危险化学品事故的类别、危害程度的级别和从业人员的评估结果，可能发生的事故现场情况分析结果，设定预案的启动条件。

⑭事故应急救援终止程序。确定事故应急救援工作结束，通知本单位相关部门、周边社区及人员事故危险已解除。

⑮应急培训计划。依据对从业人员能力的评估和社区或周边人员素质的分析结果，应

急培训计划的内容包括：应急救援人员的培训；员工应急响应的培训；社区或周边人员应急响应知识的宣传。

⑯演练计划。依据现有资源的评估结果，演练计划包括：演练准备、演练范周与频次、演练组织。

⑰附件。主要包括：组织机构名单；值班联系电话；组织应急救援有关人员联系电话；危险化学品生产单位应急咨询服务电话；外部救援单位联系电话；政府有关部门联系电话；本单位平面布置图；消防设施配置图；周边区域道路交通示意图和疏散路线、交通管制示意图；周边区域的单位、社区、重要基础设施分布图及有关联系方式，供水、供电单位的联系方式；保障制度等。

按照上述氢事故应急预案的内容编写氢事故应急预案，确立氢事故应急预案的组织机构与责任，配备有效的氢事故应急预案装备，组织进行氢事故应急预案演习，演习后进行讲评和总结，结合演习总结对氢事故应急预案进行修正。

当发生氢安全事故时，按照建立的氢事故应急预案开展有效的组织和实施应急救援。事故应急预案的组织与实施直接关系到整个救援工作的成败，在错综复杂的救援工作中，组织工作显得尤为重要。事故应急预案实施的基本步骤如下：

①接报。接报是指接到执行救援的指示或要求救援的报告。接报是实施救援工作的第一步，完整的接报工作对成功实施救援有重要作用。接报人应问清报告人姓名、单位部门、联系电话；问明事故发生的时间、地点、事故单位、事故原因、主要毒物、事故性质（毒物外溢、爆炸、燃烧）、危害波及范围和程度；问明对救援的要求，并做好电话记录，同时向上级有关部门报告。

②设点。设点是指各救援队伍在事故现场，选择有利地形（地点）设置现场救援指挥部或救援、急救医疗点。救援指挥部、救援和医疗急救点的设置应根据现场情况，以利于有序地开展救援和自身安全保护为准则。

③报到。各救援队伍进入救援现场后，立即到现场指挥部报到，了解现场情况，接受任务，实施救援工作。

④救援。进入现场的救援队伍按照各自的职责和任务开展工作。

⑤撤点。撤点是指救援过程中根据救援任务的需要或气象和事故发展的变化而进行的临时性转移，或应急救援工作结束后撤离现场。在转移过程中应注意安全，保持与救援指挥部和各救援队的联系。救援工作结束后，各救援队撤离现场以前必须取得现场救援指挥部的同意，撤离前做好现场的清理工作。

⑥总结。执行救援任务后应做好救援总结，总结经验与教训，积累资料，以利再战。

习题

1. 简述氢事故引发的健康危险性有哪些。

2. 简述冲击波超压值对人体伤害的关系。

3. 简述氢事故诱发的物理危险性有哪些。

4. 简述氢事故诱发的化学危险性有哪些。

5. 简述氢的常见安全风险和事故原因有哪些。

6. 氢发生燃烧爆炸事故的两个必要条件是什么？

7. 何为爆燃和爆轰，二者之间的关系及造成破坏的危害程度有什么区别？

8. 什么是激波？

9. 氢的哪些参数是氢安全事故的主导因素？

10. 结合在制氢、储氢、输氢及用氢的典型事故案例，研讨作为新时代的大学生应如何学好专业知识，如何做好职业规划，才能为我国氢能发展实现强国梦做出贡献。

11. 试结合气态氢的基本特征讨论高压气态氢可能的安全隐患及相应的安全技术要求。

12. 试结合液态氢的基本特征讨论液态氢可能的安全隐患及相应的安全技术要求。

13. 分别列举 5 个现役的国内和国际上涉及氢安全的法规和技术标准。

14. 为什么在高压储氢中管道及容器内的输氢压力必须大于外界的大气压力？

15. 从安全的角度讨论为什么设计液氢输送管道时，尽量保持管道中液氢单相流动？

16. 设计时需要考虑材料的哪些性能才能确保氢装备的安全？

17. 配备哪些安全仪表可确保氢装备的运行安全？

18. 氢事故应急预案的基本原则是什么？

19. 氢事故应急预案的基本任务是什么？

20. 氢应急预案的基本内容有哪些？

参考文献

[1] Global Hydrogen Review 2021, International Energy Agency. www. iea. org.

[2] The Future of Hydrogen, Seizing today's opportunities, Report prepared by the IEA for the G20, Japan, 2019.

[3] Hydrogen & Our Energy Future, U. S. Department of Energy Hydrogen Program.

[4] 氢能产业发展中长期规划(2021—2035 年), 国家发改委, 2022.

[5] 罗佐县, 曹勇. 氢能产业发展前景及其在中国的发展路径研究[J]. 中外能源, 2022, 25(2): 9 – 15.

[6] 熊华文, 符冠云. 全球氢能发展的四种典型模式及对我国的启示[J]. 环境保护, 2021(1): 52 – 55.

[7] 魏蔚, 陈文晖. 日本的氢能发展战略及启示[J]. 全球化, 2020(2): 60 – 71.

[8] 何盛宝, 李庆勋, 王奕然, 等. 世界氢能产业与技术发展现状及趋势分析[J]. 石油科技论坛, 2022, 39(3): 17 – 24.

[9] 王辅臣. 煤气化技术在中国: 回顾与展望[J]. 洁净煤技术, 2021, 27(1): 1 – 33.

[10] 李家全, 刘兰翠, 李小裕, 等. 中国煤炭制氢成本及碳足迹研究[J]. 中国能源, 2021, 43(1): 51 – 54.

[11] 黄兴, 赵博宇, Lougou B G, 等. 甲烷水蒸气重整制氢研究进展[J]. 石油与天然气化工, 2022, 51(1): 53 – 61.

[12] 王培灿, 万磊, 徐子昂, 等. 碱性膜电解水制氢技术现状与展望[J]. 化工学报, 2021, 72(12): 6161 – 6175.

[13] 米万良, 荣峻峰. 质子交换膜(PEM)水电解制氢技术进展及应用前景[J]. 石油炼制与化工, 2021, 52(10): 78 – 87.

[14] 张文强, 于波. 高温固体氧化物电解制氢技术发展现状与展望[J]. 电化学, 2020, 26(2): 212 – 229.

[15] 陈掌星. 水解制氢的研究进展及前景[J]. 中国工业和信息化, 2021(9): 56 – 60.

[16] 范舒睿, 武艺超, 李小年, 等. 甲醇 – H_2 能源体系的催化研究: 进展与挑战[J]. 化学通报, 2021, 84(1): 21 – 30.

[17] 祁育, 章福祥. 太阳能光催化分解水制氢[J]. 化学学报, 2022, 80(6): 827 – 838.

[18] 李建林, 梁忠豪, 李光辉, 等. 太阳能制氢关键技术研究[J]. 太阳能学报, 2022, 43(3): 2 – 11.

[19] 张浩杰, 张雯, 姜丰, 等. 太阳能光解水制氢的核心催化剂及多场耦合研究进展[J]. 化学工业与工程, 2022, 39(1): 1 – 10.

[20] 韩健华, 王同胜. 氯碱厂副产氢气在光伏产业中的应用[J]. 氯碱工业, 2012, 48(10): 20 – 22.

[21] 周军武. 焦炉煤气综合利用技术分析[J]. 化工设计通讯, 2020, 46(5): 4, 6.

[22] 曹子昂, 王雷, 吴影, 等. 催化剂对生物质气化制氢的影响研究进展[J]. 现代化工, 2021, 41(12): 47 – 52.

[23] 廖莎, 姚长洪, 师文静, 等. 光合微生物产氢技术研究进展[J]. 当代石油石化, 2020, 28(11): 36 – 41.

[24] 李亮荣, 付兵, 刘艳, 等. 生物质衍生物重整制氢研究进展[J]. 无机盐工业, 2021, 53(9): 12 – 17.

[25] MOHAMMED I. A review and recent advances in solar – to – hydrogen energy conversion based on photocatalytic water splitting over doped – TiO$_2$ nanoparticles[J]. Solar energy, 2020, 211 – 224.

[26] KRAGLUND M R, CARMO M, SCHILLER G, et al. Ion – solvating membranes as a new approach towards high rate alkaline electrolyzers [J]. Energy & Environmental Science, 2019, 12(11): 3313 – 3318.

[27] ADABI H, SHAKOURI A, UL HASSAN N, et al. High – performing commercial Fe – N – C cathode electrocatalyst for anion – exchange membrane fuel cells[J]. Nature Energy, 2021, 6(8): 834 – 843.

[28] CORMOS C. Biomass direct chemical looping for hydrogen and power co – production: Process configuration, simulation, thermal integration and techno – economic assessment[J]. Fuel Processing Technology, 2015, 137: 16 – 23.

[29] MAYERHÖFER B, MCLAUGHLIN D, BÖHM T, et al. Bipolar membrane electrode assemblies for water electrolysis[J]. ACS Applied Energy Materials, 2020, 3(10): 9635 – 9644.

[30] 吴朝玲, 李永涛, 李媛, 等. 氢气储存和输运[M]. 北京: 化学工业出版社, 2021.

[31] 郑津洋, 胡军, 韩武林, 等. 中国氢能承压设备风险分析和对策的几点思考[J]. 压力容器, 2020, 37(6): 39 – 47.

[32] 李建, 张立新, 李瑞懿, 等. 高压储氢容器研究进展[J]. 储能科学与技术, 2021, 10(5): 1835 – 1844.

[33] 李星国. 氢与氢能[M]. 北京: 机械工业出版社, 2012.

[34] 朱敏. 先进储氢材料导论[M]. 北京: 科学出版社, 2015.

[35] 宋鹏飞, 侯建国, 穆祥宇, 等. 液体有机氢载体储氢体系筛选及应用场景分析[J]. 天然气化工(C1化学与化工), 2021, 46(1): 1 – 5, 33.

[36] 冯成, 周雨轩, 刘洪涛. 氢气存储及运输技术现状及分析[J]. 科技资讯, 2021, 19(25): 44 – 46.

[37] 王旭. 高压储氢罐充放气过程的热效应模拟与性能预测[D]. 武汉: 武汉理工大学, 2018.

[38] 李建勋. 加氢站氢气充装和放散过程分析[J]. 煤气与热力, 2020, 40(5): 15 – 20 + 45.

[39] 刘平, 沈银杰. 氢气充装与加氢站系统工艺研究[J]. 科技与创新, 2018, 13: 39 – 41.

[40] 孙猛, 李荷庆, 金向华. 氢气气瓶充装的技术及安全[J]. 低温与特气, 2016, 34(5): 45 – 48.

[41] T/CECA – G 0082—2020, 加氢站压缩氢气卸车操作规范[S]. 中国节能协会, 2020.

[42] Gillette J L, Kolpa R L. Overview of interstate hydrogen pipeline systems[J]. Hydrogen Production, 2008.

[43] Johnny Wood. Europe's hydrogen pipeline[N]. 2021 – 10 – 15.

[44] R, Roy., E, Georg., Kent Saterlee. Repurposing gulf of mexico oil and gas facilities for the blue economy [J]. Offshore Technology Conference, Houston, Texas, USA, 2022.

[45] 李敬法, 苏越, 张衡, 等. 掺氢天然气管道输送研究进展[J]. 天然气工业, 2021, 41(4): 137 – 152.

[46] 陈卓, 李敬法, 宇波. 室内受限空间中掺氢天然气爆炸模拟[J]. 科学技术与工程, 2022, 22(14): 5608 – 5614.

[47] 杨晓阳, 李士军. 液氢储存、运输的现状[J]. 化学推进剂与高分子材料, 2022, 4: 40 – 47.

[48] 唐璐. 基于液氮预冷的氢液化流程设计及系统模拟[D]. 杭州: 浙江大学, 2012.

[49] 王国聪, 徐则林, 多志丽, 等. 混合制冷剂氢气液化工艺优化[J]. 东北电力大学学报, 2021, 41(06): 61 – 70.

[50] 徐常安. LH2(液氢)运输船关键技术研究[J]. 科学技术创新, 2022, 14: 153 – 156.

[51] 张裕鹏. 有机液态氢化物的分子结构对其储氢性能的影响研究[D]. 北京: 中国石油大学(华

东），2019.

[52] 张晓飞，蒋利军，叶建华，等．固态储氢技术的研究进展[J]．太阳能学报，2022，43（6）：345-354.

[53] 严铭卿．燃气工程设计手册[M]．2版．北京：中国建筑工业出版社，2019.

[54] ELGOWAINY A, REDDI K, SUTHERLAND E, et al. Tube – trailer consolidation strategy for reducing hydrogen refueling station costs [J]. International Journal of Hydrogen Energy, 2014, 39 (35): 20197-20206.

[55] 傅玉敏，吴竺，霍超峰．上海世博会专用燃料电池加氢站系统配置的研究[J]．上海煤气，2010（5）：4-10.

[56] 毛宗强，毛志明．氢气生产及热化学利用[M]．北京：化学工业出版社．2015.

[57] 杨振中．氢燃料内燃机燃烧与优化控制方法[M]．北京：科学出版社．2012.

[58] 徐溥言．氢内燃机 NO_x 生成及控制策略研究[D]．北京：北京工业大学，2020.

[59] 冯光熙．稀有气体氢碱金属[M]．北京：科学出版社．1984.

[60] 范英杰．车用氢气发动机研究进展综述[J]．内燃机与配件，2021（3）：40-42.

[61] 秦锋，秦亚迪，单彤文．碳中和背景下氢燃料燃气轮机技术现状及发展前景[J]．广东电力，2021，34（10）：10-17.

[62] 李强．影响燃气轮机性能的因素[J]．天津电力技术，2004（3）：1-2.

[63] KIM Y S, LEE J J, KIM T S, et al. Effects of syngas type on the operation and performance of a gas turbine in integrated gasification combined cycle[J]. Energy Convers Manage, 2011, 52(5): 2262-2271.

[64] 王兆博．燃气轮机性能指标主要影响因素及提高性能途径研究[J]．城市建设理论研究（电子版），2012（23）：1-3.

[65] 王维彬，巩岩博．50吨级氢氧火箭发动机的设计与研制[J]．推进技术，2021，42（7）：1458-1465.

[66] 许健，赵莹．50吨氢氧火箭发动机阀门研制技术[C]//中国航天第三专业信息网第三十八届技术交流会暨第二届空天动力联合会议论文集．液体推进技术，2017：118-122.

[67] 朱森元．氢氧火箭发动机及其低温技术[M]．北京：中国宇航出版社，2016.

[68] 郑大勇，颜勇，张卫红．氢氧火箭发动机性能敏感性分析[J]．火箭推进，2011，37（4）：18-23.

[69] 郑孟伟，岳文龙，孙纪国，等．我国大推力氢氧发动机发展思考[J]．宇航总体技术，2019，3（2）：12-17.

[70] 孙纪国，岳文龙．我国大推力补燃氢氧发动机研究进展[J]．上海航天，2019，36（6）：19-23，68.

[71] 李东，李平岐，王珏，等．"长征五号"系列运载火箭总体方案与关键技术[J]．深空探测学报（中英文），2021，8（4）：333-343.

[72] 李平岐，李东，杨虎军，等．长征五号系列运载火箭研制应用分析及未来展望[J]．导弹与航天运载技术，2021（2）：5-8，16.

[73] 毛宗强．氢能：21世纪的绿色能源[M]．北京：化学工业出版社，2005.

[74] 氢能协会编，宋永臣，宁亚东，金东旭译．氢能技术[M]．北京：科学出版社，2009.

[75] Scott E. Grasman 著，王青春，王典译．氢能源和车辆系统[M]．北京：机械工业出版社，2014.

[76] 本特·索伦森著，隋升，郭雪岩，李平译．氢与燃料电池：新兴的技术及其应用[M]．2版．北京：机械工业出版社，2015.

[77] 王艳艳，徐丽，李星国．氢气储能与发电开发[M]．北京：化学工业出版社，2017.

[78] 黄国勇．氢能与燃料电池[M]．北京：中国石化出版社，2020.

[79] 牛志强. 燃料电池科学与技术[M]. 北京：科学出版社, 2021.

[80] 孙国香, 汪艺宁. 化学制药工艺学[M]. 北京：化学工业出版社, 2018.

[81] 田伟军, 杨春华. 合成氨生产[M]. 北京：化学工业出版社, 2011.

[82] 谢克昌, 房鼎业. 甲醇工艺学[M]. 北京：化学工业出版社, 2010.

[83] 张子锋, 张凡军. 甲醇生产技术[M]. 北京：化学工业出版社, 2007.

[84] 侯祥麟. 中国炼油技术[M]. 2版. 北京：中国石化出版社, 2001.

[85] 别东生. 加氢裂化装置技术手册[M]. 北京：中国石化出版社, 2019.

[86] 方向晨, 关明华, 廖士纲. 加氢精制[M]. 北京：中国石化出版社, 2006.

[87] 鄂永胜, 刘通. 煤化工工艺学[M]. 北京：机械工业出版社, 2015.

[88] 宋永辉, 汤洁莉. 煤化工工艺学[M]. 北京：化学工业出版社, 2016.

[89] 徐京生. 氢气在半导体工业中的应用[J]. 化工新型材料, 1987(1)：38 - 41.

[90] 郭学益, 陈远林, 田庆华, 等. 氢冶金理论与方法研究进展[J]. 中国有色金属学报, 2021, 31 (268)：1891 - 1906.

[91] 孙学军. 氢分子生物学[M]. 上海：第二军医大学出版社, 2013.

[92] Marco Ariola, Alfredo Pironti. Magnetic control of tokamak plasmas[M]. Berlin：Springer Publication, 2008.

[93] 刘永, 李强, HL - M 研制团队. 中国环流器二号 M(HL - 2M)托卡马克主机研制进展[J]. 中国核电, 2020, 13(6)：747 - 752.

[94] 万元熙. 核聚变能源和超导托卡马克——"九五"重大科学工程 EAST 通过国家验收[J]. 中国科学院院刊, 2007(3)：243 - 246, 264.

[95] 宋建刚, 赵继承, 刘驷达, 等. HT - 7U 超导托卡马克核聚变实验装置工程综合施工技术研究报告[J]. 安徽建筑, 2003(2)：25 - 28.

[96] 褚武扬, 乔利杰, 李金许, 等. 氢脆和应力腐蚀基础部分[M]. 北京：科学出版社, 2013.

[97] GB 4962—2008, 氢气使用安全技术规程[S]. 中华人民共和国国家质量监督检验检疫总局, 中国国家标准化管理委员会, 2008.

[98] 中国电动汽车百人会. 中国氢能产业发展报告[R]. 2020.

[99] GB/T 13861—2022, 生产过程危险和有害因素分类与代码[S]. 国家市场监督管理总局, 国家标准化管理委员会, 2022.

[100] GB/T 29729—2013, 氢系统安全的基本要求[S]. 中华人民共和国国家质量监督检验检疫总局, 中国国家标准化管理委员会, 2013.

[101] GB/T 34583—2017, 加氢站用储氢装置安全技术要求[S]. 中华人民共和国国家质量监督检验检疫总局, 中国国家标准化管理委员会, 2018.

[102] GJB 5405—2005, 液氢安全应用准则[S]. 中国人民解放军总装备部, 2005.

[103] GB/T 40060—2021, 液氢储存和运输技术要求[S]. 国家市场监督管理总局, 国家标准化管理委员会, 2021.

[104] 蔡体杰. 液氢生产中若干固氧爆炸事故分析及防爆方法概述[J]. 低温与特气, 1999(3)：52 - 57.